中国茶艺学

主　编　林　治
副主编　朱海燕　刘　苅　周　玲

世界图书出版公司
西安　北京　广州　上海

图书在版编目(CIP)数据

中国茶艺学/林治主编. —西安：世界图书出版西安有限公司,2011.1(2021.8重印)
ISBN 978-7-5100-2664-5

Ⅰ. ①中… Ⅱ. ①林… Ⅲ. ①茶—文化—中国 Ⅳ. ①TS971

中国版本图书馆 CIP 数据核字(2010)第 226482 号

中国茶艺学

主　　编	林　治
副 主 编	朱海燕　刘　苅　周　玲
责任编辑	赵亚强
版式设计	新纪元文化传播

出版发行	世界图书出版西安有限公司
地　　址	西安市北大街85号
邮　　编	710003
电　　话	029-87233647(市场营销部)
	029-87235105(总编室)
传　　真	029-87279676
经　　销	全国各地新华书店
印　　刷	西安市建明工贸有限责任公司
成品尺寸	250mm×185mm　1/16
印　　张	20
字　　数	340 千字
版　　次	2011 年 1 月第 1 版　2021 年 8 月第 16 次印刷
书　　号	ISBN 978-7-5100-2664-5
定　　价	40.00 元

☆如有印装错误,请寄回本公司更换☆

《茶文化学》系列教材编辑委员会

顾问

 陈宗懋：中国工程院院士、中国茶叶学会名誉理事长
 程启坤：中国农科院茶叶研究所原所长、中国国际茶文化研究会名誉副会长
 朱自振：中国著名茶叶史学专家、南京农业大学茶学研究所教授
 施兆鹏：中国茶叶学会顾问、湖南省茶叶学会名誉理事长、湖南农业大学茶学系教授、博士生导师
 陈云君：中国国学大师、教授
 王　庆：中国茶叶流通协会常务副会长
 梅　峰：吴觉农研究会会长

主任

 刘仲华：中国茶叶学会副理事长、湖南农业大学茶学博士点领衔导师
 林　治：浙江大学兼职博士生导师、湖南农业大学客座教授、西安六如茶文化研究所所长

副主任

 杨江帆：武夷学院校长、北京大学茶文化经济研究所常务副所长、博士生导师

委员（以姓氏笔画为序）

 包小村：湖南省茶叶学会副理事长、湖南省茶叶研究所所长、研究员
 关剑平：浙江树人大学人文学院茶文化专家、副教授、博士
 朱海燕：湖南农业大学园艺园林学院茶学系博士
 何普明：浙江大学茶学系教授、博士生导师

吴言生：中国禅学主编、陕西师范大学佛教研究所所长、博士生导师、哲学博士后、文学博士
宋少华：中国社会科学院研究生院（深圳）特邀教授、博士
余　悦：江西社会科学院院长、教授
张丽霞：山东农业大学园艺科学与工程学院茶学系主任、教授、博士
房婉萍：南京农业大学副教授
李　伟：浙江树人大学茶文化专业讲师
肖力争：湖南农业大学园艺园林学院副院长、副教授、博士
陈　暄：南京农业大学园艺学院茶学系讲师
陈奇志：湖南省茶业协会副秘书长、湖南省茶馆协会常务副会长
周　玲：云南农业大学副教授
周圣弘：武夷学院茶学系副教授
郑忠堂：陕西省供销合作总社副主任、陕西省茶业协会副会长
姜含春：中国茶文化研究所茶叶经济研究室主任、安徽农业大学管理科学学院教授
郝恩崇：长安大学经济与管理学院教授、博士生导师
郭雅玲：福建农林大学茶学系副主任、副教授
徐　懿：浙江大学茶学系博士
屠幼英：浙江大学茶学系教授、博士生导师
熊昌云：浙江大学茶学系博士
蔡镇楚：湖南师范大学中文系教授、博士生导师

◾ 上海世博会茶仙子风采

◾ 外国驻华使节与夫人演示中国茶艺

印江长嘴壶茶艺

云南纳西族茶艺

苗族茶艺

云南哈尼族茶艺

▪ 表演型普洱茶茶艺

▪ 菊花花茶茶艺

❉ 待客型普洱茶茶艺（品味历史）

❉ 黑茶茶艺（瞬间烟云）

❉ 凤凰单丛（敬奉香茗）

黑茶茶艺

唐朝宫廷茶艺

大红袍茶艺（喜闻高香）

石阡泉茶

武夷工夫茶

全国首届大学生茶艺大赛个人获奖节目1

全国首届大学生茶艺大赛个人获奖节目2

全国首届大学生茶艺大赛个人获奖节目3

全国首届大学生茶艺大赛个人获奖节目4

全国首届大学生茶艺大赛湖南农业大学《千两茶茶艺》

全国首届大学生茶艺大赛浙江大学《红楼梦茶艺》

全国首届大学生茶艺大赛云南农业大学《竹筒情深茶艺》

前　言

中国是茶的故乡,是世界茶文化的发源地。我们祖祖辈辈喝茶喝了至少五千年,在这漫长的历史中,茶一直被视为深沉而隽永的文化,在当代茶文化复兴的热潮中,茶被视为流淌在中华民族古老身躯里悠久而青春的血液。如今,茶文化被公认为国学的重要组成部分,茶文化的普及与推广活动开展得如火如荼,但是客观地说,由于种种原因,我国茶文化研究和教育相对滞后,为了解决这一矛盾,2008年世界图书出版西安公司与湖南农业大学、浙江大学、福建武夷学院、福建农业大学、山东农业大学、安徽农业大学、云南农业大学、南京农业大学等高等院校合作,组织了一个志同道合的专家团队编写高等院校《茶文化学》系列教材。经过两年多的努力,继《中国茶道》、《茶业经济学》、《茶业管理学》、《茶与健康》之后,《中国茶艺学》终于和读者见面了。

《中国茶艺学》根据茶文化"雅俗共赏"、"知行并重,心术双修"的特点进行编写,前六章首先从正面论述了什么是茶艺、中国茶艺学的学科特点、中国茶艺的分类及发展方向等根本性的问题,在此基础上博采众长,归纳总结出了中国茶艺学的基本理论体系。本书的第七至第十二章则详细地介绍了泡茶的基本功、待客型茶艺、表演型茶艺、民俗茶艺、养生型茶艺和时尚创新茶艺。

本书能顺利成稿,与各位老师的指导和支持是分不开的。朱海燕老师编写了第五章(茶艺礼仪),周玲老师和刘莳老师编写了第十章(民俗茶艺)。本书中还收录了一些经典茶艺,如《红楼十二金钗茶艺》、《四季茶苑》、《藏族酥油茶》。其中,《红楼十二金钗茶艺》的主创者为王旭峰、包小慧、黄玉冰、潘城、方文岚、钟斐、赵文逸,《四季茶苑》的主创者为邵宛芳、吕才有、周红杰、李轶杰,《藏族酥油茶》的主创者为孙前。此外,西安六如茶艺培训中心高级茶艺技师郭粤茗参加了《十二星座茶艺》的编创。刘仲华教授、杨江帆教授、施兆鹏教授、程启坤教授、姚国坤教授、屠幼英教授、宋少华教授、张丽霞教授、郗恩崇教授、黎星辉教授、房婉萍副教授、周圣弘副教授、张莉颖讲师及中国农业科学院茶叶研究所副所长鲁成银、陕西省茶叶协会副会长郑中堂、湖南省茶叶协会副秘书长陈奇志等参加了本书的审稿,并提出了宝贵的修改意见,在此表示衷心感谢!

当前,中国茶文化尚处在复兴的起步阶段,尽管在茶艺的理论与实践方面还有许多问题有待探讨,但毫无疑问,通过普及茶艺,可以传承中华民族优秀的传统文化。通过修习茶艺,能够培养人的思想情操、审美素养、礼仪风范,能够提升人的综合素质。所以本书既可以作为高等院校茶文化学专业和国家茶艺技师、高级茶艺技师的专业课教材,也可以作为各高等院校对学生进行国学教育和素质教育的公共课教材。

当然,茶艺学还是一门刚刚创建的新学科,无论理论还是实践都有待于逐步完善,加上作者的学识水平有限,书中疏漏与不妥之处敬请读者批评指正。

林治

2010年12月

目　录

上篇　　茶艺理论

第一章　绪论 …… 3
第一节　中国茶艺概述 …… 4
第二节　中国茶艺的源流 …… 8
第三节　中国茶艺学的学科特点 …… 13
第四节　中国茶艺的功能 …… 18
第五节　中国茶艺的分类及发展方向 …… 23

第二章　茶叶商品基础知识 …… 29
第一节　茶叶生产概况 …… 30
第二节　茶叶商品分类 …… 35
第三节　茶叶审评和鉴赏 …… 42
第四节　茶叶贮藏基础知识 …… 48
第五节　茶叶感官品质的物质基础 …… 50

第三章　中国茶艺美学基础知识 …… 55
第一节　中国茶艺美学的基本理念 …… 56
第二节　中国茶艺美学的意境追求 …… 60
第三节　中国茶艺美学的表现特点 …… 63

第四节　中国茶艺审美要领 …………………………………………… 70

第四章　茶艺的六要素 …………………………………………… 77
第一节　人 ……………………………………………………………… 78
第二节　茶 ……………………………………………………………… 83
第三节　水 ……………………………………………………………… 87
第四节　器 ……………………………………………………………… 93
第五节　境 ……………………………………………………………… 100
第六节　艺 ……………………………………………………………… 106

第五章　茶艺礼仪 ………………………………………………… 111
第一节　茶艺礼仪的特征与功能 ……………………………………… 112
第二节　茶艺人员的仪表要求 ………………………………………… 114
第三节　茶艺人员的仪态要求 ………………………………………… 117
第四节　茶艺人员的语言要求 ………………………………………… 122
第五节　茶艺服务中常用的礼节及修习之道 ………………………… 124
第六节　涉外礼仪 ……………………………………………………… 129

第六章　茶艺演示前的准备 ……………………………………… 133
第一节　茶席布置 ……………………………………………………… 134
第二节　茶席铺垫 ……………………………………………………… 138
第三节　茶艺插花 ……………………………………………………… 140
第四节　焚香 …………………………………………………………… 147
第五节　挂画 …………………………………………………………… 153

下篇　茶艺实操

第七章　泡茶的基本功 … 161
第一节　冲泡绿茶的基本功 … 162
第二节　冲泡红茶的基本功 … 169
第三节　冲泡乌龙茶的基本功 … 180
第四节　冲泡黄茶的基本功 … 187
第五节　冲泡白茶的基本功 … 190
第六节　冲泡黑茶的基本功 … 192

第八章　待客型茶艺 … 199
第一节　绿茶待客型茶艺 … 200
第二节　红茶待客型茶艺 … 202
第三节　乌龙茶待客型茶艺 … 203
第四节　白茶待客型茶艺 … 207
第五节　黄茶待客型茶艺 … 209
第六节　黑茶待客型茶艺 … 212
第七节　花茶待客型茶艺 … 214

第九章　表演型茶艺 … 217
第一节　大红袍茶艺 … 218
第二节　铁观音茶艺 … 221
第三节　碧螺春茶艺 … 223
第四节　西湖龙井茶艺 … 225
第五节　东方美人茶艺 … 227
第六节　茉莉花茶茶艺 … 230

第七节　清代宫廷茶艺（乾隆三清茶） …………………………………… 232

第十章　民俗茶艺 …………………………………… 235

　　第一节　白族三道茶 …………………………………… 236

　　第二节　客家擂茶 …………………………………… 238

　　第三节　油茶 …………………………………… 240

　　第四节　奶茶 …………………………………… 243

　　第五节　藏族酥油茶 …………………………………… 246

　　第六节　傣族竹筒茶 …………………………………… 248

第十一章　养生型茶艺 …………………………………… 251

　　第一节　祛病健身茶 …………………………………… 252

　　第二节　时令保健茶 …………………………………… 256

　　第三节　美容养颜茶 …………………………………… 259

　　第四节　延年益寿茶 …………………………………… 262

　　第五节　慈禧养生茶 …………………………………… 266

　　第六节　道家留春茶 …………………………………… 268

第十二章　时尚创新茶艺 …………………………………… 273

　　第一节　茶艺的创新 …………………………………… 274

　　第二节　浪漫音乐红茶茶艺——《梁祝》 …………………………………… 278

　　第三节　六如禅茶 …………………………………… 280

　　第四节　异国风情茶艺 …………………………………… 283

　　第五节　四季茶苑 …………………………………… 288

　　第六节　红楼十二金钗茶艺 …………………………………… 290

　　第七节　十二星座茶艺 …………………………………… 292

附录：《国家职业标准·茶艺师》 …………………………………… 305

参考文献 …………………………………… 308

上篇 茶艺理论

第一章

绪　论

导读

"不识庐山真面目,只缘身在此山中。"了解一门学科和了解一座山岭一样,必须先概略了解其全貌,而后才能把握重点。在本章中,我们从中国茶艺概述、中国茶艺源流、茶艺学的学科性质、茶艺的主要功能,以及茶艺的分类和发展方向等五个方面,帮助你鸟瞰中国茶艺概况,以便沿着正确的途径步入茶艺术殿堂的大门。本章课外重点导读:《中华茶艺》,丁以寿著,安徽教育出版社,2008年版。

第一节 中国茶艺概述

一、中国茶艺的基本概念

概念是反映事物特有属性的思维形式。因为人类对世界事物从感性认识上升到理性认识，都是通过各种概念加以总结和概括的，所以要学好茶艺首先必须明确茶艺的概念。目前学术界对"茶艺"这一概念的界定还存在着广义与狭义之争。

有的学者提出，广义的茶艺应当包括从种茶、采茶、制茶、卖茶、泡茶直到品茶的所有茶事活动。我们认为这样解释茶艺，概念的内涵不准确，概念的外延太庞杂。一般认为种茶是农业科学，制茶是工业技术，卖茶是商业营销，泡茶是生活艺术。如果按照广义的茶艺概念，那么"茶艺"既可以是自然科学，也可以是社会科学，还可以是人文科学；若认同广义的茶艺概念，那么种茶的农艺师、制茶的工程师、技术员、工人，以及茶叶生产、流通、服务、文化企业的所有员工都可以称为"茶艺工作者"。很显然，按照广义的概念，无法把"茶艺"作为一门独立的学科或一项专门的职业去研究。

中华人民共和国的国家标准GB/T15237.1—2000指出："'概念'是对特征的独特组合而形成的知识单元。"即概念是通过抽象化的方式，从一群事物中提取出来的，反映其共同特性的思维单位。根据国家标准我们认为："茶艺"是在茶道精神和美学理论指导下的茶事实践，是一门以茶为媒介的生活艺术。它包括艺茶的技能、品茶的艺术，以及茶人在茶事过程中沟通自然、内省自性、愉悦心灵、完善自我的心理体验。其中茶艺是一门以茶为媒介的生活艺术是概念的内涵，它反映了茶艺的本质。其余是概念的外延，它们反映了茶艺活动的具体内容。以下我们逐一加以说明。

（一）茶艺是在茶道精神和美学理论指导下的茶事实践

茶艺不同于饮茶解渴，也不同于寻常品茶，而是源于生活，却又高于生活的综合艺术。我国群众在长期的饮茶实践中，概括出了饮茶的两大类型和三种境界。

饮茶的两大类型是"清饮"和"调饮"。"清饮"是指用开水泡茶或煮茶时，不添加任何辅料，闻的是茶的本香，品的是茶的原汁原味，感受的是茶的

自然韵味。"调饮"是指在饮茶时，根据自己的习惯和喜好，在茶中加糖或加盐、加奶、加蜜、加花、加果汁、加香料、加中草药等，甚至还可以加酒，人们可以随心所欲地把茶调制成自己喜爱的饮料，总之只要能喝出健康，喝出好心情，都不失为饮茶的好方式。

品茶的三种境界分别是"得味"、"得韵"和"得道"。

"得味"是指在品茶时能品出茶的类别、品种、新陈、优劣，并且能够用心领悟茶的内在美。它重视的是茶的物理化学性质和人的感官感受，即重视茶的色、香、味、形等自然属性。"得味"既是茶叶审评学研究的主要内容，又是茶人对茶进行审美的基本功。

"得韵"是指把品茶从日常生活琐事升华为生活艺术。在"得韵"过程中讲究人、茶、水、器、境、艺等六个要素美的发现、美的整合、美的展示、美的观照，把泡茶的过程美和品茶的结果美相结合，使人在茶事过程中受到美的熏陶，体验到茶汤的美味和泡茶的美感，得到物质和精神的双重享受。"得韵"是茶艺学研究的主要内容。

"得道"是品茶的最高境界，是指茶人在茶事活动过程中，通过静心品茶去体物性、尚自然、崇幽趣、养天年，进而达到天人合一、物我玄会、明心见性、彻悟大道，这也就是我们通常所说的"茶味人生"。要达到这种境界，"茶艺是在茶道精神和美学理论指导下的茶事实践"就不是一句可有可无的套话，而是我们在学习茶艺时，首先一开始就必须牢固树立的理念，同时也是在茶艺实践中必须始终遵循的原则。

（二）艺茶的技能

在这里讲艺茶而不讲泡茶或沏茶，是因为艺茶包含了比泡茶或沏茶更广泛的内容。它包括了选茶、鉴水、用火、择器、布席、造境、冲泡、斟茶、奉茶等环节。艺茶是一门生活技能，是茶艺的基本功，是茶人的性情、修养、茶学知识和审美情趣的综合反映。古人讲："要有惊人艺，先练基本功。"同样，没有扎实的艺茶基本功，就不可能营造出一个良好的品茗环境，也不可能进行最佳的茶具搭配，更不可能通过精妙得当的手法来把茶性发挥到淋漓尽致，也就泡不出令人啜之销魂的好茶。

（三）品茶的艺术

品茶是艺术，而且是由多种艺术融合而成的一门魅力无穷的综合艺术。艺术是生活中美的结晶。对于艺术有几种比较流行的分类方法，如以艺术形象的感知方式分类，艺术可分为视觉艺术、听觉艺术和想象艺术三大类；以艺术形象的展望方式为标准，艺术可分为静态艺术和动态艺术两大类。而在品茶过程中几乎综合荟萃了各大门类的艺术。营造品茶环境的书法艺术、绘画艺术、插花艺术属于视觉艺术；背景音乐属于听觉艺术；美轮美奂的茶具和茶席布置是静态艺术；茶艺操作者的演示是动态艺术；在品茗过程中茶人通过对茶汤色、香、味、滋、气、韵的感受还会产生联想，茶艺操作者会进行具有文学色彩的讲解，这些都属于想象艺术。总之，品茶是众多艺术的荟萃，我们必须"五官并用"，"六根共识"，充分调动自己的眼、鼻、耳、舌、身、意等所有的感觉器官，通过"目品"、"鼻品"、"耳品"、"口品"、"心品"，才能全面感受到茶艺之美，才能从茶的滴水微香中，领略大自然的真趣，感悟生活的真谛。

（四）完善自我的心理体验

茶艺是雅俗共赏的生活艺术，同时也是茶人在茶事活动过程中以茶为媒介去沟通自然、内省自性、愉悦心灵、修身养性的途径。所以，完整的茶艺不但包括了艺茶、品茶这两项大众化的内容，而且还包括在茶事活动中通过审美观照澡雪心灵、完善自我的心理体验。普通群众参加茶事活动，要求能够掌握艺茶技能和品茶艺术即可，对于他们能否品出茶的物外高意，能否达到"茶味人生"的感悟，大可不必苛求。但是作为一名茶艺的爱好者却不能仅局限于感官上的满足，而应当有更高境界的追求，这种追求即明代著名茶人朱权提出的"探虚玄而参造化，清心神而出尘表"，又如唐代大书法家颜真卿所说的"流华净肌骨，疏瀹涤心源"。这个过程是以体味茶的物态美为起点，最终实现"原天地之美，而达万物之理"的生命体验。有了这个层次，茶艺就不仅仅是饮茶的艺术，也不仅仅是生活的艺术，而是升华成为人生的艺术。有了这个层次，茶艺才可能成为展示中华民族优秀传统文化的一种载体，让众多的茶人孜孜以求地沉醉其中，以致"衣带渐宽终不悔"。

二、茶艺与茶道的关系

（一）中国茶道的基本概念

要回答这个问题，首先要明白什么是道。《周易》有云："形而上者谓之道，形而下者谓之器"。① 形而上者是指看不见、摸不着、说不清的规律或精神层面的东西，形而下者是指有形的物质和现象。我国道家学派创始人老子认为，道是宇宙万物的本源，是先于物质而存在的终极本体，是无法用各言概念来言说

---

① 《周易·系辞上传》

指称的。因此他强调指出："道，可道，非常道。名，可名，非常名。"① 受老子思想的影响，从唐代出现"茶道"一词开始，1000 多年以来，历代茶人都没有给它下过定义，至今在《辞海》、《辞源》、《新华词典》等工具书中仍然没有"茶道"这一词条。不过，受西方科学思想的影响，当代人们认识到要想完善茶道的学科理论体系建设，就必须对中国茶道的概念给予科学界定，为此不少专家学者纷纷提出了自己的观点。

周作人先生认为："茶道的思想，用平凡的话来说，可以称为'忙里偷闲'、'苦中作乐'，在不完全现实中享受一种美与和谐，在刹那间体会永久。"②

吴觉农先生认为："（茶道是）把茶视为珍贵的、高尚的饮料，饮茶是一种精神上的享受，是一种艺术，或是一种修身养性的手段。"③

庄晚芳先生认为："茶道就是一种通过饮茶的方式，对人们进行礼法教育、道德修养的一种仪式。"④

台湾学者蔡荣章先生认为："如要强调有形的动作部分，则用茶艺；强调茶引发的思想与美感境界，则用'茶道'。指导茶艺的理念就是'茶道'。"⑤

丁以寿先生认为："茶道是以养生修心为宗旨的饮茶艺术。简而言之，茶道即饮茶修道。"⑥

专家学者们对茶道的诠释可谓是见仁见智，好比是"月印千江水，千江月不同"。有的"浮光跃金"，有的"静影沉璧"；有的"江清月近人"，有的"水浅鱼读月"；有的"月穿江底水无痕"，有的"江云有影月含羞"；有的"冷月无声蛙自语"，有的"清江明月露禅心"。月只一轮，映象各异。茶道如月，人心如江。可见不同的人对茶道有不同的理解。

我们认为：茶道是中国优秀传统文化的重要组成部分，是茶文化的核心和灵魂，它知行并重。从理论层面讲，中国茶道是研究茶与中国传统文化的关系，以及以茶修身养性、愉悦心灵、感悟人生的一门人文科学；从实践方面讲，中国茶道是以茶修道的人生体验，茶道即人道。

（二）茶艺与茶道的关系

茶道和茶艺的关系从本质上讲，是"形而上"与"形而下"的对立统一，

---

① 《道德经》第一章
② 马明博. 中华名人茶缘. 北京：中国农业出版社，2007：7
③ 吴觉农. 茶经述评. 北京：中国农业出版社，2005：185
④ 庄晚芳. 中国茶史散论. 北京：科学出版社，1988
⑤ 丁以寿. 中华茶道. 合肥：安徽教育出版社，2007：65
⑥ 丁以寿. 中华茶道. 合肥：安徽教育出版社，2007：67

是看不见摸不着的茶道精神与多姿多彩的茶艺表现形式的对立统一。

在茶事实践中,茶艺与茶道是"心"与"术"的关系,它们互为表里。茶道是"心",心主理,它是茶艺的思想灵魂。中国茶道博大精深,内涵厚重,既包含了克明峻德、格物致知、以身许国、穷通兼达的儒家思想,也包含了天人合一、道法自然、尊生达生、守真养真的道家理念,还包含了茶禅一味、无住生心、活在当下、一期一会的佛法真如,所以我们在修习茶艺时必须"以道驭艺",即用茶道的精神指导茶艺实践,使茶艺道心文趣兼备,既成为生活的艺术,又成为修身养性的途径。

茶艺是"术",术主技,它是茶道的表现形式。中国茶艺源于生活,又高于生活。它升华了各地区、各民族、各阶层的饮茶习俗,既能够表现儒家的含蓄美、儒雅美、中和美,又能够表现道家的自然美、幽玄美、旷达美,也能够表现佛家的空灵美、清寂美、简素美,还能够表现少数民族热情奔放、粗犷豪放的质朴美,所以我们在茶事实践中必须"以艺示道",通过茶艺,鲜活地展示出茶道的精神,使茶道能够被大众感知。

综上所述,茶道无影无形,无法言说,在修习茶道时,人们必须以茶为媒介,通过茶艺赋予茶道形象和生命,使茶道因此而鲜活,使人能够通过茶艺实现对"道"的体验和感悟;茶艺赏心悦目,形象生动,但是若无茶道精神为灵魂必失之于肤浅,在修习茶艺时必须以茶道精神为指导,人们才能通过对茶艺的审美观照去沟通自然、内省自性、澡雪心灵、彻悟大道。因此,我们在学习茶文化时始终要强调道艺双修、心术并重、体用结合。

第二节 中国茶艺的源流

一、中国用茶的起源

我国是茶树的故乡,也是最早发现茶、利用茶的国家。据《神农本草经》记载:"神农尝百草之滋味,水泉之甘苦,令民知所避就,当此之时,日遇七十二毒,得荼(茶)而解之。"神农即炎帝,是传说中开创了农耕文明,最先利用中药的一个半人半神的远古帝王。依据此说,中华民族发现茶、利用茶至少已有5000年的历史。在这5000多年里,茶在我国的利用经历了药用、鲜食羹饮、

从饮料到国饮，再到深加工综合利用等四个阶段。这四个阶段既相互衔接，有些内容又相互渗透，所以不能机械地用具体的年代把它们割断开来。

（一）药用

根据传说，茶的药用始于神农时代。东汉末年的医学家华佗（145—208）在《华佗食论》中提出"苦荼久食，益意思"。这是对茶的药用价值的最早文字记载。南北朝时期的道家思想家、医药家陶弘景（456—536）认为"茗茶轻身换骨"。隋文帝开皇年间（581—600年），文帝患脑病，以茗草服食治愈，以后人们竞相采饮，茶逐渐由药用发展为日常饮料。唐代著名的医药家陈藏器（681—757）最先提出"茶为万病之药"的观点。《神农食经》载："荼茗久服，令人有力，悦志。"明代大医学家李时珍（1518—1593）在我国医药宝典《本草纲目》中写道："茶苦而寒，阴中之阴，最能降火，火为百病，火降则上清矣。"到了当代，人们对茶的药用价值有了更加深刻、更加科学的认识。例如浙江大学屠幼英教授主编的《茶与健康》一书就从营养学、生物化学、现代医学等层面对茶的保健功能做了全面系统的概括。可见茶的药用价值自从被炎帝神农氏发现后，薪火相传，造福于代代民众。

（二）鲜食羹饮

茶鲜食羹饮的历史也由来已久，最早的文字记载见于春秋时代。《晏子春秋》中载："婴相齐景公时（公元前547—前490）食脱粟之饭，炙三弋五卵，茗菜而已"。这表明以茶为菜肴至少已有近3000年的历史。目前基诺族的凉拌茶、布朗族的酸茶及广泛流传的擂茶都传承了将茶叶鲜食羹饮的古风。

（三）从大众饮料到"国饮"

唐代中期，茶圣陆羽（733—804）编著的《茶经》定稿付梓后，远近倾慕，茶道大行。后人评价说："自从陆羽生人间，人间相学事新茶。"① 自此之后，饮茶在我国普及成俗，蔚然成风，民间素有"柴米油盐酱醋茶"之说，茶成了群众开门七件事之一。国学大师林语堂在《生活的艺术》一文中写道："饮茶为整个国民的生活增色不少。它在这里的作用，超过了任何一项同类型的人类发明。人们或者在家里饮茶，或者去茶馆饮茶，有自斟自饮的，也有与人共饮的，开会的时候喝茶，解决纠纷的时候也喝，早餐之前喝，午夜也喝。只要有一只茶壶在手，中国人到哪儿都是快乐的。"② 伟大的民主革命先驱孙中山先生力主倡

---

① 陆羽.《茶经·七之事》
② 林治. 中国茶道. 北京：中华工商联合出版社，2000：3

导饮茶,他在《三民主义》等重要的论著中,把饮茶提升到"民生主义"的高度,从而奠定了茶为"国饮"的地位。

(四) 深加工综合利用

随着现代生产力的进步,茶已突破了传统的用法,其深加工的产品涵盖了食品业(如茶瓜子、茶蜜饯、茶面条、茶糕点、茶蜜酥等)、饮料业(如罐装茶水、冰茶、茶鸡尾酒、茶可乐、茶果汁、茶饮料等)、药品业(如各种保健茶、减肥茶、茶药枕、茶色素、茶多酚、儿茶素等)、日用化工品业(如茶浴包、天然抗氧化剂、茶除臭剂、茶皂、茶牙膏、乳化剂等)。在今后,随着人们对茶的化学成分和营养价值更加深入的了解,茶的产业链还将不断延伸,茶必将为人类作出更多更大的贡献。

二、饮茶方法的演变

我国对茶叶的加工和利用,经历了嚼食鲜叶、生煮羹饮、晒干收藏、蒸青做饼、炒青散茶,到现代的以不同工艺加工成的六大基本茶类。随着制茶工艺的发展,饮茶的方法也必然与时俱进,不断演变,不断发展。

(一) 唐代之前以生煮羹饮为主

据三国时期《广雅》记载:"欲煮茗饮,先炙令色赤,捣末,置瓷器中,以汤浇覆之,用葱、姜、橘子芼(掺和之意)之。其饮醒酒、令人不眠。"这是我国关于饮茶的最早文字记载。这段话的大意是:要想煮茶喝,先要把茶饼烤红捣碎,然后掺入葱、姜、橘皮等调料,盛于瓷器中,煮成粥状饮用。茶粥喝了能解酒提神。

(二) 唐代在陆羽《茶经》中记载的茶的三种喝法

一种是陆羽提倡的煮茶法。饮用时,先将饼茶放在火上烤透,然后用茶碾将烤酥的茶饼碾成粉,再用筛子筛成细末,然后放入开水中煮。煮时,水初沸时即加入一些食盐调味。当水二沸时,舀出一瓢盐开水备用,这时用竹夹在锅的中心做环形搅拌,使锅中的水形成旋涡,然后将茶末从中心投入。稍后,锅内"势若奔涛,溅沫"称为三沸,此时将先前舀出来的那瓢盐开水冲入锅中,这样一锅鲜美的茶汤就算煮好了。

《茶经》中介绍的第二种饮茶法是将茶粉"贮于瓶缶之中,以汤沃焉,谓之淹茶"。① 这是茶的冲泡品饮法之萌芽。

---

①② 陆羽.《茶经·六之饮》

《茶经》中也记载了古代沿袭下来的生煮羹饮法："或用葱、姜、枣、橘皮、茱萸、薄荷等，煮之百沸，或扬令滑，或煮去沫，斯沟渠间弃水耳，而习俗不已！"看来陆羽对古代流传下来的生煮羹饮法是不以为然的，但是，这种饮茶的方法至今仍在部分地区流传，尽管茶圣著书反对，也无法改变民间习俗。

（三）宋代开始流行点茶法

据蔡襄的《茶录》记载：点茶时先将饼茶烤酥，再敲碎碾成粉末，然后用茶罗将茶粉筛细，接着将一汤匙茶末置入茶盏，注入少量开水，搅拌均匀，再注入开水，并用竹制的茶筅反复击打茶汤，使之产生白色泡沫（称为汤花），茶盏边壁不留水痕者为佳。宋代点茶法与唐代煮茶法有三点不同。一是不再加盐；二是茶粉不再放入锅中去煮；三是用茶筅击拂，产生泡沫后再饮用。宋代的点茶法传入日本后被发扬光大，现代日本抹茶道采用的点茶法，堪称我国宋代点茶法的活化石。

（四）明代——现代茶艺的萌芽期

明代是我国茶艺理论创作的繁荣期，现存明代茶书有35种之多，占现存中国古典茶书的一半以上。最能反映明代茶学成就的有朱权《茶谱》、许次纾《茶疏》、田艺蘅《煮泉小品》、徐渭《茶说》、罗廪《茶解》、张源《茶录》、屠隆《考槃余·茶录》，不仅详细记载了明代开始兴起的散茶冲泡法所使用的27种器具，而且把泡茶程序归纳为择水、养水、洗茶、候汤、注汤、择器、涤器、烫盏、择薪、择果等程序同时还特别强调茶人的人品。他认为"使佳茗而饮非人，犹汲泉以灌蒿莱，罪莫大焉。有其人而来识其趣，一吸而尽，不暇辨味，俗莫甚焉。"例如许次纾在《茶疏》中把明代开始兴起的壶泡法归纳为备器、择水、取火、候汤、泡茶、斟茶、品茶等程序。

①备器　泡茶法的主要器具有茶炉、茶铫、茶壶、茶盏等。明代泡茶崇尚景德镇白瓷茶盏和宜兴紫砂壶。

②候汤　"水一入铫，便须急煮。""烹茶要旨，火候为先。炉火通红，茶铫始上。扇起要轻疾，待有声稍稍重疾，斯文武之候也。"

③泡茶　探汤纯熟便取起，先注少许入壶中祛荡冷气，然后倾出。量壶投茶，有上中下三种投法。先汤后茶谓上投，先茶后汤谓下投。汤半下茶，复以汤满谓中投。茶壶以小为贵，小则香气氤氲，大则易于散漫。若独自斟饮，壶愈小愈佳。

④酌茶　一壶常配四只左右的茶杯，一壶之茶，一般只能分酾两三次。杯、盏以雪白为上，蓝白次之。

⑤品茶　酾不宜早，饮不宜迟，旋注旋饮。

明太祖朱元璋登基之后，认为制作"龙团凤饼"劳民伤财，所以于洪武二十四年（1391年）下了一道诏令："庚于诏……罢造龙团，惟采芽茶以进。其品有四，曰探春、先春、次春、紫笋。"由于散茶的推广，饮茶的方法也随之改变。一方面著名的茶人朱权对唐宋的饮茶法"崇新改易，自成一家"。另一方面，在民间用开水直接泡茶的饮法"开千古茗饮之宗"。因为用沸水直接冲泡茶叶非常简便，所以这种饮茶的方式更容易广泛深入到社会各个阶层，最终使饮茶从达官显贵、文人墨客之雅玩，发展成为植根于广大民众的生活艺术，并进一步与民风民俗、宗教礼仪相融合，使茶成为"举国之饮"。

（五）清代——现代茶艺的发展期

明末清初，我国茶叶生产技术出现了划时代的变革。到了清代，绿茶、红茶、乌龙茶、黄茶、白茶、黑茶已门类齐全，花茶、紧压茶等再加工茶艺也达到了鼎盛期。同时，由于商品经济的发展，茶叶的内销市场、边销市场、国际市场都已形成，为了适应茶叶市场拓展的需要，古老的传统茶艺也开始向多元化的现代茶艺发展。清代中期，以宜兴紫砂壶为主要器皿的工夫茶茶艺，以三才杯（盖碗）为主要器皿的花茶茶艺，以玻璃杯为主要器皿的绿茶茶艺，以及多姿多彩的民间茶俗都已发展得相当完备，其中不少茶艺和茶俗至今流传。

最能反映清代茶艺水平的是章回小说和诗词。《红楼梦》、《儒林外史》、《拍案惊奇》、《醒世姻缘传》、《聊斋志异》中都有对名茶、茶具及饮茶风俗、品茶艺术的细腻描写。据统计，《红楼梦》全书中有273处写到茶事，《儒林外史》全书中有290处写到茶事，而清代嗜茶的乾隆皇帝写有数百首茶诗，仅《中国茶文化经典》中收录的就有200多首，其中不少茶诗都是对清代茶艺绝妙的真实写照。

在当代，受茶类品种多样化，消费者嗜好个性化，以及中外茶文化广泛交流等因素的影响，饮茶方式日新月异，调饮清饮并存，热饮冷饮兼备，形成了煮茶法、泡茶法、调茶法、速溶茶等饮茶方式异彩纷呈的大好局面，这些我们将会在有关章节中一一详述。

三、我国的饮茶风俗

我国56个民族自古以来都有以茶敬客、以茶祭祖、以茶供神、以茶联谊的礼俗。但是，由于各个民族所处的地理环境不同，历史文化背景不同，宗教信仰不同，饮茶的风俗习惯也各有差异。甚至于同一个民族，也有"千里不同风，

百里不同俗"的现象,正因为这样,所以形成了我国百花齐放的饮茶风俗,其中影响面比较广的有闽粤工夫茶、白族三道茶、客家擂茶、藏族酥油茶、侗族打油茶、蒙古族奶茶、苗族八宝油茶、闽北祝福茶、傣族和拉祜族的竹筒香茶、维吾尔族香茶、纳西族盐巴茶和龙虎斗、回族罐罐茶和八宝盖碗茶、畲族宝塔茶、德昂族腌茶、布朗族酸茶、基诺族凉拌茶、彝族烤茶、哈萨克族马奶子茶、苗族和侗族的打油茶等。

我国各地饮茶风俗和礼仪不胜枚举,其中有一些民族性、区域性很强,也有一些饮茶礼仪已被广大茶人普遍认同。例如,酒满敬人,茶满欺人,斟茶只宜七分满,留下三分装情谊;在冲水斟茶时应当高冲水低斟茶;在巡茶或注水时,茶壶只宜逆时针方向运转,不可顺时针方向巡壶;奉茶时应双手托杯敬茶,不可单手持杯奉茶;茶壶嘴不可对着客人;品茶时,除了啜乌龙茶和吃油茶,嘴中吸气时可发出响声之外,品其他茶类时,若口中发出响声则会被视为不文明……这些"规矩",虽然未必都有道理,但是在我国多数茶人中已相约成俗,我们认为以遵从为好,以免在茶事活动中引起不必要的误会和不快。

第三节 中国茶艺学的学科特点

茶艺是我国历史悠久的传统艺术,而中国茶艺学却是一门正在创立的新兴学科,它"道心文趣兼备",兼具科学性、艺术性、文学性和实用性。这门新兴的学科有四大特点:从内涵上看文质并重,尤重意境;从形式上看百花齐放,不拘一格;从审美上看道法自然,崇静尚俭;从目的上看追求怡真,注重实用。

一、文质并重,尤重意境

文质并重是中国茶艺的主要特点。孔子首先提出"文"与"质"相统一,才称得上美的观点。他说:"质胜文则野,文胜质则史,文质彬彬,然后君子。"① 这里的"质"是指人的内在道德品质,"文"是指人的文饰和外在表现。孔子认为,一个人如果缺乏文饰(质胜文),则这个人会显得粗野。相反,一个人单单注重文饰而缺乏内在的才华和道德品质(文胜质),则这个人必然显得虚

① 《论语·雍也》

浮。只有"文"和"质"相统一，做到文质彬彬，才能成为君子。

孔子所说的"文"和"质"的统一，不仅是内涵美与外表美的统一，同时还是"美"和"善"的统一。孔子的这一思想对中国古典美学的影响极其深远，对中国茶艺的影响也很深刻。在茶艺中"质"是指其所要表达的思想内涵，"文"是指服装、化妆、道具、环境营造、茶席布置、表演程序和表现技巧等。一套茶艺如果只注重外在美，而忽视了思想内涵美即"文胜质"，这样的茶艺必然显得肤浅，很难打动人心，更无法给人心灵上的启迪和精神上的享受。相反，如果只强调茶艺的思想内涵，而忽视了它的艺术性则是"质胜文"，这样的茶艺必然缺乏感染力，显得枯燥乏味，同样不足取。

茶艺只有文质并重才会意境高远，韵味无穷。意境是我国文学、艺术、美学中的一个非常重要的概念，它是由表现出来的客观形象和所要表现的思想感情融合一致而形成的一种境界。这种境界能使观众通过体验和联想，体会到难以言传的美感，产生情感上的共鸣，所以我国的文学艺术批评家，常以意境的高低来衡量作品的成败。因而在茶艺实践中我们一定要注重通过文与质的统一，做到情与景相交融，茶之美与艺之美相交融，内涵美与外在美相交融，使茶艺具有强烈的艺术感染力。

要做到文质并重，尤重意境，我们在茶艺学的学科建设时就应当十分注意吸收国学的知识、茶道的知识、文学的知识、历史的知识、美学的知识及其他相关艺术的理论知识，建立起中国茶艺学的理论体系，使中国茶艺在科学的、系统的理论指导下健康发展。

二、百花齐放，不拘一格

自古以来我国茶艺的表现形式就多姿多彩，有的儒雅含蓄，有的热情奔放，有的空灵玄妙，有的禅机逼人，有的场面宏大镂金错彩，有的清丽脱俗引人遐思，有的用调饮法为您献上浓香扑鼻的奶茶，有的用清饮法为您敬上沁人心脾的龙井。例如仅乌龙茶的泡法就有闽北流派、闽南流派、广东流派和台湾流派等四大流派。其中闽北流派又有母子壶泡法、小壶公道杯泡法、盖碗泡法、同心杯泡法、飘逸杯泡法等不同的表现形式。

今天，我国的茶艺经历了清朝末年和民国年间因贫穷、战乱、外敌入侵而衰微，以及"文化大革命"毁灭性破坏之后开始全面复兴，茶艺师已成为一种新兴的职业，茶艺活动在全国城乡开展得如火如荼。从参与的人来看，全国56个民族的群众都爱茶，各个民族、各个地区都在挖掘整理本民族、本地区的茶

风茶俗，并且将其升华为艺术，使我国茶艺园地百花齐放，万紫千红。

从使用的茶叶品种来看，我国有6大茶类，仅收入《中国名茶志》的名茶就多达1017种，不同的茶有不同的茶性，冲泡时需要选用不同的茶具，掌握不同的水温，采用不同的泡茶手法。

从对外茶文化交流来看，我国的茶人以前所未有的自信心、包容心，海纳百川，大胆地吸收借鉴世界各国的饮茶方法，并融入时尚元素，改造后为我所用，丰富了我国的品茶艺术。

在这样的大好形势下，中国茶艺学不仅应当从理论上倡导百花齐放，鼓励不同国家、不同地区、不同民族、不同茶艺流派之间互相学习，互相借鉴，取长补短，共同发展。同时更应当在茶艺实践方面，鼓励在传承历史的前提下，不拘一格，大胆创新，推动茶艺向多元化、多功能化发展。千万不可把茶艺看成是一种固定不变的泡茶模式，更不可把某个茶艺流派奉为唯一的"正宗"。

三、道法自然，崇静尚简

中国茶道是美的哲学。中国茶艺是唯美是求，众美荟萃的艺术。中国茶艺的审美基本特点是道法自然，崇静尚俭。老子讲："人法地、地法天、天法道、道法自然。"道法自然是中国茶艺美学的最高原则，也是茶人以茶修身养性的最高原则。虽然中国茶艺集儒家"中和"之美，佛家"空灵"之美，以及道家"自然"之美于一炉，但是，在茶艺学学科理论体系建设时，应当以"道法自然"为美学理论的基石。这不仅仅是因为"美到极致是自然"，而且因为审美是对既定人格的哺育，什么样的审美观哺育什么样的人格。在茶艺学学科理论体系建设时，我们强调"道法自然"，这就要求修习茶艺者的人性得到彻底解放，从精神上追求自由，反对心为物所役，力求去亲和自然、契合大道，做到物我两忘；从人格上追求至真至诚、率性任真、本色做人。在修习茶艺时，要求动如行云流水、静如苍松屹立、笑如春花烂漫、言如山泉絮语，一举手一投足都纯任自然、发自心性、毫不造作。

中国茶艺学倡导的"道法自然"，以自然为美，既能培养茶人自由旷达、潇洒不群、超然洒脱的个性，又造就茶人淡定从容、自尊自信、不卑不亢的气质，还形成茶人率性任真、不饰造作、真诚处世的人格。晋代竹林七贤之一嵇康有诗曰："目送归鸿，手挥五弦；俯仰自得，游心太玄。"我们稍加改动后用来形容中国茶艺：

神似秋鸿，口品清泉。
　　俯仰自得，游心太玄。

　　"俯仰自得"，无拘无束，正是中国茶人潇洒形骸、得大自在的写照。"游心太玄"，心不为物所役，自由放飞自己的心灵，正是修习中国茶艺的最高境界。

　　"崇静尚俭"既是中国茶艺学的审美观照，又是中国茶艺实践的人文追求。这里所说的"静"不是外部的安静，而是自心的虚静。"虚"是指心不被妄想和奢望所充斥。"静"是指心不因外部的干扰和诱惑而躁动。

　　中国茶艺学倡导的"崇静"思想源于我国的传统文化。庄子说："水静则明烛须眉，平中准，大匠取法焉。水静付明，而况精神。圣人之心，静乎，天地之鉴也，万物之镜也。"

　　历代儒家文士都把"静"视为越名教而任自然的思想基础。陶渊明追求"闲静少言，不慕荣利"。王维宣称："吾生好清静，蔬食去情尘。"白居易的座右铭是："修外以及内，静养和与真。"苏东坡对静的论述更加独到而深刻，他认为："夫人之动，以静为主，神以静舍，心以静充，志以静宁，虑以静明，其静有道。"由此可见，中国古代的士大夫们都是在静中证道悟道，在静中明心见性，同时也在静中寻求自己独立的人格和自尊。

　　佛教则把"戒定慧"三学作为修持的基础。戒是止恶修善，依戒资定；定是息缘静虑，依定发慧；慧是破惑证真，依慧成佛。其中定即是静，足见静也是佛教修成正果，达到大彻大悟的不二法门。儒、释、道三教对静的理解在茶艺中演化为"茶须静品"、"美须静悟"、"道须静修"的理论和实践。在这里特别要强调的是，茶艺学中所强调的"静"不是"不动"，更不是"死寂"，而是要求茶人通过修习茶艺，最终做到在任何环境中都能"心如止水"。

　　"尚俭"是中国茶道的人文追求。陆羽在《茶经》中提出："茶之为用，味至寒，为饮，最宜精行俭德之人。"文中的"精行"指行为至诚。"俭德"指有道德修养，善于约束自己。在当前人心浮躁、物欲横流的社会环境中，中国茶艺学倡导道法自然、崇静尚俭，对于培养德艺双馨的人才具有十分积极的现实意义。

四、追求怡真，注重实用

　　"怡"者，和悦愉快之意。中国茶艺学中的"怡"极具广泛性，不同地位、不同信仰、不同文化层次的人，往往对"怡"有不同的理解和追求。王公贵族重在"茶之珍"，他们以炫耀权势，夸示富贵，附庸风雅为怡。文人学士重在

"茶之韵",他们以托物寄怀,激扬文思,交结朋友为怡。佛门高僧重在"茶之德",他们以驱困提神,参禅悟道,见性成佛为怡。道家羽士重在"茶之功",他们以品茗养生,保生尽年,羽化成仙为怡。普通老百姓参与茶艺,重在"茶之味",他们以去腥除腻,涤烦解渴,招待亲朋为怡。无论什么人都可以从修习茶艺中得到生理上的快感、精神上的满足和心灵上的怡悦。这种"自恣以适己"的怡悦性,正是中国茶艺广受群众喜爱的根本原因之一。

"真",是道家很重要的哲学范畴。庄子认为:"真者,精诚之至也。不真不诚,不能动人……真者所受于天地。自然不可易也。故圣人法天贵真,不拘于俗。"在道家学说中,真即本性、本质,所以道家追求"抱朴含真"、"返璞归真"。道家求真的思想对茶艺影响极深。在中国茶艺中所追求的"真"有四重含义。

其一是追求物之真。中国茶道要求在茶事活动中,茶宜真茶、真香、真味;环境最好是真山、真水;器皿最好是真竹、真木、真石、真陶、真瓷;字画最好是名家真迹;插花最好是新采的鲜花。

其二是追求情之真。情之真即待客要真心实意,泡茶要投入真情,并通过品茗叙怀,使茶友之间的真情得到发展,达到互见真心的境界。茶人之间真情相见,有助于体味品茶的乐趣。

其三是追求性之真。性之真即在品茗过程中,真正放松自己的心情,在无我的境界中去放飞自己的心灵,放牧自己的天性,达到率性任真,本色做人。

其四是追求道之真。道之真即在茶事活动中,茶人以淡泊的襟怀、旷达的心胸、超逸的性情和闲适的心态去品味茶的物外高意,将自己的感情和生命都融入大自然,去追求对"道"的真切体悟,使自己的心能契合大道。

把"追求怡真"视为中国茶艺学的学科特点之一,不仅是因为它体现了人本主义的终极关怀情结,而且还因为中国茶艺学是一门"心术并重",强调实践的学科。在整个茶事活动过程中,中国茶艺强调用全身心去体验怡口悦目的直觉感受、怡心悦意的审美领悟、怡神悦志的精神升华;强调通过亲身参与茶艺实践,在实践中去追求茶之真、情之真、性之真、道之真。只有这样,中国茶艺才不单纯是表演艺术,也不仅仅是生活艺术,而且是人生的艺术,是修身养性的途径。

中国茶艺是雅俗共赏的生活艺术,它具有多功能性。我们在修习茶艺时,除了要充分强调它可沟通自然、内省自性、愉悦心灵、修身养性之外,还要特别注意茶艺在日常生活、生产、营销和社会活动中的各项功能。

第四节 中国茶艺的功能

我们在研究、修习中国茶艺时,不仅要了解它的概念、源流和学科特点,还应当了解茶艺的主要功能,只有这样,才能在实践中充分发挥茶艺的作用,使茶艺为促进茶产业发展服务,为满足广大群众对茶的多方面、多层次的需求服务。也只有这样,才能根据茶艺的功能,有针对性地去创新茶艺,推动茶艺与时俱进,不断发展,使祖国的茶文化发扬光大。

中国茶艺的功能是多方面的,概括起来主要有以下五点。

一、宣传普及茶文化

茶艺是茶文化的重要组成部分,是深受群众喜爱的生活艺术,具有非常广泛的群众基础。在我国5000多年的饮茶实践中,茶已融入大众日常生活的方方面面,自古有"柴米油盐酱醋茶"和"琴棋书画诗曲茶"之说,总之无论是普通老百姓,还是帝王将相、才子佳人、高僧大德、方外羽士,茶都是他们日常生活的一个重要内容。在我国各个民族、各个地区,饮茶早已发展成了民风民俗,不少地方的老百姓在待客会友、拜神祭祖、婚丧嫁娶、贺年过节时都离不开茶。

在当代,尤其是在改革开放之后,茶文化正在全面复兴,往往各地饮茶的民间习俗被升华为茶艺,从而茶艺成为传承民族传统文化的重要手段之一。近年来,茶艺与影视、网络、书刊出版等现代传媒相结合,与现代茶艺馆的经营相结合,与提升青少年综合素质的教育相结合,这些都在宣传普及茶文化方面起到了越来越大的作用,特别是舞台表演型茶艺,对于吸引传媒聚焦茶文化,吸引社会各界关注茶文化方面都起到了积极的作用。

二、彰显茶叶品质,促进茶叶销售

(一)茶艺是决定茶叶商品质量的一个重要环节

过去我们始终认为,茶叶商品质量是在出厂前由检验员审评检验决定的,这实在是一个历史性的错误。从市场学的角度看,茶叶商品质量应当是以消费者的身心感受为准,消费者认可的好茶才是真正的好茶。而消费者对茶品质的

认知一般是由七个因素共同决定的。

（1）茶树的品种

不同的茶树品种各有其独特的品种特征，从不同品种茶树上采下的茶青，由同一个师傅，用相同的加工工艺生产出来的茶叶风味各异。因茶树品种不同而形成的商品茶的品质差异俗称"品种香"。

（2）栽培环境

栽培环境包括土壤的团粒结构、pH值、有机质和有益矿物质的含量、茶园的纬度和海拔高度，以及茶园的朝向和生态环境等。相同品种的茶树，在不同的栽培环境下生产出来的茶叶，其品质有明显差别，这俗称"地域香"。

（3）气候条件

茶是天地间的灵物，它的质量好坏还受当年的气候及采茶时天气情况的影响，习惯上一般将这称之为"气候香"。

（4）茶树栽培管理水平

茶园的科学管理水平对茶叶商品质量的影响也很大，特别是水肥管理和农药控制十分关键。施不施肥，施什么肥，什么时候施肥，如何施肥，以及农药的使用都影响着商品茶的质量，这俗称为"栽培香"。

（5）采制工艺

茶青的采摘是否适时，是否标准，加工设备是否先进，加工师傅的技艺是否精湛，工作时是否用心，都影响着茶叶商品质量的优劣，这俗称为"工艺香"。

（6）储运条件

茶叶的储藏和运输是否得当也很重要。一些茶类通过合理储运能提升茶叶的品质，但是，在储运过程中稍有不慎，茶叶便会霉变、串味、陈化、色泽变暗，或茶汤鲜爽度降低，从而导致品质明显下降。往往科学的储运能保持茶叶的品质，甚至在一定时期内能提升某些品种茶叶的商品质量，这俗称为"储存香"。

（7）冲泡技巧

如是否能正确地选择泡茶器皿，水温和出汤时间的把握是否准确，冲泡手法是否科学，是否能生动地讲解出茶的魅力因素，是否能循循善诱地引导客人用心品茶等，都决定着茶叶的色香味形之美最终能否得到消费者的感知并被认可。若不能掌握正确的冲泡技巧，上等茶可能被泡成中等茶，甚至可能被糟蹋成为劣等茶，所以说，茶艺是最终决定茶叶商品质量的关键环节，这俗称为"茶艺香"。

以上七个环节，环环相扣，缺一不可。只是在过去，茶叶商品质量的前六个环节都有不少专家、教授、科技人员花费许多财力、物力、精力进行深入研究，唯独第七个环节被长期忽视，专门从事这方面研究的人才少之又少。近年虽然有人开始研究，但是尚处于探索阶段。其结果是茶农和茶厂千辛万苦生产出来的茶叶，常常因为冲泡不得法，到了消费者口中时，上等茶变成了中等茶，甚至下等茶。不少茶业龙头企业，厂房很漂亮，设备很先进，产品质量相当好，接待室十分宽畅高雅，但是接待人员却泡不好，更讲不好自己企业的茶。往往要么是水温太低，出汤太快，茶的韵味不足；要么是水温太高，浸泡时间太长闷坏了茶，造成熟汤失味；要么是器皿选择不当，不懂得如何充分展示自己产品的优点；要么是泡"哑巴茶"，不会介绍本企业产品的文化内涵和魅力因素，其结果是使企业产品的质量在消费者眼中大打折扣。

（二）茶叶商品的两大因素最终要靠茶艺来展示

茶叶商品和所有的商品一样，它的整体概念包括"保障因素"和"魅力因素"两大部分。茶叶商品的保障因素是商品的核心，即茶叶的理化品质，主要是卫生指标（重金属、有害微生物、农药残留均不得超标）和感官指标（色、香、味、韵、形等）。打造茶叶商品的保障因素靠的是科技。

茶叶商品的魅力因素不仅包括商品的形体（包装、规格、特色等），还包括商品品牌的知名度、美誉度、名贵度、珍稀度、保健价值、文化内涵和售后服务等。而打造茶叶商品的魅力因素主要靠茶文化。

然而无论是茶叶保障因素还是魅力因素，要打动消费者、征服消费者，最终都要靠茶艺。茶的保障因素（色、香、味、韵、形）要靠冲泡技巧来展示；茶的魅力因素则要靠冲泡者精湛得当的讲解来展示。茶界流传着一句话："易经风水茶，真懂没几家。"若没有优秀茶艺师进行冲泡演示、生动讲解并引导客人艺术品茶，再好的茶叶也很难被一般消费者充分认知。所以我们认为，充分展示茶叶商品的保障因素和魅力因素，促进茶叶销售，是茶艺的一项重要功能。

三、引导茶叶消费，培育茶叶市场

市场需要培育，消费需要引导。我国广大群众虽然有喝茶的传统，但是却不是人人都会品茶，多数人喝茶仅仅是为了解渴。特别是崇尚西方生活方式的青少年，更不一定喜爱"国饮"。而茶艺可以把喝茶这样的日常生活琐事升华为生活艺术，使广大消费者在参与茶艺的过程中，不仅能享受到茶的最佳风味，从感官上得到满足，而且能在泡茶、品茶的过程中得到美的享受和精神上的愉

悦。古今中外，茶艺都是引导茶叶消费，培育茶叶市场的最有效的途径。例如在英国，正是通过"下午茶"的推广，使茶成为"健康之液"、"快乐之杯"、"灵魂之饮"，甚至普及为"人权甜品"、"图腾饮料"。为此，不产茶的英国茶叶人均年消费量达2.11千克（2006—2008年），是我国的4倍，成了世界上人均茶叶消费量最多的国家之一。

在中国，20年前多数群众对乌龙茶几乎一无所知，而在茶文化复兴的20多年以来，正是凭借着工夫茶茶艺在我国城乡茶艺馆广泛流行，安溪铁观音、武夷山大红袍也随之风靡大江南北、长城内外。同时在普洱茶蹿红的日子里，普洱茶茶艺也起到了推波助澜的作用。可以这么说，茶要真正成为国饮，普及茶艺必须先行。

四、友谊的纽带，社交的桥梁

茶艺有良好的社交功能。茶不仅仅是健康的良药、生活的享受、文明的饮料，而且是友谊的纽带、社交的桥梁。早在唐代，颜真卿等人月夜啜茶联句就留下了文人以茶会友的千古美谈。

颜真卿（709—785）字清臣，唐代开元进士，后官至吏部尚书、太子太师，不仅是唐代著名的政治家、军事家，而且是我国最著名的书法大家，其正楷端庄雄奇、气势开张，行书遒劲有力，开一代新风，成为后世楷模。有一次，颜真卿与陆士修、张荐、李萼、崔万及高僧释僧昼等人在月夜相会，他们以茶助兴，以诗会友。在茶会上，陆士修起头吟道："泛花邀坐客，代饮引清言。"张荐接着吟道："醒酒宜华席，留僧想独园。"李萼曰："不须攀月桂，何假树庭萱。"崔万紧接着说："御史秋风劲，尚书北斗尊。"颜真卿说："流华净肌骨，疏瀹涤心源。"僧昼接下去说："不似春醪醉，何辞绿菽繁。"最后陆士修结语说："素瓷传静夜，芳气满闲轩。"茶会之后，颜真卿把上述诗句整理成文，这便是传颂千古的《月夜啜茶联句》。自唐代以后，以茶会友蔚然成风。

如宋代程元凰的《寒夜》：

寒夜客来茶当酒，竹炉汤沸火初红。
寻常一样窗前月，才有梅花便不同。

其情其景令人陶醉。

元代谢应芳的啜茶《留客》：

白鹤溪清水见沙，溪头茅屋野人家。
柴门净扫迎来客，薄酒迟留当啜茶。

其情其景质朴真诚。

明代程敏政的《冬夜烧笋供茶教子弟联句》：

> 坐拥寒炉夜气清，（敏政）
> 烹茶烧笋散闷情。（敏亨）
> 品从雀舌分佳味，（埙）
> 价许龙孙得贵名。（垲）
> 疏窗已上梅花月，（敏亨）
> 更取瑶琴鼓再行。（敏政）

其情其景体现了古代书香门第大家庭的温馨。

清代姚燮的《寒斋杂述》：

> 竹炉石铫试新茶，蟹眼声中泛碧芽。
> 却喜客来如陆羽，共凭小几看荷花。

其情其景真挚感人，读后如身临其境。

发展到现代，都市茶艺馆已成为人们交朋结友、聚会聊天的理想场所，以茶会友成了人们相互沟通，加深了解，增进友谊的重要方式。

五、修身养性、延年益寿

修身养性，延年益寿是茶艺高级阶段的功能。茶艺是一门综合性很强的生活艺术，它重在发现美、展示美、享受美、感悟美，而美的境界是人类摆脱了世俗功利之心的最高境界。黑格尔断言："审美带有令人解放的性质。"著名的美学家马尔库塞则讲得更明确，他说："审美发展是一条通向主体解放的道路，这就为主体准备了一个新的客体世界，解放了人的身心并使之具有新感性。"[①] 人们正是通过修习茶艺去追求真、善、美，并且通过修习茶艺使自己从社会强加的工具理性中解放出来。越来越多的人热爱茶艺，是因为茶艺能激发人的情感和想象力，学会以美学的精神看待日常生活，改变其平庸、刻板、枯燥、乏味的生存状态，从而构建诗意的生活方式；越来越多的人迷恋上了茶艺，是因为修习茶艺可以以美为光，用美学的眼光和茶道的精神来内省自性，认识自我，倾听自我，塑造自我。

修习茶艺的最高乐趣，也正是修习茶艺的高级功能。正如周宪先生在《美学是什么》一书中所言，艺术和美学可以使人"多一点率真和童趣，少一些暮气和世故；多一些游戏精神和'业余'态度，少一些专业功利和实用主义；多

---

① 周宪. 美学是什么. 北京：北京大学出版社，2002：237

一些感性世界的自我关怀,少一些工具理性的压抑和依从。学会审美地看待自己的生存环境,多动手艺术实践,将自己的日常环境变得更具美学意味;学会欣赏各种事物,不但是优美的事物,而且是崇高的、悲壮的、幽默的,甚至是怪诞的事物。总之,诗意的生存是未完成的,是开放的,是需要不断更新的"。①茶人们在茶艺实践中不断以茶养身,以道养心,通过修身养性,最终达到愉悦心灵、澡雪心性、彻悟人生、延年益寿的目的。

第五节　中国茶艺的分类及发展方向

中国是茶的故乡,也是世界茶文化的发源地。数千年以来,中国茶文化直接或间接地影响着世界各国。目前,世界上已有许多国家和地区把茶视为最文明、最健康、最富有诗意的饮料。英国研究科技史的专家李约瑟说:"茶是中国继火药、造纸术、印刷术、指南针四大发明之后,对人类的第五大贡献。"这种贡献还在不断发展。而要研究茶艺的发展方向,必须从茶艺的分类讲起,因为不同类型茶的发展方向各有侧重。

一、中国茶艺的分类

分类是社会科学研究与自然科学研究中常采用的一种方法,即根据研究的目的,选择一个标志,把性质相近的事物或现象归纳在一起,把性质不同的事物或现象区别开来。茶艺分类的方法很多,如何分类,应根据研究目的而定。本节主要根据茶艺的表现形式分类,辅以茶艺表现的主题内容分类。

(一) 以茶艺表现形式分类

以茶艺表现形式分类,茶艺可分为表演型茶艺、待客型茶艺、营销型茶艺、养生型茶艺等四大类。

1. 表演型茶艺

表演型茶艺是指由一个或几个茶艺师在舞台上演示泡茶技巧,众多的人在台下欣赏。从严格意义上说,因为在台下的观众并没有能真正参与到茶事活动中去,并且他们当中只有少数几位嘉宾或许有机会品到茶,其余的人都无法鉴

---

① 周宪. 美学是什么. 北京:北京大学出版社,2002:256

赏到茶的色香味韵，所以表演型茶艺称不上是完整的茶艺。但是，这种茶艺适用于大型聚会、节庆活动、影视网络宣传，并且可以借助一切舞台美学手段来提升茶艺的观赏价值，所以在普及茶文化，推广泡茶技艺等方面，这类茶艺具有独特的优势。过去我国各地组织的茶艺大赛几乎是舞台表演型茶艺一统天下。

表演型茶艺重在观赏价值，所以应当源于生活，高于生活。它要求茶艺师要像演员一样进入角色，动作和表情应根据茶艺内容的需要适度夸张一些，服装可以艳丽一些，化妆可以适当浓一些，灯光和布景也应当根据表演的需要进行设置。

2. 待客型茶艺

待客型茶艺是指由一名主泡茶艺师与几位客人围桌而坐，一同赏茶、鉴水、闻香、品茗。在场的每一个人都是茶事活动的直接参与者，而非旁观者，每一个人都参加了茶艺美的创作，都能充分领略到茶的色香味韵，也都可以自由地交流情感、切磋茶艺，以及探讨茶道精神和人生奥义。

待客型茶艺不仅是现代茶艺馆中最常用的茶艺，而且适用于政府机关、企事业单位以及普通家庭。修习这类茶艺时，切忌带上表演型的色彩。讲话、动作不可矫揉造作，服饰、化妆不宜过分浓艳，表情最忌夸张，一定要像主人接待亲朋好友一样亲切自然。这类茶艺一般要求茶艺师边泡茶边讲解，客人也可以随意发问、插话，所以要求茶艺师要有较强的语言表达能力，与客人沟通的能力，以及随机应变的能力，同时，还必须具备比较丰富的相关知识。

3. 营销型茶艺

营销型茶艺是指通过茶艺来促销茶叶、茶具、茶文化。营销型茶艺是最受茶庄、茶厂、茶艺馆欢迎的一种茶艺。它在选择冲泡器皿时，一般选用审评杯具来泡茶，以便最直观地向客人展示并讲解茶的特性。在泡茶过程中，茶艺师一般不用一整套格式化的程序泡茶讲茶，而是注重在充分展示茶叶内质的同时，巧妙地讲解茶的商品魅力因素，以激发客人的购买欲望，最终达到促销的目的。

营销型茶艺要求茶艺师自信、诚恳，并具备丰富的茶叶商品学、市场学、消费心理学知识和娴熟的茶叶营销技巧。

4. 养生型茶艺

养生型茶艺包括传统养生型茶艺和现代养生型茶艺。传统养生型茶艺是指在深刻理解中国茶道的基础上，结合中国传统养生的基本功法，如调身、调心、调息、打坐、入静、导引等，使人们在修习这种茶艺时以茶养身，以道养心，并持之以恒，最终达到修身养性、延年益寿的目的。现代养生型茶艺主要是指根据不同花草的性味特点，调制出适合个人的养生保健茶。随着人们对茶艺保

健功能研究的日益深入，以及随着人们对健康要求的日益强烈，这类茶艺一定会受到越来越多茶人的欢迎。

（二）以茶艺表现的主题内容分类

以茶艺表现的主题内容分类，茶艺可分为宫廷茶艺、文士茶艺、民俗茶艺、宗教茶艺、外国茶艺以及现代创新茶艺等六类。

1. 宫廷茶艺

宫廷茶艺是我国古代帝王敬神、祭祖、日常起居或赐宴群臣时举行的茶艺活动。唐代的清明茶宴、宋代皇帝视学赐茶、清代的千叟茶宴等均可视为宫廷茶艺。宫廷茶艺的特点是场面宏大、礼仪繁琐、气氛庄严、茶具奢华、等级森严，并且带有政治教化和政治导向等色彩。

2. 文士茶艺

文士茶艺是历代儒士在品茗斗茶的基础上发展起来的茶艺。其特点是文化气息浓郁，品茗时注重意境，茶具精巧典雅，表现形式多样，气氛轻松活泼，常和清谈、赏花、读月、抚琴、吟诗、联句、玩石、鉴赏古董字画等相结合。文士茶艺常以"清"为美，才子们或品茗论道，示忧国忧民之清尚；或以六艺助茶，添茶艺之清新；或以茶讽世喻理，显儒士之清傲；或以诗茶会友，表文人脱俗之清谊。总之，文士茶艺深得中国茶道怡情悦性之真趣。

3. 民俗茶艺

我国是一个有56个民族相依共存的民族大家庭，各民族对茶虽有共同的爱好，但却各有不同的饮茶习俗。就是汉族内部也可谓是千里不同风，百里不同俗。在长期的茶事实践中，不少地方的老百姓都创造出了具有独特风格的民俗茶艺。民俗茶艺的特点是表现形式多姿多彩，清饮调饮不拘一格，并且常与民族音乐、民族服装、民族歌舞、地方特色小吃相结合，具有极广泛的群众基础。

4. 宗教茶艺

我国目前流传较广的宗教茶艺有禅茶、礼佛茶、观音茶、太极茶、道家养生茶等。宗教茶艺的特点是特别讲究礼仪，气氛庄严肃穆，茶具古朴典雅，强调修身养性或以茶示道。

5. 国外茶艺

国外茶艺是指茶文化复兴以来引进的外国饮茶法，例如英式下午茶、印度拉茶、新加坡肉骨头茶、美国冰红茶，以及韩国茶礼、日本茶道等。

6. 现代创新茶艺

茶文化复兴以来，我国传统的饮茶方式不断融入现代元素，创编出不少深受广大群众特别是青少年欢迎的茶艺,例如浪漫音乐红茶茶艺、十二星座茶艺、时尚花草花果茶艺、现代美容保健茶艺等。

二、茶艺发展的方向

茶艺发展总的方向自然应当是传承历史,开拓创新,为满足大众不断增长的物质和精神生活的需要服务,为促进茶产业发展服务,为传承中华民族传统文化服务,为促进构建和谐社会服务。但是不同类型的茶艺,分别具有不同的功能,所以发展的具体方向也各有侧重。

(一)表演型茶艺的发展方向

表演型茶艺在我国茶文化复兴的第一阶段已经起到了一些积极的作用,今后应当引导这类茶艺向三个方面深入发展。

1. 从一壶茶中品出中华民族深厚的历史文化积淀

即是通过努力学习历史文化知识,深入挖掘整理历史文化遗产,在此基础上艺术而真实地再现各朝代品茶的方法。例如唐代陆羽在《茶经》中倡导的煮茶法,宋徽宗赵佶倡导的点茶法,明太祖朱元璋之子朱权首创的泡茶法,清代乾隆皇帝自创的三清茶、慈禧太后的珍珠美容养颜茶等。要通过传承和弘扬历史茶文化,使我国民众和外国朋友更加了解中国茶文化的博大精深和源远流长。

2. 从一壶茶中品出多姿多彩的民族风情

我国是一个56个民族和睦相处,共同发展的民族大家庭,各族人民对茶有共同的爱好,都创造出了多姿多彩,美不胜收的茶风茶俗。例如藏族的酥油茶、蒙古族的奶茶、维吾尔族的香茶、土族的熬茶、回族的三炮台、白族的三道茶、侗族的油茶等。发展表演型民俗茶艺要本着"源于生活,高于生活"的艺术创作原则,努力做到"三个结合,四个征服",即茶与美丽的民族服饰相结合,与美妙的民族音乐相结合,与美味的民族特色小吃相结合;让表演者身着美丽的民族服装征服人们的眼球,让美妙的民族音乐配合娓娓动听的讲解征服人们的耳朵,让美味的民族风味小吃配合茶香征服人们的口鼻,让火的热情、水的灵动、茶的芬芳、人的真诚和民族风情融为一体征服每一个人的心。

3. 从一壶茶中体现中华民族的包容之心和与时俱进的时代精神

中国茶艺应当以海纳百川的博大胸怀,大胆借鉴、学习、引进国外的茶艺并且消化吸收,然后根据我国群众的爱好,融入时尚元素,加以创新发展。

(二)待客型茶艺的发展方向

待客型茶艺是最容易被广大群众接受的茶艺,也是应用最广泛的茶艺。其特点是亲切、温馨、自然。这类茶艺发展的方向应当是综合各种艺术,融入时

尚元素，使茶艺走下表演舞台，走进千家万户，成为当代群众乐于追求的一种，健康、诗意、时尚的新生活方式。

要做到这一点首先应当从茶具的改革与创新入手。据说当年茶圣陆羽正是借助他创制的二十四种茶器，使得"远近倾慕，好事者家藏一副。""于是茶道大兴，王公朝士无不饮者。"古今中外，往往一种时尚生活方式的流行，都离不开深受大众喜爱的器皿。例如咖啡在意大利的推广普及得益于摩卡壶，而在美国的流行则得益于美观、适用、方便的电动滴滤式咖啡机。茶在英国之所以能成为上流社会推崇的生活方式，借助的是精美绝伦的蕾丝台布、手工打造的银质器皿、华贵精细的瓷器等组成的成套茶具。

而如今，特别是在喧嚣的都市，人们往往把品茶视为一份难得的惬意和闲适。因而为了使人们能从茶的滴水微香中感受到大自然融入生活的真味，体验到诗意生活的真趣，发展生活待客型茶艺时，在器皿推陈出新的基础上，还应当加强对香艺、花艺、音乐、挂画等方面的研究，因为这些艺术若与茶艺相结合，能很有效地丰富和提升茶艺的形式美，并且使茶艺得到各阶层老百姓的广泛喜爱。

（三）营销型茶艺的发展方向

营销型茶艺的发展必须认真学习《茶叶商品学》、《茶叶市场学》、《茶叶审评学》和《茶叶加工学》等方面的知识，并且引导茶艺师把这些知识融会贯通，用于实践。

营销型茶艺没有套路，但是难度很大，关键是一方面要应用精湛的泡茶技巧，最充分地展示出所泡茶叶的内在美，并且尽可能掩饰茶的缺点和不足。另一方面，要善于和客人沟通，礼貌而巧妙地引导客人去领略茶的色、香、味、韵、滋、气、形之美。同时更难的是要在深刻了解所泡茶叶的品质特点和文化内涵的基础上，向客人展示泡茶的魅力因素。我们认为，如果说加快生活待客型茶艺的研究和推广是茶艺发展的"重中之重"，那么加强对营销型茶艺的创新和培训则是茶艺发展的"重中之急"，因为中国茶产业的发展急需这方面的人才。

（四）修身养性型茶艺的发展方向

修身养性型茶艺古已有之，今后这类茶艺的发展方向主要有两个方面。

其一，在功法上与我国传统养生中的入静、打坐、气功、导引等相结合，在泡茶之前通过调身、调心、调息，使自己达到涤除悬鉴，物我两忘的境界，通过最大限度地放松自己的身心，达到至清导和，强身健体。

其二，努力学习我国优秀的传统文化，特别是学习已融入中国茶道理论体系中的儒释道三家文化的精华。例如儒家"精行俭德"的人文追求，积极入世的生活态度，仁民爱物的高尚情怀，"啜苦可励志，咽甘思报国"的感恩心态；佛家的茶禅一味，无住生心，活在当下，一期一会等深刻哲理；道家天人合一的整体观，清静无为的养生观，上善若水的道德观，逍遥自在的幸福观等。在修身养性型茶艺中，我们强调通过精神境界的提升达到"以道养心"；通过艺术品茶，科学品茶实现"以茶养身"。这样身心双养，身心双健，自然就能实现以茶修身养性延年益寿的目的。

思考题

1. 什么是中国茶艺？什么是中国茶道？两者之间有什么关系？
2. 我国对茶叶的利用经历了哪几个阶段？
3. 中国茶艺的学科特点是什么？了解这些特点对学好中国茶艺有什么帮助？
4. 中国茶艺有哪些主要功能？为什么说茶艺可以引导消费、培育市场，促进茶产业的发展？
5. 茶艺主要有哪几种分类方法？各分为哪几类？请简述各类茶艺的具体发展方向。

第二章

茶叶商品基础知识

导读

茶艺是展示茶叶内在美的生活艺术。要学好茶艺，首先要了解茶，但是，我国有20个省（市、自治区）1019个县（市）产茶，仅仅收入《中国名茶志》的名茶就多达1017种，所以茶人们常说：『喝茶喝到老，茶名记不了。』那么如何比较全面系统地了解茶呢？在本章中，我们分别从茶叶生产概况、茶叶商品分类、茶叶审评和鉴赏、茶叶储藏基础知识、茶叶感官品质的物质基础等五个方面，简要介绍有关茶叶商品的知识，为进一步学习茶艺奠定基础。本章课外重点导读：《品茶图鉴》，陈宗懋、俞永明、梁国彪、周智修著，中国友谊出版公司，2008年版。

第一节 茶叶生产概况

一、茶树

早在唐代，陆羽（733—804）在《茶经》中开门见山地指出："茶者，南方之嘉木也。"意思是茶是生长于南方的优良树种。但是，究竟什么样的"嘉木"才是茶树，这个问题直到瑞典生物学家林奈（1707—1778）提出了现代生物科学分类命名法之后才得到解决。

茶树现代植物学的学名为 Camellia sinensis （L.） O.Kuntze，其中 sinensis 是拉丁文，意为中国。在植物分类学中，茶树属于被子植物门、双子叶植物纲、山茶目、山茶科、山茶属、茶种的多年生木本常绿植物。茶树的原产地学术界虽然有不同的看法，但是，绝大多数学者公认茶树原产于我国西南地区，包括云南、贵州、四川、重庆等省（市）都是茶树原产地的中心区域。在广西、广东、福建、湖南、台湾和海南等省，也发现有少量野生茶树。

二、茶树的分类

目前，我国茶树通常采用三级分类法。

（一）按照树型分类

按照树型可把茶树分为三种类型。

1. 乔木型（有明显而高大的主干）

这类茶树可高达20多米，基部干围可达1米以上，树龄可长达数百年甚至上千年。例如，云南普洱市镇沅县千家寨野生古茶树，根据专家测定其树高达25.6米，干径达1.2米，树龄约为2700年。

2. 小乔木型（基部主干明显）

这类茶树可高达4~6米，干径可达数十厘米，如广西田林的白毛茶，树高达5米，干径达37.2厘米；福建安溪兰田野茶树，树高达6.3米，干径达18厘米。

3. 灌木型（无明显主干）

这类茶树栽培广泛，各茶区均有种植。

（二）按叶片大小分类

按照叶片大小可把茶树分为四类。

①特大叶类：叶长大于14厘米，叶宽大于5厘米。

②大叶类：叶长10.1～14厘米，叶宽达4.1～5厘米。

③中叶类：叶长7～10厘米，叶宽3～4厘米。

④小叶类：叶长小于7厘米，叶宽小于3厘米。

（三）按发芽迟早分类

按照发芽迟早可将茶树分为三类。

①早芽种：春茶一芽三叶时期活动积温少于400℃。

②中芽种：春茶一芽三叶时期活动积温400℃～500℃。

③迟芽种：春茶一芽三叶时期活动积温大于500℃。

三、中国茶区的划分

我国产茶区幅员辽阔，南起海南岛北纬18度的三亚一带，北到北纬38度附近的山东蓬莱市；西自东经94度的西藏林芝地区，东至东经122度的台湾省，全国有20个省、市、自治区，1019个县（市）产茶。2003年茶园面积122.58万公顷（其中台湾省1.85万公顷），约占世界茶园总面积的45%，居世界首位。茶学界根据我国产茶区的自然条件、茶树品种、茶类结构划分为四大茶区。

（一）华南茶区

华南茶区包括福建南部、广东中南部、广西南部、云南南部、海南省和台湾省。本茶区的年平均气温在20℃以上，茶树品种资源丰富，生长期长，部分地区的茶树无休眠期，全年都可以形成正常芽叶，在良好的管理条件下可常年采茶。一般地区一年可采7～8轮。普洱茶、六堡茶、铁观音、凤凰单丛、滇红、英德红茶、台湾乌龙等名茶即产于这个茶区。

（二）西南茶区

西南茶区包括贵州、四川、重庆、云南中北部和西藏东南部。本茶区地势较高，多数茶区海拔在500米以上，属于高原茶区，地形复杂，气候变化大，茶树品种资源丰富，所产茶类较多，主要有绿茶、红茶、黑茶和花茶。凤冈翠芽、都匀毛尖、蒙顶黄芽、蒙顶甘露、雷山银球茶等名茶即产于本茶区。

(三) 江南茶区

江南茶区包括广东北部、广西北部、福建中北部、湖南、浙江、江西、湖北南部、江苏南部。江南茶区有天目山、武夷山、黄山、九华山、庐山等名山，以及太湖、洞庭湖等大泽，是西湖龙井，洞庭（山）碧螺春、武夷大红袍、武夷肉桂、闽北水仙、黄山毛峰、君山银针、安化松针、古丈毛尖、太平猴魁、安吉白茶、白毫银针、六安瓜片、祁门红茶、正山小种、庐山云雾等名茶的原产地，茶叶产量占全国总产量的一半以上，是我国重点产茶区。

(四) 江北茶区

江北茶区南起长江，北至秦岭、淮河，西起大巴山，东至山东半岛，包括甘肃南部、陕西南部、湖北北部、河南南部、安徽北部、江苏北部和山东南部。这个茶区是我国最北的茶区，地处北亚热带的北缘，气温较低，积温少，茶树经常因受冻害而减产，但也出产一些名茶，是信阳毛尖、午子仙毫、秦巴雾毫、恩施玉露、日照雪青、崂山绿、龙神翠竹等名茶的原产地。

四、历代贡茶与历史名茶

我国封建社会历代生产的贡茶自然属于历史名茶，除此之外，自然条件优越的茶区，选用优良的茶树品种，精心采摘、精湛加工所生产的品质优异，风韵独特，色香味形俱佳，获得文人雅士好评的茶，也属于历史名茶。自唐代以来，各朝代的主要贡茶和历史名茶资料如下。

(一) 唐代的贡茶和名茶

唐代的贡茶和名茶共有50多种，大部分是蒸青团茶或蒸青饼茶，少量是散茶。最具代表性的有：

顾渚紫笋　又名顾渚茶、紫笋茶，产于湖州（现浙江长兴市）。

阳羡茶　同紫笋茶，又名义兴紫笋，产于常州（现江苏宜兴市）。

寿州黄芽　又名霍山黄芽，产于寿州（现安徽霍山）。

蒙顶石花　又名蒙顶茶，产于剑南雅州名山（现四川雅安市）。

方山露芽　又名方山生芽，产于福州（现福建福州市）。

西山白露　产于洪州（现江西南昌西山）。

仙人掌茶　属蒸青散茶。产于荆州（现湖北当阳）。

紫阳茶　产于陕西紫阳。

义阳茶　产于义阳郡（现河南信阳市）。

六安茶　产于寿州盛唐（现安徽六安）。

天目山茶　产于杭州天目山。

径山茶　产于杭州（现浙江余杭）。

腊面茶　又名建茶、武夷茶、研膏茶，产于建州（现福建建瓯市）。

庐山茶　产于江州庐山（现江西庐山市）。

（二）宋代的贡茶和名茶

宋代的贡茶和名茶有90多种，仍以蒸青团饼茶为主，其中龙团凤饼是宋代贡茶的主体此外，当时"斗茶"之风盛行，促进了名茶的创新，散茶类名茶开始逐渐兴起。最具代表性的品种有：

建茶　又称北苑茶、建安茶，产于建州（现福建建瓯市），是宋代贡茶的主体。著名的有龙凤茶、京挺、石乳、龙团胜雪、北苑先春等40余种。

顾渚紫笋　又名顾渚茶、紫笋茶，产于湖州（现浙江长兴）。

阳羡茶产　于常州义兴（现江苏宜兴）。

日铸茶　又名日注茶，产于浙江绍兴。

双井茶　又名洪州双井、黄隆双井、双井白芽等，产于分宁（现江西修水）和洪州（现江西南昌）。属散茶。

雅安露芽、蒙顶茶　产于四川蒙顶山（现四川雅安市）。

方山露芽　产于福州。

径山茶　产于浙江余杭。

天台茶　产于浙江天台。

宝云茶　产于浙江杭州。

月兔茶　产于四川涪州。

仙人掌茶　产于湖北当阳。

紫阳茶　产于陕西紫阳。

信阳茶　产于河南信阳市。

龙井茶　产于浙江杭州。

武夷茶　产于福建武夷山。

（三）元代的贡茶和名茶

元代的贡茶和名茶主要品种有40余种，其中最著名的是产于福建武夷山御茶园的石乳，以及茶叶建州（今福建省建瓯市）的头金、骨金、次骨、末骨、粗骨。另外，龙井茶、阳羡茶仍然很有名。

(四)明代的贡茶与名茶

明太祖朱元璋下诏罢造团茶,改贡散茶后,蒸青散茶和炒青芽茶开始兴盛。明代的名茶有 50 余种,最具代表性的有:

蒙顶石花、玉叶长春　产于剑南(现四川雅安蒙山)。

顾渚紫笋　产于湖州(现浙江长兴)。

白露茶　产于洪州(现江西南昌)。

阳羡茶　产于常州义兴(现江苏宜兴)。

瑞草魁　产于宣城了山(现安徽宣城)。

绿昌明　产于建南(现四川剑阁以南)。

西湖龙井　产于浙江杭州。

皖西六安　产于安徽六安。

日铸茶、小朵茶、雁路茶,产于越州(现浙江绍兴)。

(五)清代的贡茶与名茶

明末清初是我国茶叶生产工艺大发展的时期,到清代中期逐步形成了绿茶、红茶、黄茶、白茶、黑茶、乌龙茶等六大茶类,其中贡茶和名茶共计有 40 余种,除了前朝流传下来的西湖龙井、普洱茶、信阳毛尖、紫阳毛尖等名茶之外,新创名茶主要有:

武夷岩茶　产于福建崇安武夷山,有大红袍、铁罗汉、白鸡冠、水金龟四大名枞,是有名的乌龙茶。

闽红工夫红茶　产于福建省福安、福鼎、政和等地。

祁门红茶　产于安徽祁门一带,属工夫红茶。

洞庭碧螺春　产于江苏苏州太湖洞庭山,属炒青细嫩绿茶。

六安瓜片　产于安徽六安,属单片形细嫩绿茶。

太平猴魁　产于安徽黄山太平,属细嫩绿茶。

庐山云雾　产于江西庐山,属细嫩绿茶。

安溪铁观音　产于福建安溪一带,属著名的乌龙茶。

苍梧六堡茶　产于广西苍梧六堡乡,属著名黑茶。

政和白毫银针　产于福建政和,属白芽茶。

凤凰水仙　产于广东潮安,属乌龙茶。

闽北水仙　产于福建建阳和建瓯,属乌龙茶。

贵定云雾茶　产于贵州贵定,属细嫩绿茶。

湄潭眉尖茶　产于贵州湄潭,属细嫩绿茶。

九曲红梅　产于浙江杭州，属细嫩工夫红茶。

温州黄汤　产于浙江温州平阳，属黄茶。

第二节　茶叶商品分类

我国商品茶叶有不同的分类方法，在茶学教学中最具权威性，影响面最广的是陈宗懋院士主编的《中国茶经》中的分类方法。按照这种分类法，商品茶叶可分为基本茶类和再加工茶类等两类。

一、基本茶类

基本茶类是指茶树的茶芽或嫩叶嫩茎经过初制、精制后，不再进行再加工或深加工，即可作为商品出售的茶类。《中国茶经》中根据初加工的发酵工艺和发酵程度，把基本茶类分为绿茶、红茶、黄茶、白茶、青茶（乌龙茶）、黑茶等六大茶类。详见表一。

（一）绿茶

国家标准·绿茶（GB/J14456—93）中规定："用茶树新梢的芽、叶、嫩茎，经过杀青、揉捻、干燥等工艺制成的初制茶（或称毛茶）和经过整形、归类等工艺制成的精制茶（或称成品茶）保持绿色特征，可供饮用的茶"，均称为绿茶。绿茶按杀青工艺的不同又可分锅炒高温杀青（锅温160℃~260℃）、蒸汽杀青（100℃~120℃）、微波杀青等三类。按干燥工艺可分为炒青绿茶、烘青绿茶、晒青绿茶等三类。

1. 炒青绿茶

杀青、揉捻后用滚炒方式为主干燥的绿茶称为炒青绿茶。炒青绿茶又可细分为细嫩炒青，如龙井、碧螺春、南京雨花茶、安化松针、凤冈翠芽、午子仙毫等；长炒青如珍眉、秀眉、贡熙等；圆炒青如平水珠茶等。

2. 烘青绿茶

杀青、揉捻后用烘焙方式干燥的绿茶称为烘青绿茶。烘青绿茶又可分为细嫩烘青如黄山毛峰、太平猴魁、高桥银峰等，普通烘青如福建的闽烘青、湖南的湘烘青、安徽的徽烘青、浙江的浙烘青等。

表一 基本茶类一览表

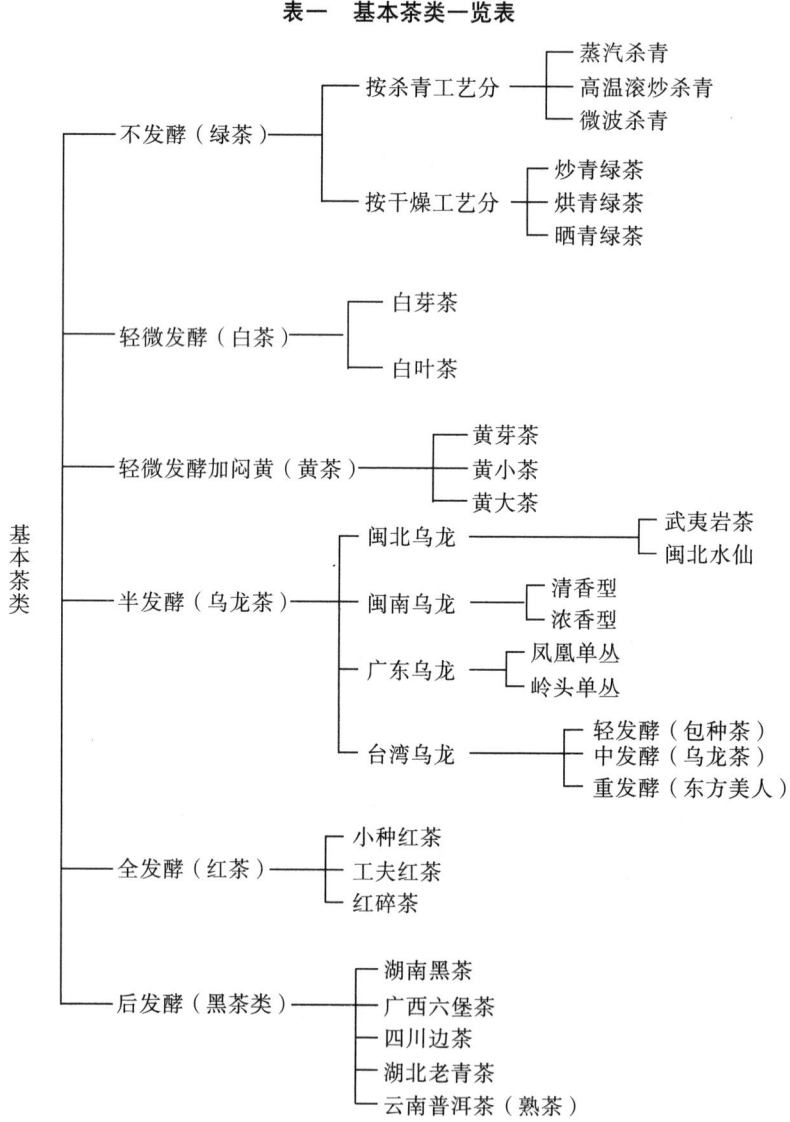

3. 晒青绿茶

杀青、揉捻后用日晒方式干燥的绿茶称为晒青绿茶。晒青绿茶主要有陕青、滇青、川青、桂青、黔青等。

另外，蒸青绿茶也是我国的传统名茶，特别受日本市场的欢迎。这类茶先用蒸汽将茶青蒸软，而后揉捻、干燥而成。其代表性品种有煎茶、恩施玉露等。微波杀青绿茶是用现代新工艺生产的绿茶。

（二）红茶

通过萎凋、揉捻、充分发酵、干燥等基本工艺程序生产的茶叶称为红茶。红茶可分为三类：

1. 小种红茶

小种红茶是世界红茶的始祖，原产于福建省武夷山市桐木关一带。产在桐木关海拔 800～1500 米高山区的称为正山小种，产于毗邻山区的称为外山小种，邻近县市用工夫红茶熏烟的称为"烟小种"。小种红茶汤色艳红亮丽，有松烟香，味甘醇似桂圆汤，曾风靡英国皇室，但是，目前桐木关一带已纳入世界文化、自然双遗产地，正山小种红茶的生产受到严格的限制，成为稀缺珍品。

2. 工夫红茶

工夫红茶是在小种红茶的基础上演变发展成的一类红茶，产于福建的称"闽红"，产于湖北的称"宜红"，产于江西的称"宁红"，产于湖南的称"湖红"，产于广东的称"粤红"，产于浙江的称"越红"，产于四川的称"川红"。其中最负盛名的是产于安徽祁门一带的"祁红"和产于云南的"滇红"。特级"祁红"外形条索细嫩挺秀，金毫显露，色泽乌黑油润、汤色艳明红亮，香气高鲜嫩甜，具有类似玫瑰花的甘香，称之为"祁门香"，滋味鲜醇嫩甜。"滇红"外形肥壮，显金黄毫、汤色红艳、滋味浓醇。这两种红茶都是"中国工夫红茶"中的珍品。

3. 红碎茶

茶青经萎凋、揉捻后，用机器切碎，然后经发酵、烘干而制成的红茶称为红碎茶。红碎茶的茶汁浸出快、浸出量大，适合做成"袋泡茶"，饮用起来方便快捷，很受国际市场的欢迎。

（三）乌龙茶

乌龙茶属于半发酵茶，它是介于不发酵的绿茶与全发酵的红茶之间的一大茶类。因为乌龙茶条索呈青褐色，所以有一些地方也把它称为"青茶"。乌龙茶按其产地可分为四类。

1. 闽北乌龙茶

闽是福建省的简称，产于福建北部的乌龙茶都属于闽北乌龙茶。其中最具代表性的有武夷岩茶和闽北水仙。武夷岩茶的主要品种有驰名中外的茶王"大红袍"及当家品种肉桂和水仙。除此之外，还有铁罗汉、白鸡冠、水金龟、半天腰、北斗、瓜子金等名丛，以及正在大力推广的黄观音、金观音、丹桂等新品种。

武夷岩茶汤色橙红亮丽,有天然花香,滋味醇厚,叶底呈明显的"绿叶红镶边",并且有香久益清、味久益醇、耐泡、耐储存等特点,细细品悟,还会感受到"香、清、甘、活"无比美妙的岩韵。

闽北水仙为历史名茶,主产于建瓯市、建阳市、南平市、顺昌县。因主产地是建瓯南雅,故又名南雅水仙,是我国乌龙茶类中的传统出口产品。

2. 闽南乌龙茶

产于福建省南部安溪、华安、永春、平和等地的乌龙茶统称为闽南乌龙茶。闽南是我国最主要的乌龙茶产区,仅安溪一个县的乌龙茶产量就占全国乌龙茶产量的1/4,其中最著名的是"铁观音"。另外,安溪县的黄金桂、本山、毛蟹,永春县的佛手,平和县的白芽奇兰,绍安县的八仙及梅占、桃仁等,也都是闽南乌龙茶中的珍品。除了上述的纯种乌龙茶之外,闽南人也常将不同品种的茶混合采制或制好后混合拼配,这样生产出来的乌龙茶统称为"色种"。

3. 广东乌龙茶

广东乌龙茶以产于潮州市潮安县的凤凰单丛和产于饶平县的岭头单丛等最为有名,其次是产于饶平县的饶平色种。近几年来,凤凰单丛和岭头单丛都十分注重茶的香气,分别推出了单丛十大香型并深受消费者的喜爱。

4. 台湾乌龙茶

台湾乌龙茶根据其萎凋程度和做青程度不同而分为三类。

(1) 包种茶

发酵程度8%~10%,经过炒青、揉捻、干燥等工艺程序生产的乌龙茶称为"包种"。包种色泽较绿,汤色黄亮,滋味和口感接近绿茶,但有乌龙茶特有的香和韵。包种茶主产于台湾省北部的台北市和桃园县。其中以文山所产品质最佳,故习惯上称为"文山包种"。

(2) 乌龙茶

发酵程度15%~25%,经过炒青、揉捻、初干、包揉、再干燥等工艺程序生产的半发酵茶,在台湾才称为乌龙茶。其中以冻顶乌龙、高山乌龙最为有名。

(3) 椪风茶(也称膨风茶)

发酵程序50%~60%,经过炒青、湿巾包覆回软、揉捻、干燥等工艺程序生产的乌龙茶称为椪风茶。"椪风"在闽南语中原为"吹牛"之意,因为这种茶的价钱高到令人难以置信,故名"椪风"茶。其中的极品称为东方美人,又名白毫乌龙、五色茶。

（四）黄茶

黄茶属于轻微发酵茶，在制茶过程中有缺氧闷黄这道独特的工艺程序，其特点是"黄汤黄叶"。黄茶依据原料芽叶的嫩度可分为三类。

1. 黄芽茶

原料细嫩，采摘单芽或一芽一叶加工而成，其代表性品种有湖南岳阳市的"君山银针"，四川雅安的"蒙顶黄芽"，以及安徽霍山的，"霍山黄芽"。

2. 黄小茶

采摘细嫩芽叶加工而成的黄茶，其代表性品种有湖南岳阳的"北港毛尖"和浙江温州的"平阳黄汤"等。

3. 黄大茶

采摘一芽二三叶甚至一芽四五叶为原料加工而成的黄茶。其代表性品种有安徽"霍山大黄茶"和"广东大叶青"等。

（五）白茶

白茶是选用芽叶上白茸毛细密的茶树品种的茶青，经过萎凋、晒干或烘干等工艺程序制成的茶叶，属于轻微前发酵茶，其汤色清淡，滋味鲜醇爽口。白茶依照原料的不同可分为白芽茶和白叶茶两类。

1. 白芽茶

完全选用大白茶肥壮的芽头制成，其代表性品种有产于福建福鼎县，用烘干方式生产的"北路白毫银针"，以及产于福建政和县，用晒干方式生产的"南路白毫银针"。这两类白茶都通称"白毫银针"，畅销于港、澳和东南亚地区。

2. 白叶茶

采摘一芽二三叶或用单片叶按白茶生产工艺制成的白茶统称为"白叶茶"，其代表性品种有白牡丹、贡眉、寿眉等。

（六）黑茶

通过杀青、揉捻、渥堆发酵、干燥等工艺程序生产的茶，因其渥堆发酵时间较长，成品色泽呈油黑色或黑褐色，故名黑茶。过去，黑茶主要供给边疆少数民族饮用，所以也称为边销茶。黑茶按其产地可分为四类。

1. 湖南黑茶

主产于湖南安化，益阳、桃江、宁乡、沅江、汉寿、临湘等地也有少量生产。湖南黑茶经蒸压装篓的称天尖，蒸压后成砖形的称黑砖、花砖或茯砖。安化特产"千两茶"也属黑茶类。

2. 北老青茶

主产于湖北省咸宁地区的蒲圻、咸宁、通山、崇阳、通城等地,湖南省临湘也生产老青茶。用来压制青砖茶的老青茶分为面茶与里茶两种。面茶较精细,里茶较粗放,压制成的茶砖传统上主销内蒙古自治区。

3. 川边茶

主产于雅安、天全、荥经等地的称为南路边茶,蒸压后的产品称为康砖、金尖,主销康藏地区。主产于灌县、崇庆、大邑等地的称为西路边茶,蒸压后一般制成"方包茶"或"茯砖",主销川西各地。

4. 西黑茶

主产于广西苍梧县六堡乡,所以也称为"六堡茶",具有红、浓、醇、陈四大特点,是黑茶中的珍品。

5. 普洱茶

过去我国多数权威的茶学专著都把普洱茶归入黑茶类,近年有一些学者提出普洱茶应视为一个独立的茶类。中华人民共和国国家质量监督检验检疫总局,中国国家标准化管理委员会于2008年6月17日发布的《地理标志产品普洱茶》(GB/T2211—2008)中规定:"普洱茶以地理保护范围内的云南大叶种晒青茶为原料,并在地理标志保护范围内采取特定的加工工艺制成,具有独特品质特征的茶叶。按其加工工艺及品质特征,普洱茶分为普洱茶(生茶)和普洱茶(熟茶)两种类型。按外观形状分为普洱茶(熟茶)散茶、普洱茶(生茶、熟茶)紧压茶。"

普洱茶生产工艺中所说的后发酵是指云南大叶种晒青茶或普洱茶(生茶)在特定的环境条件下,经过微生物、酶、湿热、氧化等综合作用,其内涵物质发生一系列转化,而形成普洱茶(熟茶)独特品质的过程。标准中所说的云南大叶种茶是指分布于云南省茶区各种乔木型、小乔木型大叶种茶树品种的总称。

依照茶的外观形状、存放条件和存放时间长短,普洱茶有不同的分类方法。

(1) 普洱散茶和普洱紧压茶

未经蒸压,保持条索状的普洱茶称之为普洱散茶。通过蒸压做成不同形状的普洱茶统称为普洱紧压茶,常见的有普洱沱茶、七子饼茶、金瓜普洱、普洱方茶等。

(2) 干仓普洱和湿仓普洱

存放在常温、常湿,卫生条件良好的库房中,让生普洱茶在自然温湿条件下缓慢地逐步陈化的普洱茶,称为"干仓普洱"。干仓普洱随着存放时间的延长,具有"越陈越醇"之特点。人为加湿,或把普洱茶(生茶)存放

在阴暗潮湿的库房中加速其陈化,用这种方法生产出来的普洱茶,称为湿仓普洱,湿仓普洱常有难闻的霉味,其品质很难再随着储存时间的延长而逐年改善。

(3) 生普洱与熟普洱

尚未完成陈化过程的新普洱称为"生普洱"。通过泼水渥堆发酵或经过长期干仓陈化的普洱茶称为"熟普洱"。品质优良的熟普洱汤色呈亮丽的琥珀色,滋味浓醇,带有特殊的陈香。品质优良的生普洱汤色清亮,滋味浓烈,香气鲜爽。市场上也有人认为,干仓存放的普洱茶(生茶)无论存放多少年都称为生普洱。

二、再加工茶类

以基本茶类为原料,经过窨花、拼配、压制、造型等工艺进一步加工生产出来的商品茶,称为再加工茶类。在茶艺中常用的再加工茶有以下几种。

(一) 花茶

花茶依照工艺的不同可分为窨花花茶、工艺花茶和拼配花草(花果)茶等类。

1. 窨花花茶

窨花花茶是最传统的花茶,它是用茶叶和香花进行拼和窨制,使茶叶吸收花香而制成的香茶。有些地方习惯称之为"香片"。我国的窨花花茶的品种很多,主要有茉莉花茶、白兰花茶、珠兰花茶、米兰花茶、玳玳花茶、柚子花茶、玫瑰花茶、桂花茶、栀子花茶等,其中产量最多的是茉莉花茶,主产于广西横县。福建、云南、浙江等省也是花茶的重要产地。

2. 工艺花茶

这是近年发展起来的新一类花茶,最初由安徽省黄山市茶叶专家汪芳生于1986年创制,在加工时要经过杀青兼轻揉、初烘理条、选芽装筒、造型美化、定型烘焙、足干贮藏等工艺程序才能制成。这种茶经开水冲泡后,花与茶叶吸水膨胀,如同鲜花在碧水中绽放,绚丽多彩,赏心悦目。工艺花茶集观赏、饮用、保健为一体,深受中外茶人欢迎。

3. 拼配花草茶(花果茶)

花草茶历史悠久,随着美容界近年越刮越盛的自然风,花草茶成了都市时尚的新宠。花草茶一般选用红茶、绿茶或普洱茶与花草科学配伍,使之能冲泡出一杯看上去花形娇美、花色艳丽,闻起来香气袭人、沁人肺腑,品一品甘爽清醇、回味无穷,而且有一定的营养保健价值的茶。

花草茶的魅力还在于可以让每一个参与者享受独创的乐趣,每一个人都可以在茶事活动中,通过自由选择花草品种调配出符合自己爱好的香味。然后悠然自得地品味花草茶变化无穷的色、香、味,为自己的心灵营造一个温馨浪漫而恬静的空间。

(二) 配制茶

在现代茶叶经营中,客户通常会提出一个他们喜欢的独特的风味。而这种风味不是任何一种单一茶类所能达到的,于是我们就必须请有丰富经验的茶师,用不同种类的茶叶进行拼配。例如在茶艺馆中将适量的安溪铁观音与武夷肉桂拼配,称为"双珍合璧",拼配后的茶既有铁观音的高香,又有武夷岩茶的岩韵,深受消费者欢迎。再如,用台湾的优质金萱与铁观音拼配,冲泡出的茶汤有淡淡的乳香,特别为青少年茶友钟爱。至于外贸出口,用于做茶饮料的茶叶,则大部分都是按照客户要求拼配的配制茶。

另外,还有一类很特殊的"茶类",称为代茶类。这类茶从植物学的角度看,因为不是用山茶科、山茶属植物的芽叶加工而成的,所以不属于真正的茶类,但是在茶庄、茶艺馆和有关商店中,却被当做"茶"在卖,我们称之为"非茶之茶"。最常见的有苦丁茶、绞股蓝茶、杜仲茶、罗布麻茶、银杏茶、人参茶、虫屎茶、丹参茶、胖大海茶、钩藤茶等。在本节中,虽然我们没有把这类茶列入基本茶类和再加工茶类,但是在学习茶艺时也必须了解。

袋泡茶、紧压茶、粉茶、抹茶等虽然改变了茶的外观,但是都没有改变茶的内在品质,所以均不作为单独一类,而是根据生产使用的主要原料来归类。

第三节 茶叶审评和鉴赏

对茶叶品质的鉴别,有感官审评法和茶叶鉴赏法两种,这两项工作既有联系又有区别。感官审评是依赖于评茶者的经验与感受,严格按照规定的操作程序评定茶叶品质,这是一项难度很高、技术性很强的工作。国家有评茶师职称,专业茶艺工作者也应当努力学习这项技能。感官审评法主要用于茶叶的等级评定或茶叶质量评比竞赛。而茶叶鉴赏,则是修习茶艺时必须掌握的品茶艺术,

它重在对茶叶色香味韵进行美的赏析,旨在提升品茶的趣味性、愉悦性、娱乐性,主要用于日常生活和茶艺演示。

一、茶叶感官审评

茶叶感官审评是根据审评人员正常的视觉、嗅觉、味觉和触觉感受,使用规定的评茶术语或参照实物样,对茶叶产品的感官品质特征进行评定,或用评分表达的方法,这是一门鉴定茶叶品质的科学。掌握茶叶感官审评法的基本技能,一方面必须通过长期的实践来锻炼自己的嗅觉、味觉、视觉、触觉,使自己具有敏锐的审辨能力;另一方面要学习审评方法、审评程序、审评项目及茶叶鉴别常识等基本理论知识。

(一) 审评方法

茶叶感官审评,是根据茶叶的形、质特性对感官的作用来分辨茶叶品质的高低。审评时,先进行干茶审评,然后再开汤审评。审评有八因子法与五因子法两种。所谓八因子法,是指在干茶审评时看外形的整碎、条索、色泽、净度等四个因子,并与标准样对照,初步确定茶叶品质的好坏;然后在开汤后审评看内质,即看汤色、香气、滋味、叶底等四个因子,与标准样对照,决定茶叶品质的高低;最后综合外形内质的八个因子的评分和评语,最终确定茶叶的等级。五因子法则是在干评时,把外形的四个因子合并为一个因子。

(二) 审评程序

在审评时要先取样,一般是取毛茶250~500克或精茶200~250克,放于专用的茶样盘内,评定茶叶的大小、粗细、轻重、长短、碎片、末茶,然后均匀取样。红茶、绿茶的成品茶一般取3克,乌龙茶取5克,放入审评杯内,用沸水冲泡。3克红茶、绿茶冲150毫升沸水,泡5分钟;5克乌龙茶冲110毫升沸水,泡2~4次,每次2~5分钟,有疑难的茶要泡双杯审评。不同茶类在审评时所用的样品重量、冲水量、冲泡时间有所不同,详见表二。

(三) 审评项目

确定茶叶品质的高低,一般要干评外形,开汤评内质,把以下的项目逐一评比,并按照评茶术语写出评语。

1. 外形指标

(1) 嫩度 (整碎)

主要看干茶的外观形状是否匀整。一般从优到差分为匀整、较匀整、尚匀整、匀齐、尚匀等不同的级差。

表二　不同茶类的审评用具与冲泡法

茶类		审评用具								称样量（克）	用水量（毫升）	冲泡时间（分钟）
		审评杯				审评碗						
		高（毫米）	外径（毫米）	内径（毫米）	容量（毫升）	高（毫米）	上口（毫米）	内径（毫米）	容量（毫升）			
绿茶、红茶、白茶、黄茶、普洱茶、花茶	毛茶	82	84	78	250	61	114	106	250	5	200	5
	成品茶	65	66	62	150	55	95	90	200	3	150	5
紧茶、沱茶、饼茶、湘尖、六堡茶、普洱七子饼茶、普洱方茶	成型前	82	84	78	250	61	114	106	250	510	200	8
	成型后	82	84	78	250	61	144	106	250	5	200	8
黑砖、花砖、茯砖、青砖、米砖、金尖	成型前	86	95	81	310	60	117	100	380	3~5	150~250	5~8
	成型后	86	95	81	310	60	117	100	380	5	250	10
乌龙茶（吊钟形杯）		52	80上口径	45底经	110	50	90上口径	85	110	5	110	2~5
速溶茶		透明玻璃杯250或300毫升								0.75（热泡）	150（冷泡）	3
袋泡茶		65		66		62		150		2.5克/袋	150	5

(2) 条索

条索是各类茶所具有的一定外形规格，是区别商品茶种类和等级的依据。例如长炒青呈条形、圆炒青呈珠形、龙井呈扁形，其他不同种类的茶都有其一定的外形特点。一般长条形茶评比松紧、弯直、壮瘦、圆扁、轻重，圆形茶评比松紧、匀正、轻重、空实，扁形茶评比平整光滑程度。

(3) 色泽

色泽是反应茶叶表面的颜色、色泽的深浅程度，以及光线在茶叶表面的反射光亮度。各种茶叶均有其一定的色泽要求，如特级祁门红茶应"乌黑油润"，特级碧螺春应"银绿、隐翠、鲜润"，绿茶应翠绿，乌龙茶应呈青褐色等。

(4) 净度

净度是指茶叶中含有杂物的多少。优质茶叶应不含任何夹杂物。

2. 内质指标

(1) 香气

香气是茶叶开汤后随水蒸气挥发出来的气味。不同的茶应具有自己独特的香气，如特级祁门红茶的香气应"高鲜嫩甜"，特级碧螺春的香气应"嫩香清鲜"，武夷大红袍的香气应"锐浓长或清幽远"，而武夷肉桂的香气应"浓郁持久似有乳香或蜜桃香或桂皮香"。审评香气除了辨别香型之外，还要比较香气的纯异、高低、长短。香气的纯异是指所闻到的香气与该品种茶叶应具有的香气是否一致，是否夹杂了其他异味；香气的高低可用浓、鲜、清、纯、平、粗来区分；香气长短即香气的持久性。好茶应香气纯高持久，有烟、焦、酸、馊、霉、异等气味的是劣质茶。

(2) 汤色

汤色是茶叶中的各种色素溶解于沸水而反映出的茶汤色泽。汤色在审评过程中变化较快，为了避免色泽的变化，审评过程中要先看茶色或将闻香与观色结合进行。审评汤色主要应看色度、亮度、清浊度等三个方面。

(3) 滋味

滋味是评茶人对茶汤的口感反应。审评时首先要区别滋味是否纯正，纯正的滋味又可细分为浓淡、强弱、鲜爽、醇和等。不纯正的滋味又可细分为苦涩、粗青、异味等。好茶叶的滋味应浓醇或鲜爽，刺激性强或富有收敛性。

(4) 叶底

叶底即冲泡后充分舒展开的茶渣。评定方法是看叶底老嫩、色泽、均齐度、柔软性等。一般而言，好的茶叶叶底应嫩芽比例大，质地柔软，色泽明亮，叶形较均匀，叶片肥厚。

实际操作时应注意，在审评过程中要依上述各项审评因子逐项评比，然后写出评语，并按百分制分别打分。以名优绿茶为例，详见表三。

表三　名优绿茶审评评语及评分表

评定因子	评语	级别	给分
外形	嫩绿、翠绿、细嫩、造型有特色	甲	94±4
	墨绿、深绿、细嫩、造型有特色	乙	84±4
	暗绿、大小不一、无定型	丙	74±4
汤色	嫩绿明亮、嫩黄绿明亮	甲	94±4
	清亮、黄绿	乙	84±4
	深黄、浑浊	丙	74±4
香气	花香鲜嫩香、嫩栗香、高锐	甲	94±4
	清香、清高、高欠锐	乙	84±4
	纯正、熟、足火	丙	74±4
滋味	嫩鲜、鲜醇、鲜爽	甲	94±4
	清爽、醇厚	乙	84±4
	熟、浓涩、青涩、浓烈	丙	74±4
叶底	嫩绿、明亮、显芽	甲	94±4
	黄绿、明亮、显芽	乙	84±4
	黄熟、青暗	丙	74±4

不过，在审评不同茶类时，各个因子在总分（100 分）中所占比重各不相同，通常称为权数。审评时，要把各项因子的初步得分分别乘以权数后再相加，最后的得分才是审评的结果。不同茶类各因子的权数详见表四。

表四　各类茶叶品质因子评分权数表[①]

茶叶		外形	汤色	香气	滋味	叶底
名优绿茶		30	10	25	25	10
红碎茶	大叶种	20	10	30	30	10
	小叶种	30	10	25	25	10
工夫红茶		35	10	20	20	15
小种红茶		30	10	25	25	10
眉茶、珠茶		35	10	20	20	15

---

① 施海根. 中国名茶图谱. 上海：上海文化出版社，2007：46

续表

茶叶	外形	汤色	香气	滋味	叶底
花茶	30	5	40	20	5
烘青茶胚	40	10	20	20	10
乌龙茶	15	10	35	30	10
普洱茶	20	10	30	30	10
白茶	20	10	30	30	10
黄茶	30	10	20	30	10
压制茶	30	10	20	25	15

二、茶叶的鉴赏

在日常生活中或茶艺演示时，我们不可能、也没有必要严格按照感官审评法，用专业术语对茶叶进行评价，或对茶叶的品质打分，而是从艺术的角度去欣赏、去体验、去悠然自得地享受茶的色香味韵之美。艺术地鉴赏茶叶常用的技巧是三看、三闻、三品、三回味。如以欣赏红茶为例。

（一）三看，又称为"目品"

一看干茶的外观形状，通常称为"看茶相"。正山小种以条索粗壮长直，身骨重实，色泽乌润油光为美；祁红工夫以条索细秀，稍弯曲，有锋苗，色泽乌润略带灰光为美；滇红以条索肥壮紧结、重实、匀整，色泽乌润带红褐色，金毫多而显为美。

二看汤色。正山小种的汤色以红亮或深金黄色为美；祁红的汤色以红浓明亮为美；滇红的汤色以红艳带金圈为美。

三看叶底。正山小种的叶底呈古铜色；祁红的叶底红亮；滇红的叶底肥厚，红艳鲜亮。

（二）三闻，又称为"鼻品"

一闻有没有异味。茶叶吸附异味的能力特强，再好的茶叶，若因储存运输或购后保管不当，吸附了异味或产生了霉味、陈味，其品质必然大打折扣。

二闻茶的本香。红茶的香气以嫩甜为上，甜香次之，纯正又次之。不同品种的红茶各具特色的品种香，如优质正山小种有浓郁的桂圆干的香味和好闻的松烟香味；祁红有类似蜜糖的甜香；滇红的香气浓郁，有活力，特别是产于云县、凤庆等地的滇红不仅香气高长，且带有花香。

三闻香气的持久性。

(三) 三品，又称为"口品"

一品是品滋味。红茶的滋味以鲜醇甜和为上，醇厚次之，尚醇厚又次之。品第一口茶时，首先是品烘干工艺的火功水平和茶的新陈度，因为这两个因素在茶汤中最先表现出来。二品主要是细品茶的特色滋味，如正山小种的滋味浓醇爽口；祁红的滋味鲜醇带甜；滇红的滋味浓强带有刺激性。三品时最好在红茶中加奶、方糖或果汁后再品，看看这款茶是适于清饮还是适于调饮。

(四) 三回味

品茶要"五官并用，六根共识"，即不仅要目品、鼻品、口品，还要用心去品，并且在品后仔细回味。

三回味是指舌本回味甘甜，满口生津；齿颊回味甘醇，留香尽日；喉底回味甘爽，心旷神怡。

尚能如此用心去体贴红茶，那么你一定会像清代诗人高士奇一样，感受到她"香夺玫瑰晓露鲜"；或者感到"恰如灯下，故人万里，归来对影，口不能言，心下快活自省"。如果你的心足够虚静空灵，或许还可能产生"清风两腋归何处，直上三山看海霞"的无比快意，和"莫道年来尘满腹，小窗寒梦已醒然"的人生顿悟。

第四节 茶叶贮藏基础知识

茶叶属于易变性食品，贮藏方法稍有不当，便会在短时间里风味尽失，甚至即使贮存得法，有些茶叶仍会在贮存过程中逐渐失去茶的鲜香而陈味逐渐显露。要长期贮存茶叶，应了解影响茶叶变质的原因及科学的贮藏方法等两个方面的基础知识。

一、影响茶叶变质的环境条件

茶叶陈化、变质是茶叶中某些化学成分氧化、降解、聚合的结果，也可能是因为受到了异味污染或生物危害。影响化学变化的外部条件主要有温度、水分、氧气、光线等四个因子。生物危害包括微生物引起的霉烂变质和老鼠、蟑螂、白蚁、蠹虫等造成的危害。

（一）温度

氧化、聚合等化学反应与温度的高低成正比，温度越高反应速度越快，茶叶陈化的速度也就越快。实验结果表明，温度每升高10℃，茶叶色泽褐变的速度就加快3~5倍。如果茶叶贮藏于10℃以下的冷库，可较好地延缓褐变过程。而如果能干燥地存放于-20℃的冷库，则几乎可以完全防止陈化变质。

（二）水分

水分是茶叶陈化过程中许多化学反应的必要条件。研究结果表明，当茶叶中水分含量降到3%左右时，可有效地延缓脂质的氧化变质。而茶叶中的水分含量超过6%时，陈化速度急剧加快。要防止茶叶水分含量偏高既要注意购入的茶叶水分不可超标，又要注意储存环境的空气湿度不可过高。因为茶叶有很强的吸湿性，如果空气湿度高，茶叶会吸湿引起霉变。

（三）氧气

氧气能与茶叶中的很多化学成分相结合而使之氧化变质。例如，茶叶中的儿茶素、维生素C、茶多酚、茶黄素、茶红素、酯类物质均会氧化变质，所以茶叶最好能与氧气隔绝开，实行抽真空贮藏或充氮包装贮藏。

（四）光线

光的本质是一种能量，光线照射可以加速各种化学反应，从而对茶叶贮藏产生极为不利的影响，特别是紫外线的照射会使茶叶中的一些营养物质发生光化反应，产生令人不愉快的异味（日晒味），故茶叶应避光贮藏。

二、茶叶的科学贮藏方法

茶叶的贮藏分为大容量茶的贮藏和家庭用茶的贮藏两大类，本节仅介绍适用于家庭和茶艺馆的茶叶贮藏方法。

（一）贮藏茶叶的基本要求

茶叶是疏松多孔物质，极易吸潮、吸附异味，故贮藏茶叶的基本要求是严格防止茶叶吸附异味并在干燥、低温、避光处贮藏。

（二）实用的茶叶贮藏方法

1. 抽气真空贮藏法

这是近年来名茶贮藏的主要方法，花不了多少钱即可购买一台小型家用真空抽气机，另购买一些镀铝复合袋（250克或500克装），将新购的茶叶分装入复合袋内，抽气后加上封口，然后再分品种装入纸箱，用一袋开一袋。这样的贮藏方法最适合于茶艺馆。操作得当，有效保存期为两年，如果抽真空后冷藏，可保存两年以上。

2. 密封贮藏法

如果没有真空抽气机可买一台小型手动封口机，用镀铝复合袋或双层塑料袋装好茶叶后即封口，茶叶水分在4%以下时可存放一年。若封口后放在家庭冰箱的下层冷藏室内，那么即使放上一年，茶叶仍然芳香如初，色泽如新。

3. 罐贮法

本方法是采用目前市售的各种专用茶叶纸罐、瓷罐、铁罐等，或用过的原放置其他食品的马口铁罐，在清洗干净去除异味后也可用来装茶。装茶时最好先内套一个极薄的塑料袋。每罐中可放入1~2小包干燥的硅胶，装好后加盖密封，贴上标签，注明品种、生产日期（或采购日期）存放于阴凉避光处。

4. 塑料袋贮藏法

此法所用的塑料袋必须是食品包装袋，而不能用非食品包装袋，以高密度、高强度的塑料袋为好。包装时宜先用柔软干净的纸将茶叶包装好，然后再置入塑料袋中装好后可用绳子扎口，亦可用封口机封口。还有一种简易的封口法是取直尺一把，点燃一支蜡烛，把塑料袋口迭至须封口处，放到烛光上方适当的高度缓缓移动，在高温下塑料即可软化黏合，达到封口的目的。

5. 热水瓶贮藏法

即利用家中暂时不用或多余的热水瓶来贮藏茶叶，热水瓶的瓶胆有极好的避光、保温、隔绝空气的性能，放入茶叶后，加盖封存，也是家庭贮藏茶叶简易而实用的好方法。

在茶艺馆或家庭中经常要取用的茶叶宜用锡罐贮存，以方便随时取用。

第五节　茶叶感官品质的物质基础

茶叶的感官品质是评茶员或消费者根据正常的视觉、嗅觉、味觉和触觉对茶叶色、香、味形的优劣进行判断和评价。在茶叶审评学上，称之为感官审评，在茶艺学上称之为对茶叶品质的鉴赏。茶叶感官品质的物质基础，主要是指形成茶叶色、香、味的化学成分。

一、茶色的物质基础

不同的茶类有不同的色泽要求，它包括干茶的色泽和茶汤的色泽两个方面，无论是干茶的色泽还是茶汤的色泽都是由茶叶中所含的色素成分决定的。

茶叶中的色素包括脂溶性色素和水溶性色素两部分，总含量占干物质总量的1%左右。脂溶性色素不溶于水，有叶绿素、叶黄素和胡萝卜素等。水溶性色素可溶于水，有黄酮类物质、花青素及茶多酚氧化生成的茶黄素、茶红素、茶褐素等。脂溶性色素是形成干茶色泽和叶底的主要物质。例如绿茶干茶的色泽主要是由叶绿素和某些黄酮类化合物的比例决定的。叶绿素 a 是深绿色，叶绿素 b 呈黄绿色，嫩芽中叶绿素 b 含量较高，所以干茶多呈嫩黄或嫩绿色。

红茶在加工过程中，茶多酚氧化聚合形成茶红素、茶黄素和茶褐素。茶红素是形成茶汤汤色红艳的主要成分；茶黄素呈橙黄色，是决定茶汤明亮度的主要成分；茶褐素呈暗褐色，是造成茶汤色泽发暗的主要成分，若茶褐素的含量高会导致红茶品质下降。

乌龙茶属于半发酵茶，其汤色因发酵程度的不同而变化。发酵程度低的乌龙茶如清香型铁观音、文山包种等，因氧化聚合生成的茶色素少，所以汤色偏向于黄绿色。发酵程度较重的乌龙茶如武夷大红袍、凤凰单等，茶汤呈琥珀色。发酵程度重的乌龙茶，如台湾白毫乌龙等，汤色偏向于红色。

二、香气的物质基础

香气是茶叶的灵魂。茶叶中芳香物质的含量不多，但却对茶叶的品质有至关重要的影响。从含量上看，绿茶中含 0.005%～0.01%，红茶中含 0.01%～0.03%。茶叶中芳香物质的含量虽然不多，但其种类却很繁杂。据陈宗懋院士研究发现，"绿茶中已鉴定出有230多种香气化合物"，"红茶中的香气成分较为复杂，目前已鉴定出400多种香气化合物"。这些香气化合物包括醇类、酚类、醛类、酮类、酸类、酯类、内酯类、含氧化合物、含硫化合物、碳氧化合物和氧化物等。各类化合物呈现出的香型详见表五。

表五　茶香与香气物质[①]

香型	青草气和粗青气	清香	鲜爽香	绿茶和新茶香	果味香	花香
香气物质	正己醛异戊醇 3-己烯醛顺型青叶醇	乙-己烯醛反型青叶醇	顺己烯乙酯顺己烯醇 沉香醇	正壬醛顺-3-己烯 己酸酯反型青叶醛二甲硫	苯甲醇 香叶醇 苯甲醛 水杨醛 甲酯 醋酸苯乙酯 醋酸芳樟酯 醋酸青草酯	苯乙醇 香叶醇 橙花醇 香茅醇 醋酸香叶酯和醋酸橙花酸（属玫瑰香型） 茉莉酮和醋酸苯甲酯（属茉莉香型） 苯丙醇（属水仙花香型） 邻-氨基苯甲酯有橙花香 苯乙酸苯甲酯有蜂蜜甜香 茶螺烯酮有鲜爽的甜花香

上述香型化合物有的是高沸点的如沉香醇、苯乙酸等，有的是低沸点的如青叶醇等，不同品种、不同等级、不同储存时间的茶叶内含的香气成分各不相同。即使是同一款茶，因冲泡温度的变化，香气的构成亦随之变化，这便构成了变化莫测的美感。

三、茶味的物质基础

茶叶的滋味是茶汤中的呈味物质作用于人的味觉器官而产生的综合反应。茶叶中的呈味物质主要有糖类、氨基酸、嘌呤碱（咖啡碱、茶碱、可可碱）、茶多酚及其氧化物、有机酸、茶皂素、茶红素、茶黄素、茶褐素、果胶等。其作用详见表六。

由表六可知，茶中的氨基酸是鲜味的主要成分，有的鲜中带甜，有的鲜中带酸；茶多酚是涩味的主要化学成分；咖啡碱、茶碱、可可碱、花青素、茶皂素是苦味的主要化学成分；单糖和双糖及多种氨基酸是甜味的主要成分；多种有机酸是酸味的主要成分。

我们了解了上述物质的物理化学性质，便可以通过茶叶拼配、器皿加温，正确选择泡茶器具并掌握好投茶量、冲泡水温及浸泡时间三个变数，使茶的香气充分挥发，使茶的汤色艳丽迷人，使茶汤中各种呈味物质的比例达到最宜人

[①] 施海根．中国名茶图谱．上海：上海文化出版社，2007：34

的水平，为自己和朋友冲泡出芬芳甘醇、美味可口的一壶好茶。

表六 茶味的形成图①

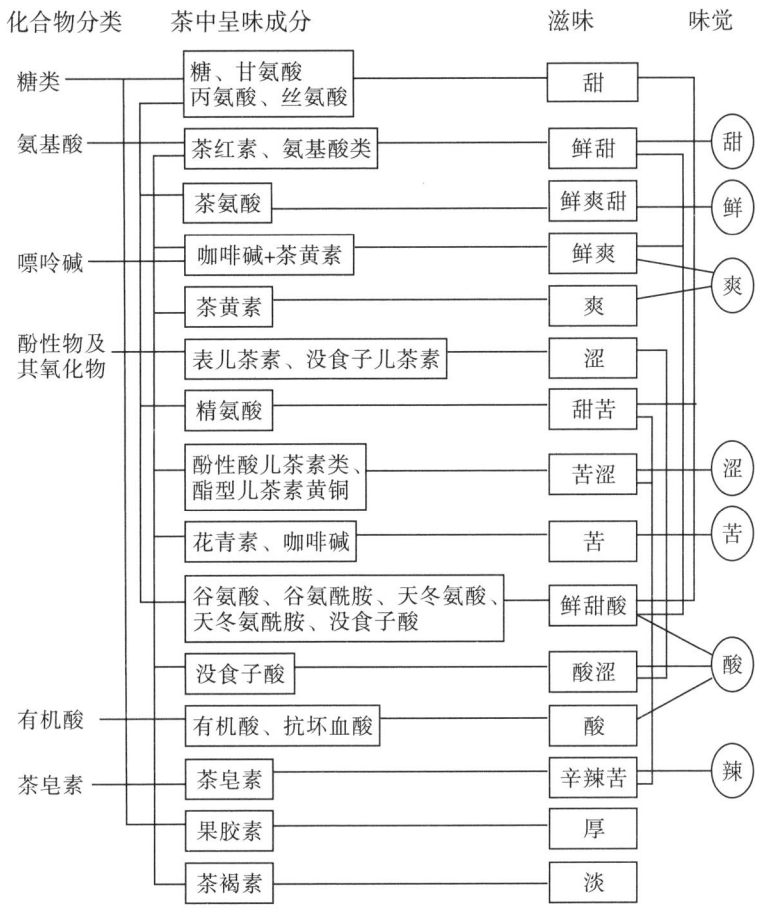

思考题

1. 什么是茶树？茶树主要有哪几种分类方法？各分为哪几类？
2. 详述基本茶类的分类方法，每类列举出 3 个你所熟悉的茶叶品种。
3. 茶叶审评和茶叶鉴赏有什么不同？在日常生活中如何艺术地鉴赏茶叶？
4. 影响茶叶变质的环境条件有哪些？在家庭中如何存放茶叶？

---

① 陈宗懋. 品茶图鉴. 北京：中国友谊出版公司，2006

第三章

中国茶艺美学基础知识

导读

美学是哲学的一个分支。康德认为哲学包含了逻辑学、伦理学和美学。逻辑学是纯理性的，它追求的是『真』；伦理学是对人类道德秩序的论证，它追求的是『善』；而美学关注的是人对于美的趣味和理解，以及对艺术、文学和人格的鉴赏，它是一个人情感最真实的反映，它追求的是『美』。

中国茶艺从萌芽开始就受中国古典美学理论的影响和哺育，在长期的茶事实践中已初步形成中国茶艺美学的理论体系，它主要包括中国茶艺美学的基本理念、中国茶艺美学的意境追求、中国茶艺美学的表现特点和中国茶艺的审美要领等四个方面。本章课外重点导读：《美学三书》，李泽厚著，安徽文艺出版社，1999年版。

第一节　中国茶艺美学的基本理念

中国茶艺学理论吸收了儒、释、道三家文化的精华，具体到茶艺美学上，大致可以说儒家美学崇尚"和"，佛教美学崇尚"无"，而道家美学追求"妙"。这三种美学思想相互融汇，便构成了中国茶艺美学的四大基本理念，谱写出了中国茶艺美学令人陶醉的协奏曲。

一、天人合一，物我玄会

"天人合一，物我玄会"是中国茶艺美学的哲学基础，是茶人人生观的反映，同时也是中国茶艺美学的思想源泉。

"天人合一"本是源于《周易》的一个哲学命题。在《周易》全书中，"天人合一"的思想内涵主要体现在三个方面。

其一，人为天地所生，人是大自然的一个有机组成部分。

其二，人的行为和情感应与天地的运行规律相一致，并且在人的潜意识中有回归自然、亲近自然的强烈冲动。

其三，大自然不仅创造了人类，并以它的运行规律为人类提供了行为规范，同时"天地有大美而不言"，大自然还用极其丰富的感情色彩，给人以感官上美的享受，使人身心健康、快乐地生活。

以"天人合一"的理念作为中国茶艺美学的哲学基础，这是中国茶艺的优越之处，因为牢固树立这一理念，可促使茶人从心底产生与自然之间的亲近感，使人与大自然建立起极富人情味的精神上的联系。有了这种精神上的联系，茶人们无论是看茶、泡茶还是品茶，都会体验到无比亲切而美妙的感受。

唐代高僧灵一和尚的茶诗：

　　　　野泉烟火白云间，坐饮香茶爱此山。
　　　　岩下维舟不忍去，青溪流水暮潺潺。

其中意境清雅悠远。

唐敬宗、唐文宗时期的宰相裴度的茶诗：

　　　　饱食缓行初睡觉，一瓯新茗侍儿煎。
　　　　脱巾斜倚绳床坐，风送水声来耳边。

其意闲适自在。

宋代苏轼门人毛滂的茶诗：

> 凤凰山畔雨前春，玉骨云腴绝可人。
> 寄与青云欲仙客，一瓯相映两无尘。

其意旷达洒脱。

元代诗人马臻的茶诗：

> 竹窗西日晚来明，桂子香中鹤梦清。
> 侍立小童闲不动，萧萧石鼎煮茶声。

其意超然出尘。

明代诗人董纪的茶诗：

> 梅雪轩中雪煮茶，倚兰和雪看梅花。
> 新年第一逢清赏，当做人间胜事夸。

其意风流倜傥。

清代诗人姚燮的茶诗：

> 竹炉石铫试新茶，蟹眼声中泛碧芽。
> 却喜客来如陆羽，共凭小几看荷花。

其意真挚温馨。

正因为有了"天人合一"的理念，孟子才提出"亲亲而仁民，仁民而爱物"，后世儒生才认为"盖天地万物本吾一体"。有了这种哲学思想，在中国茶人的眼里，一山一水一石一木都是活生生的，是渗透着人文精神，并能与人进行温馨的情感交流的生命体。有了"天人合一"的理念，茶人心灵的搏动就能与大自然的生命律动浑然一体，这样就容易达到"物我玄会"的美学境界。

"物我玄会"是和"天人合一"相辅相成的一个美学概念，所不同的是"天人合一"源于儒家的经典《周易》，而"物我玄会"源于佛教"物我同根"的世界观。《坛经》记载："一切众生，一切草木，一切有情无情，悉皆蒙润，诸川众流，汇入大海，海纳众水，合为一体。众生本性般若之智，亦复如是。"从这一理念出发，"物我玄会"强调，在品茶过程中主体要超越人类自身的生理局限性，从思想上泯灭物我界限，用全身心去与客体进行感情上的交流，通过物我的相互引发、相互融通，最终达到"思与境偕""情与景冥"的境界，并通过这种审美体验，去感受人与茶、人与自然之间最深刻、最亲密的关系。

达到"物我玄会"的境界，即从实景中生禅境，从有限中生无限，从缥缈中见韵致，从空灵处见精神。在这一刻，人与自然完全融为一体，人的个体生命即在这一刻融入了刹那终古。一滴万川,有限无限,片瞬永恒都在顿悟中消融。我即茶,茶即我。我与自然一体,于是人的个体思想就达到了绝对自由的"天乐"境界。

唐代诗人钱起的《与赵莒茶宴》:

竹下忘言对紫茶,全胜羽客醉流霞。
尘心洗尽兴难尽,一树蝉声片影斜。

这首诗正是"物我玄会"的绝妙写照,体现出了茶人以自己的真实生命契合宇宙生命的天地境界。

二、知者乐水,仁者乐山

孔子提出"知者乐水,仁者乐山",创立了儒家审美的"比德"理论。

孔子认为"美"必须符合儒家的道德要求,必须包含儒家的道德内容。所以,他提出"知者乐水,仁者乐山"。知者,即智者。为什么智者偏爱水,而仁者偏爱山呢?朱熹解释说:"智者达于事理而周流无滞,有似于水,故乐水;仁者安于义理而厚重不迁,有似于山,故乐山。"也就是说,智者的思维很活跃,像水一样流动,所以智者偏爱于水;仁者的心像山一样坚定不动摇,所以仁者偏爱于山。这说明了审美主体在审美过程中带有明显的选择性,往往偏爱与自己品德和人格相通的东西。这种要求审美客体必须符合审美主体的道德观念的现象,后来发展为中国古典美学的"比德"理论,并被茶艺美学吸收,成为中国茶艺美学的人学基础。

"比德"理论始终指导着中国茶人的审美实践。例如,中国茶人在茶境选择时,偏爱于松,因为松树古貌苍颜、铜枝铁干,下临危谷、上冲云霄,傲雪凌霜、冷翠凝碧,有士大夫威武不屈的气质;也偏爱于竹,因为竹子"高节人相重,虚心世所知",有君子瘦劲孤高、豪气凌云、虚心有节、空心体道的情怀。

在选用茶具时,中国茶人偏爱于紫砂壶,是因为紫砂壶质地古雅、朴素无华、色泽如玉、温润亲人,同时不施釉彩,以素面素心立身,不以粉婉媚人,自有大气度、大气魄。

赞美茶时,曾官拜丞相的唐代诗人皮光业写道:"未见甘心氏,先迎苦口师",他把茶视为苦口婆心,能启人心智,明人心性,教人俭德的良师。宋代大文豪苏东坡把茶比做容貌如铁、资质刚劲、风味恬淡、清白可爱,有济世之才,而不怕粉身碎骨,敢于赴汤蹈火,立志以身许国的高士——叶嘉先生。

在"比德"理论的影响下,形成了我国茶艺追求"真、善、美"的美学传

统,以及注重表现"真、善、美"的艺术风格。

三、涤除玄鉴、澄怀味象

"涤除玄鉴,澄怀味象"是中国茶艺审美观照的方法论基础。

老子在《道德经》第十章中写道:"涤除玄鉴,能无疵乎。"洗净污垢称之谓涤,扫去尘埃称之谓除;古代把镜子称为"鉴",心灵明澈如镜能映照出万物称之为玄鉴。在茶艺美学中,"涤除玄鉴",即是要求茶人们像进行彻底地大扫除一样,排除主观成见和一切教条、迷信,去私除妄,使内心一私不留、一妄不存、一尘不染、一相不着。茶人的内心明静了,才能在茶艺的过程中去观照自然,内省自性,超越自我,体道悟道。

"澄怀味象"是南朝山水画家宗炳提出的审美理论,是对"涤除玄鉴"这一哲学命题的发展和补充。"澄"是水平静而清澈之意,"澄怀"即是使自己的心胸襟怀达到虚静空明。"味象"则是对客体的审美过程,可见这里所说的"味"不是指吃东西的口味或口腔中的味觉,而是指审美主体对客体用心灵去"品味",去妙悟。

宋代诗人文彦博的品茶诗云:

蒙顶露芽春味美,湖头月馆夜吟清。

烦醒涤尽冲襟爽,暂适萧然物外情。

其中"烦醒涤尽冲襟爽"是澄怀,"暂适萧然物外情"是味象。诗中言有尽而意无穷,极富审美情趣。

四、道法自然,保合太和

"道法自然,保合太和"是中国茶道美学表现形式的基本法则。

"道法自然"见于老子的《道德经》:"人法地,地法天,天法道,道法自然"。① 老子这句话的原意是指人不违地,乃得全安,所以人应效法于地;地不违天,乃得全载,故地应效法于天;天不违道,乃得全复,故天效法于道;而道不违自然,乃得其性,故道效法于自然。"道法自然"即"道"以自然为归,"道"纯任自然,"道"的本性就是自然而然。

在茶艺美学中,"道法自然"表现为追求自然美。自然的本性是朴素,自然美表现在天之自高,地之自厚,日月之自明,花之自落,水之自流,它们都自在无为,淡然无极。中国茶艺表演时"道法自然",具体表现为力求朴素简约,

---

① 《道德经》第二十五章

返璞归真、纯任心性，一切都毫不取巧雕饰，毫不矫揉造作。因为只有自然的东西才是真物；只有自然表露才见真情；只有自然"无我"才见真性；只有自然之美，才淡然无极、朴素无华，天下莫能与之争美。有了"道法自然"这一理念，我们在茶艺修习中就能去私除妄，与道会真，得到审美的享受和心灵的自由。

在艺术实践中，对于"道法自然"，已故的京剧大师梅兰芳有深刻的体会。他把自己的艺术境界分为两个层次：一是"我演谁，我像谁"；二是"我演谁，我就是谁"。虽然"我演谁，我像谁"，然而即使再像也是刻意地模仿，因而这样的人只能算是演技高超的艺人。而"我演谁，我就是谁"则达到道法自然的境界，他把自己与所演的角色融为一体，合而为一，一举手、一投足都发自自然，纯任心性，毫不造作，所以这种人才称得上是大师。

"保合太和"是对"道法自然"的补充。"道法自然"是道家的理念，它玄而又玄，很难彻悟，而"保合太和"则是儒家追求的"中庸"之美，相对来说比较容易掌握。

"保合太和"在茶艺中表现为既不太过，又无不及，一切都要恰到好处，一切都要达到"和"的标准。例如我们采制乌龙茶时要掌握好三个度，一是采时要注意茶芽的老嫩度，所采的茶青既不太老，又不太嫩；二是做青时要注意茶叶的发酵程度，既不太过，又无不及；三是烘焙时要控制好温度，火温既不可太高，也不可太低。再如在泡茶时也要掌握好三个度，一是动作的力度不可太强亦不可太弱，力度太强显得动作生硬，力度太弱显得无精无神；二是动作的速度不可太快亦不可太慢，动作的速度太快显得节奏太赶，动作的速度太慢则显得节奏拖沓迟缓；三是动作的幅度不可太大亦不可太小，动作幅度太大显得夸张造作，动作的幅度太小则显得不够舒展潇洒。总之，"保合太和"要求茶艺表演中一切都要和谐适度，做到中庸不偏，圆通融洽，达到太和之美。

第二节　中国茶艺美学的意境追求

日本茶道被认为是"美的宗教"，中国茶艺美学被认为是"美的哲学"。然而无论是美的宗教，然而还是美的哲学，都必定有着自己对美学意境的追求。日本茶道的美学理论比较系统，对照日本茶道美学来分析中国茶艺美学既便于

阐述，又容易理解。

一、日本茶道美学的意境

日本现代茶道先驱武野绍鸥用一首和歌来表达他对茶道美的追求。他写道：

> 望不见春花，望不见红叶。
> 海滨小茅屋，笼罩在秋暮。

在一般人看来，春花是美的，红叶也是美的。但是在武野绍鸥的法眼里，世俗所公认的美都被否定了。而在"春花"、"红叶"这些显见的世俗美被否定之后，武野绍鸥突出强调了日常不被人们所重视的美——在无边无际，惊涛拍岸，苍茫寥廓的大海边，在秋天暮云的笼罩下，孤单单的小小茅屋显示出的寂静幽玄，惊心动魄之美。

日本现代茶道创始者千利休大师继承并发展了武野绍鸥的茶道美学理念，他也用一首和歌来表达自己对茶道美学意境的追求。他写道：

> 莫等春风来，莫等春花开。
> 雪底有春草，携君山里找。

很显然，千利休的美学境界比绍鸥高出一筹。大雪覆盖着大地，白茫茫的一片，看起来是一个"无一物"的世界，但是"无一物中无尽藏"。"雪底有春草"，这充分体现了佛家非"非美"的美学观念。佛教认为"色即是空"，这世界是一个"无一物的世界"，美只是幻影。但佛教又主张"色复异空"，即佛教在"非美"之后，又主张非"非美"，认为"无一物中无尽藏，有花有月有楼台"。现实中的美都是一种暂时的、相对存在的美。千利休提出"雪底有春草，携君山里找"，这是一种积极的态度，因为他明确提出了美在于发现。

二、中国茶艺美学的三重境界

中国茶艺对美学的意境有自己独特的追求，认为要达到美学所追求的最高境界，一般要经历寄情于山水、忘情于山水及心融于山水等三个层次。

（一）寄情于山水

唐代李德裕尽管身处宰相高位，居于温柔富贵之乡，但他却懂得到山水自然之中去寻求茶之美，如他写的《忆茗诗》：

> 谷中春日暖，渐忆啜茶英。
> 欲及清明火，能销醉客醒。
> 松花飘鼎泛，兰气入瓯轻。
> 饮罢闲无事，扣萝溪上行。

李德裕的这首诗，描写的是在风和日暖的春天，他到大自然中去啜英品茗。《忆茗诗》表达的是寄情于山水的境界。

明代青藤道士徐渭提出品茗十二宜："品茶宜精舍，宜云林，宜永昼清谈，宜寒宵兀坐，宜松月下，宜花鸟间，宜清流白云，宜绿藓苍苔，宜素手汲泉，宜红妆扫雪，宜船头吹火，宜竹里飘烟。"他所追求的品茗十二宜也多是寄情于山水。

在品茗时寄情于山水的诗，写得最旷达、最动情、最传神的当属苏东坡的《惠山谒钱道人烹小龙团登绝顶望太湖》：

独携天上小团月，来试人间第二泉。
石路萦回九龙脊，水光浮动五湖天。
踏遍江南南岸山，逢山未免更流连。
孙登无语空归去，半岭松声万壑传。

苏东坡得到当时极名贵的贡茶——"小龙团"之后，不畏艰辛，跋山涉水去寻找天下第二泉——无锡惠山泉。一路上石径萦回曲折，逢山流连忘返，看太湖水光浮动，赏碧水长空一色，听松涛在千山万壑间回响。当年东坡居士寄情于山水的这番英姿着实令后代茶人追慕不已。

（二）忘情于山水

品茗忘情于山水，这也是历代茶人常常写诗咏叹的意境，其中传颂千古的名篇很多。例如唐代诗人刘得仁的《慈恩寺塔下避暑》：

僧真生我静，水淡发茶香。
坐久东楼望，钟声振夕阳。

刘得仁没有写山，没有写水，只写"坐久东楼望，钟声振夕阳。"写得含蓄，意境幽远。

又如唐代诗人温庭筠的《西陵道士茶歌》：

乳窦溅溅通石脉，绿尘愁草春江色。
涧花入井水味香，山月当人松影直。
仙翁白扇霜鸟翎，拂坛夜读《黄庭经》。
疏香皓齿有余味，更觉鹤心通杳冥。

温庭筠直接写山、写水、写花、写月、写茶、写人，全诗意境深远，充满仙风道气，使人读后不由自主地会神往，与诗人一同品茗于深山月夜，一同弃绝凡尘，忘情于山水。

（三）心融于山水

中国古典美学的创始者老子认为"大音希声，大象无形"。老子认为美本于

道，而道是最高最难达到的美。道的本性看不见，摸不着，无法用语言和图像来表现，因此，心融于山水的美学境界只可意会，难以言传。如果说一定要求索，也只能靠先贤的妙语加上自己的妙悟。

在《全唐诗》中，描绘心融于山水的诗，写的最出色的当数李白的《独坐敬亭山》：

众鸟高飞尽，孤云独去闲。

相看两不厌，只有敬亭山。

山中的鸟儿都高飞远去，直至无影无踪；寥廓的长空仅有的一抹白云，却也不愿停留，慢慢地越飘越远，世间的万物好像都厌弃诗人。在这个广袤的天地间，静悄悄地只剩下诗人和敬亭山。诗人凝视着秀丽的敬亭山，而敬亭山似乎也深情地看着诗人，"相看两不厌"，李白用了"相"、"两"二字同义重复，把诗人与敬亭山紧紧地联系在一起，表现出强烈的感情，使全诗在平静恬淡中显得格外动人，无怪乎沈德潜在《唐诗别裁》中夸这首诗"传'独坐'之神"，实际上也是传心融于山水之神。历代茶诗茶词中能传心融于山水之神的佳句不多，唐代曹松的诗《宿溪僧院》："少年云溪里，禅心夜更闲；煎茶留静者，靠月坐苍山。"以及清代郑板桥的一副对联："楚尾吴头，一片青山入座；淮南江北，半潭秋水烹茶。"都堪称妙语佳作。其中"靠月坐苍山"及"一片青山入座"，都深得心融于山水的神韵。

第三节　中国茶艺美学的表现特点

中国茶道是美的哲学。但是，哲学是关于世界观的学问，无法直接用形象来表现。那么中国茶道美学如何才能表现出来呢？茶人们只能"以艺示道"，即通过茶艺来间接表现茶道美学。在"以艺示道"方面，中日两国有各自不尽相同的形式美学法则。

一、日本茶道美学的表现特点

在日本，茶道美学具有七个方面的表现特点。

（一）不均齐美

不均齐，禅语解释为"无法"，即没有规律，也可理解为不对称、不整齐、不规则等。日本茶道界认为正圆、正方及一切几何图形都不耐看，都缺少情趣，都称不上美。而"不均齐"比"均齐"更富有变化，更耐看，例如蓝天上的白云、大理石的天然纹理，都比规则的几何图形更有想象空间，更富有情趣。

（二）简素美

"简素"，禅语解释为"无杂"。"简素"是对浓艳、绚丽、冗长、繁琐的否定，可以理解为简约、清爽、素雅、朴素。在简素美方面，日本茶道界流传着一个耳熟能详的故事。有一天，有人上报丰臣秀吉将军说，千利休家的露地里开满了牵牛花，好看极了。丰臣秀吉便下令让千利休为他举办一次欣赏牵牛花的主题茶会。到了指定的日子，丰臣秀吉带着侍从兴致勃勃地去千利休家，当他走进院子一看，所有的牵牛花都被拔掉了，丰臣秀吉不禁怒从中来，心想这不是存心捉弄我吗？可是，当他走进茶室，突然眼睛一亮，他看到正对门口的壁龛上，花瓶里插着一朵洁白的牵牛花，花瓣上露水欲滴，显出无限生机。至此，丰臣秀吉才明白什么是简素美，原来一朵小花竟然可以胜过满院鲜花。

（三）枯高美

"枯高"，禅语解释为"无位"，也可以理解为古老、遒劲、苍拙等。好比一棵千年古松，经过岁月、风雨、霜雪、雷电的洗礼，舍去了一切可以舍弃的枝叶，最后所形成的那种傲立苍穹、遒劲顽强、震撼人心的美就是"枯高"美。这种美是小松树无论如何也不可能具有的。

（四）自然美

"自然"，禅语解释为"无心"，即不受心中欲望的驱使和束缚，也可以理解为丝毫不造作、不勉强、不刻意去表现。在表现自然美方面，日本茶道界流传着千利休的一个故事。千利休少年时师从于武野绍鸥修习茶道，有一天武野绍鸥让千利休清扫茶庭。千利休扫干净后对师傅说："报告师傅，茶庭已打扫完毕。"武野绍鸥看了一眼说："不行，你再去打扫。"千利休又更认真地打扫了一遍，师傅还是说不行。千利休望着一尘不染的茶庭百般不解。突然，他灵机一动，放好手中的扫把，爬上庭院中的大树，用力摇动树枝。树上的黄叶纷纷扬扬飘落下来，东一片，西一片，星星点点飘落在茶庭的小石径上，洒落在茶庭碧绿的草地上。千利休跳下树来，跑到武野绍鸥面前大声叫道"报告师傅，茶庭真的清扫好了！"望着自然飘落满地的树叶，他的师傅笑了。这才是自然美。

（五）幽玄美

"幽玄"，禅语解释为"无底"，即高深莫测之意，也可理解为含蓄、有韵味、耐想象。日本茶道美学认为幽玄美是回味无穷的美,因此也是无限的美。日本茶道大师在日常生活小事中,都能创造出趣味无穷的幽玄美。

相传在一个初春的傍晚,千利休到丰臣秀吉将军府上参加茶会。将军故意刁难他,尽管当时茶道插花的器皿都是小巧的筒形,丰臣秀吉却叫人找来一个大铜盘,里面盛上水,然后拿来一大枝梅花,令千利休插花。在座众人议论纷纷,都为千利休担心,然而千利休却从容不迫地拿起梅花,先把一些花瓣洒在盘中的水面上,然后精选一枝疏密有致的梅花,斜搭在盘子边上。于是,千利休传神地展现了堪比"疏影横斜水清浅,暗香浮动月黄昏"的那幽玄而美妙的意境,以至令在座众人赞不绝口,连丰臣秀吉将军都目瞪口呆。

(六) 脱俗美

"脱俗",禅语解释为"无碍",即彻底破除思想牢笼,不受任何世俗的约束和压抑。日本茶道宗师千利休在破腹自杀殉道前曾留下辞世遗言:"人生七十,力围希咄;吾之宝剑,祖佛共杀。"这里的祖指的是禅宗的开山祖师菩提达摩,佛指的是佛祖释迦牟尼。"祖佛共杀"是讲要挥起心灵的慧剑,斩除达摩祖师和佛祖如来教义的束缚。连祖师和佛祖都敢否定,那么还有什么可以约束茶人对美的追求和创造呢?

(七) 静寂美

"静寂",禅语解释为"无动",也可以理解为安静、沉稳。

在上述七个美学表现特点的指导和规范下,形成了日本茶人从事茶道活动时庄严肃穆、不苟言笑、"和敬清寂"的美学风格。这种美比较适合在朴素无华,拥有四张半榻榻米的小茶室中表现。

二、中国茶艺美学的表现特点

中国茶艺不仅在哲学理论上受儒、释、道三家的深刻影响,而且在美学表现形式上也兼收并蓄,融汇了三家的美学理念,形成了八个方面的表现特点。

(一) 神定气朗

中国茶道认为"茶道即人道"。中国茶艺美,首先是茶人的外观形象美和气质美,中国茶道推崇茶人神定气朗的神韵美。茶人们在长期的、经常性的茶事活动中,借助佛教修行的"五调法"(调身、调息、调心、调食、调睡眠)来修炼自己。

"调身"——要求茶人在茶事活动中坐有坐相,站有站相,走有走相。如坐姿要端正,腰身项颈都要挺直,筋脉肌肉要放松,目光要祥和,举止要从容。

"调息"——呼吸要轻细而匀适，做到不粗、不喘、不乱。

"调心"——要去除杂念，排除干扰，做到心"不散"（专注于茶事），"不浮"（不浮躁不定，不浮想联翩）、"不沉"（不昏昏沉沉，不无精打采）。

"调食"——注意饮食适度，不过饥，不过饱，不吃违禁食品。

"调睡眠"——做到不贪睡，不失眠，作息有序。

修为精深的茶人通过"五调"可进入"心斋"、"座忘"的境界，达到大智大慧。一般女的人淡如菊，气质如兰；男的坚毅如松，气节如竹。表现为目定意闲、神玄气朗、举止从容、超脱豁达、风采秀逸。

（二）对称

与日本茶道美学强调"不均齐"不同，中国茶艺强调对称美与不均齐美结合运用。

对称是人类认识得较早，也较普遍重视的形式美法则。从物质形体上来看，"对称"是指以一条直线为中轴，中轴线的左右（或上下）两侧均等。如人体，以及天安门、故宫、天坛的建筑等都是对称的。对称具有比较安静、稳定等美学特性，并且可以衬托出中心位置。

中国茶艺中所讲的"对称"不仅仅是指几何图形式的对称，还包括《周易》中提出的"阴阳对称"。如昼夜、日月、开合、顺逆、往来、寒热、上下、盈虚、进退等都是阴阳对称。中国茶道在讲究对称美时并不排除"不均齐"美。相反中国茶道认为，从对称美中可表现出大自然的规律，而从不均齐美中，人们可以发挥更多美学的联想，这两种美相辅相成，相得益彰。例如，在用千年古树树根做成的，保持树根自然形态和纹理（不均齐美）的茶桌上，摆放着精巧的几何形状的茶杯茶壶（对称美），即是不均齐美与对称美的统一。

（三）照应

《周易·乾·文言》中说："同声相应。"这里的"应"具有响应、共鸣的意思。后来中国古典美学把"应"也作为一重要的形式美法则，通常称之为"呼应"或"照应"。"照应"所反映的是事物之间的相互依存关系，具有协调、统一的功能。即把分散的美的众多要素，通过"照应"有机地整合为一个整体美。例如在茶事活动中插花、挂画与整体环境的"照应"，茶艺表演中背景音乐与讲解及动作的照应，茶艺程序的前后"照应"等。"照应"应用得当，有利于形成多姿多彩但又不显零乱的整体美。

（四）反复

反复这一美学表现的基本法则，也是源于《周易》。《周易》中的卦象即是由阴爻

和阳爻这两个基本元素通过反复而构成的。阴爻和阳爻的反复出现构成了六十四卦,而六十四卦的卦象本身就体现了一种反复美。如(乾)-(坤)-(震)-(巽)-(坎)-(离)-(艮)-(兑)等。从审美角度看,反复的整体性强,给人整齐一律的美感。例如李清照的《声声慢》:"寻寻觅觅,冷冷清清,凄凄惨惨戚戚。乍暖还寒时候,最难将息。三杯两盏淡酒,怎敌他,晚来风急!雁过也,正伤心,却是旧时相识。满地黄花堆积,憔悴损,如今有谁堪摘?守着窗儿,独自怎生得黑!梧桐更兼细雨,到黄昏,点点滴滴。这次第怎一个愁字了得"。其中开头的"寻寻觅觅,冷冷清清,凄凄惨惨戚戚"及后面的"点点滴滴",既是对"反复"的巧妙应用,也是对"照应"的巧妙应用。再如在图案设计中,中国古建筑中最常见的装饰图案也多是反复的巧妙应用。在茶艺的背景音乐、图案装饰、程序编排、茶艺动作等方面,合理地应用反复,不仅不会使人感到单调、枯燥、乏味,相反可增进茶艺的节奏感。

(五)节奏

节奏作为一个美的表现形式法则,其根源在于宇宙的运动变化,以及生命的成长发育。在中国美学史上,最早提出"节奏"这一词的是战国后期的思想家荀子,他在《荀子·乐论》中写道:"行期缀兆,要其节奏,行列得正焉,进退得齐焉。"郭沫若曾概括总结说:"本来宇宙间的事物没有一样是没有节奏的:譬如寒往则暑来,暑往则寒来,寒暑相推四时代序,这便是时令上的节奏;又譬如高而为山陵,低而为溪谷,陵谷相间,岭脉蜿蜒,这便是地壳的节奏。宇宙内的东西没有一样是死的,就因为由一种节奏(可以说就是生命)在里面流贯着。做艺术家的人就要在一切死的东西里面看出生命来,在一切平板的东西里看出节奏来。"

音乐家用长短音的交替和强弱音的反复来创造节奏。书法家、画家用形象排列组织的动势去表现节奏。例如《清明上河图》在形象排列上有静有动、有疏有密,便形成了一种美的节奏感。建筑大师从土木砖瓦中可读出节奏。例如已故的中国古建筑学泰斗梁思成,从建筑的窗柱中也可读出节奏来。他说:"一柱一窗地排下去,就像柱窗、柱窗的2\4的拍子。若一柱二窗的排列法就有点像柱窗窗、柱窗窗的圆舞曲。若是一柱三窗的排列就是柱窗窗窗、柱窗窗窗的4\4的拍子。"

在茶艺中,茶人们通过阴阳、刚柔、动静、开合、往来、盈虚、顺逆、快慢、轻重、浓淡等对立面的相互转化及连续、间断、反复等变化来表现节奏。

节奏有激昂的节奏和沉静的节奏两大类型。先抑后扬是激昂的节奏。如海涛起初从大海的远处卷动而来,愈卷愈快,到海岸时啪的一声巨响打成粉碎,惊涛拍岸，卷起千堆雪，使人血涌腕鸣心潮澎湃，这便是激昂的节奏。先扬后抑是沉静的节奏。如远处的晨钟，初扣时响声动心，然后拽着袅袅的余音渐渐地在晨风中微弱下去，给人以沉静悠远、余韵依依的美感，这便是沉静的节奏。

在节奏的基础上赋予一定情调的色彩便形成韵律，韵律更能满足人的精神享受。中国茶艺特别注重韵律，认为"韵者，美之极"。并通过"气韵生动"来展示茶艺美。

（六）简素

《周易·系辞上传》说："乾以易知，坤以简能。易则易知，简则易从……易简而天下之理得矣。"老子提倡"人法地，地法天，天法道，道法自然。"老子认为自然的本性就是简素无杂、自在无为、淡然无极，它没有多余的东西，也毫不弄巧造作。中国道家美学认为"朴素而天下莫能与之争美"，"行于简易闲淡之中，而有深远无穷之味。"儒家美学认为"大乐必易，大礼必简"。简素美，才是天下之至美。在我国唐代有一个"梅花一字之师"的故事，很能反映简素美的要义。唐代有个著名的诗僧叫做齐己，他曾写过一首题为《早梅》的诗：

> 万木冻欲折，孤根暖独回。
> 前村深雪里，昨夜数枝开。
> 风递幽香去，禽窥素艳来。
> 明年应如律，先发映春台。

一位叫郑谷的人看了这首诗后，认为好是好，但尚有不足，他建议齐己把"昨夜数枝开"改为"昨夜一枝开"。齐己听了之后顿觉心胸豁然开朗，达到了艺术上的大悟大彻，立刻伏拜于地上，连称郑谷"真乃一字之师也"。从此之后，齐己对郑谷终生以恩师相待。

把"昨夜数枝开"改为"昨夜一枝开"，只改动了一个字，但诗的意境全然不同。由此可以这样说：如果不能正确理解齐己跪拜郑谷为"一字师"这个故事的深刻内涵，那么就不能真正理解中国茶艺的简素美。

清代乾隆年间"扬州八怪"之一的郑板桥嗜茶善画，他所画的竹子生动挺拔，风格朗秀，简素无杂，极具神韵，被后人视为一绝。郑板桥在谈他画竹心得时写道："四十年来画竹枝，日间挥写夜有思。冗繁削尽留清瘦，画到生时是熟时。""冗繁削尽留清瘦"即是郑板桥对中国古典美学中简素美的深刻体会。

中国茶艺特别强调简素美。"简"在中国茶艺中表现为茶室内不摆设多余的陈设，茶人不佩戴多余的饰品，不做多余的动作，不卖弄技巧，不刻意造作，不讲多余的话。"素"在中国茶艺中，从人学上看，表现为"精行俭德"的人格

美；从美学上看，表现的则是"清水出芙蓉，天然去雕饰"。

（七）调和对比

调和与对比是反映事物矛盾的两种状态。调和是"求同"，对比是"存异"。调和是把两个接近的东西相并列，相联系。例如色彩中的红与橙、橙与黄、黄与绿、绿与蓝、蓝与青、青与紫、紫与红都是邻近的调和色。诗仙李白在《答族侄僧中孚赠玉泉山仙人掌茶》一诗中写道："仙鼠白如鸦，倒悬清溪月。"唐代诗人郑谷在《峡中尝茶》诗中写道："入座半瓯轻泛绿，开缄数片浅含黄。"诗中白鼠与溪月，绿汤与黄茶都是色彩的调和。而白居易的茶诗："红纸一封书后信，绿芽十片火前春。"元代诗人耶律楚材的"红炉石鼎烹团月，一碗和香吸碧霞"。他们诗中的"红纸"与"绿茶"及"红炉"与"碧霞"都是颜色的对比。

调和使人在变化中感到协调一致。对比使人感到醒目活跃，心情激动。在茶艺中强调调和与对比不仅表现于色彩，而且还表现于声音、质地、形象等诸多方面。唐代皇甫曾在《陆鸿渐山人采茶回》一诗中写道："寂寂燃灯夜，相思一磬声。"苏东坡在《汲江煎茶》中写道："枯肠未易禁三碗，坐听荒城长短更。"都是声音的对比。幽远的钟磬声、打更声与寂静的夜形成了声音的对比。在根雕茶桌上摆放一个竹制茶盘，树根与竹是质地的调和。在茶盘上摆放一把古朴的紫砂壶，并配有几只精巧细致的白瓷茶杯，古朴的紫砂壶与精巧细致的白瓷杯是质地和形象的对比。如果没有调和，则一切都显得杂乱无章。相反如果没有对比，则一切又显得枯燥而单调。所以，调和与对比都是中国茶艺美学中不可缺少的表现形式。

（八）多样统一

《老子》第四章中写道："道生一，一生二，二生三，三生万物，万物负阴而抱阳，冲气以为和。"老子的宇宙生发论是"多样统一"这一美学法则的理论基础。"三生万物"是多样，"冲气以为和"是统一。"多样统一"是中国茶艺形式美的高级法则，同时也是茶艺形式美的最终表现。

中国茶艺美学认为："声一无听，物一无文。"这里的一指"单一"或"单调"。单一的声音，不可能具有音乐的美感，自然"无听"（不好听）。单一的物体，不可能引起视觉的美感，自然"无文"（不好看）。中国古典美学强调美的多样性，同时也强调美的统一性，提出"和而不同，违而不犯"。"和而不同"是指多样性应和谐但绝不雷同，在中国茶艺美学中最突出的表现是宜兴紫砂壶。紫砂壶"圆不一相，方不一式"。在陶艺大师的手下，圆与方这样简单的几何形

状却能千变万化,他们所制的圆形壶和方形壶各有特色,让人百看不厌。"违而不犯"是指多样性在变化中应相互照应,注重整体的和谐统一,而不显得杂乱。

要达到"和而不同,违而不犯",在多样统一中应当注意两个关系:

一是"主从关系"。"主从关系"是指茶艺美学要求在表现出的众多因素中,必须有一个中心,做到有主有次,主次分明。

二是"生发关系"。"生发关系"是指茶艺美学要求,在茶艺过程中所表现出的众多美的因素,应当像树干、树枝、树叶,都是从同一个根生长出来的一样,各个美的因素之间有着必然的内在联系。

中国茶艺在"多样统一"法则指导下,形成了丰富多彩的和谐美。一切局部都从属于整体,局部的魅力应当从整体美中显示出来,同时局部在整体中又是保持相对独立的美。这好比是用珍珠宝石镶嵌成的皇冠,每一颗珍珠,每一颗宝石都有自己独立的美,但是,皇冠的整体美才是最震撼人心的艺术美。

上述八项中国茶艺美的表现法则,是我国茶人在长期实践中,自觉或不自觉地学习吸收了儒释道古典美学的结果。我们承前启后去归纳总结中国茶艺美学的表现法则,是为了推动茶艺美学的创新。老子说:"终日乾乾,与时偕行"。随着时间的推移,时代的变迁,茶艺美学法则与其他任何法则一样,都不是固定不变的,这些法则不应当成为束缚茶人去创造美的僵死的教条。明末清初的高僧、绘画大师石涛曾说:"至人无法,非无法也,无法而法,方为至法。"中国茶艺美学的最高法则应当是"无法而法"。

对比中日两国茶道的美学理念和美学法则,我们有理由感到自豪。因为相比而言中国茶艺美学具有更悠久的历史,更加博大精深。如果说日本茶道美学理论适合于在小而简的茶室中去表现宗教的清寂美,那么中国茶艺美学理论则可以指导茶人们,在各种各样的环境中尽情地去表现多姿多彩、千变万化的人间至美。

第四节 中国茶艺审美要领

优秀的茶人不仅善于发现美、表现美,而且善于欣赏美、享受美。如果缺乏审美这个环节,那么将无法建立起完整的中国茶艺美学理论体系。

从美学的理论讲,审美活动是人们从事的一项特殊形式的实践活动。审美

的过程是唤醒性灵、张扬个性、愉悦自我、完善人格的心理活动。审美是人类最纯粹感情的最真实表露。因为在审美的过程中毫无功利之心，所以著名的美学家李泽厚先生和刘纲纪先生都把审美境界视为人生的最高境界。

中国茶艺审美具有以下四个要点。

一、美由心生

对于什么是美？自古以来人们有不同的理解。我们比较倾向于"美在主观"的理解方式。"美在主观"即认为审美虽然必须以事物的自然属性作为物质基础，但是美的感受是由人的心灵主观决定的。茶艺审美实际上是茶人对自我人格的欣赏，对于这个过程，我们可做如下概括：

　　圣心常虚静，玄鉴照本真。
　　物我相玄会，美自由心生。

茶艺是东方艺术，它深受东方文化的哺育和影响，它的审美过程也必然烙着中国古典美学的印记。"圣心常虚静，玄鉴照本真"融汇了儒释道三家"天人合一"、"涤除玄鉴"、"返璞归真"等哲学思想。诗中的"圣心"一说，典出佛经《般若无知论》，是指无思无虑无杂无尘无逻辑的空明虚静之心，拥有这样的圣心是审美的前提。

"玄鉴照本真"源于老子《道德经》，老子说："涤除玄鉴，能无疵乎。""鉴"，即古代的镜子。老子认为在每个人内心的玄冥之处，都有一面神秘的魔镜，这就是人的心灵。当人的心灵不受妄念充斥，不被外界污染时，人的心便会像明镜一样真切地反映出宇宙万象。有了明镜一样的心，就能对世界万物进行审美观照，就能体道、悟道。

"物我相玄会"是对"天人合一"哲学思想的实践，是完成人化自然和自然人化的过程，是消除了人与自然的隔阂，达到"原天地之美而达万物之理"的过程。

"美自由心生"是茶艺审美的认识论。即我们认为美原本就潜藏于茶人的心中，茶人的心有多美，意境就会有多美，审美的感受就会有多美。茶艺审美的过程实际上是茶人通过"外天下"、"外物"、"外生"达到"无己"、"无名"、"无我"的过程，是茶人与自然进行精神沟通，与茶进行心灵对话的过程；同时也是茶人返璞归真，达到心闲神宁的过程。在"美自由心生"方面，苏东坡的一篇短文很值得我们细细品味。苏东坡在被贬到黄州期间，曾写下了一篇不足百字但传颂千古的游记范文，同时也是美学范文。全文如下：

第三章　中国茶艺美学基础知识

元丰年十月十二日夜，解衣欲睡，月色入户，欣然起行。念无与乐者，遂至承平寺寻张怀民，亦未寝，相与于中庭。庭中如积水空明，水中藻荇交横，盖竹柏影也。何夜无月，何处无竹柏，但少闲人如吾两人耳。

该文读来令人身临其境，读后令人扼腕叹息。是啊！大自然中何夜无明月，人世间何处无美景？问题在于在如今这种纸醉金迷的社会环境中，我们躁动不安的心能否做到闲适虚静？我们是否真正明白了"美自由心生"的理念，使自己有一颗能够审美的心，一颗快乐的心。

二、应目会心

"应目"是指眼睛看到了客观的事物。"会心"是指心领神会，理解客观事物。在茶艺审美过程中"应目"是对审美对象进行观察，"会心"是审美对象与审美主体的人格相契合，表现出审美与人格的一致性。什么样的人格必定有什么样的审美，反之，什么样的审美哺育什么样的人格。每经历一次"应目会心"，即会产生一次人心畅适，得到一次心灵的澡雪。每经历一次心灵澡雪就等于哺育了一次既定的人格。

大自然是美的，"明月照积雪"、"大江流日夜"、"澄江净如练"、"池塘生春草"、"秋菊有佳色"、"空山新雨后"、"大漠孤烟直"、"长河落日圆"……云幻波诡，激动人心。茶叶是美的，银针、雪芽、旗枪、雀舌……千姿百态、万种风情。茶艺的过程也是美的，炉里炭火，壶内松风，杯中流霞，舌端甘苦……无不动人心弦。然而对于这些美的东西有些人熟视无睹，有些人反应淡漠。"明月照积雪"的清丽冷峻，"池塘生春草"的勃勃生机，"大漠孤烟直"的宁静肃穆，"长河日落圆"的苍茫壮阔都激不起一些人心中的半点涟漪。"壶里松风"、"舌端甘苦"在一些人的心中也引不起一丝联想，这是因为他们对于这些美虽然"应目"了，但却没有"会心"。茶艺审美重在会心，贵在会心。也只有对茶艺之美心领神会，才有可能通过品茶陶冶情操，提高修养，促进人格的完善。而这些正是我们修习茶艺的主要目的。在这方面古代的许多茶人都为我们树立了良好的榜样。

清代曾任英国、法国、比利时公使的一代名臣刘瑞芬的《睡起》写道：

> 茶鼎声清午梦回，小轩临水昼慵开。
> 野风吹起新荷影，湖上碧云和雨来。

这是刘瑞芬功成名就之后享受闲适生活之美的会心写照。

明代诗人陆容的《送茶僧》写道：

>江南风致说僧家，石上清泉竹里茶。
>法藏名僧知更好，香烟茶晕满袈裟。

这是陆容对四大皆空、了无挂碍的修行生活之美的会心写照。

元代诗人叶颙的《石鼎茶声》写道：

>青山茅屋白云中，汲水煎茶火正红。
>十载不问尘世事，饱听不鼎煮松风。

这是叶颙对远避红尘，寄情咏哺，隐逸生活之美的会心写照。

三、迁想妙得

如何达到"应目会心"呢？办法之一是"迁想妙得"。"迁想妙得"本是东晋"三绝画家"（才绝、画绝、痴绝）顾恺之提出的形象构思理论，是艺术创作的一个重要理念。在茶艺审美中"迁想"有两种含义。其一是充分发挥艺术想象力，把不同空间、不同时间的东西加以联系，通过联想产生灵感，达到"妙得"。其二是移情，即审美者把自己的情感和想象迁到审美对象内部中去，经过一番曲折联想后，把握对象的本质，或得到巧妙的形象构思，或得到深刻的思想启迪。

唐代诗僧皎然的《九日与陆处士羽饮茶》一诗写道：

>九日山僧院，东篱菊也黄。
>俗人多泛酒，谁解助茶香。

皎然是唐代人，大约生于公元720年，陶渊明是东晋人，生于公元365年，两者相距三百多年。而皎然在诗中从"东篱菊也黄"联想到嗜酒如命的陶渊明，联想到陶所写的诗："采菊东篱下，悠然见南山。"从陶渊明嗜酒，又联想到"俗人多泛酒"，这些都是迁想。诗的结尾"谁解助茶香"是通过"迁想"之后的"妙得"。皎然和尚通过迁想之后，认为茶中有真香，喝茶最有益，茶最值得人珍爱。

杜甫有一首品茗诗也是"迁想妙得"的典范。《重过何氏五首》（其三）：

>落日平台上，春风啜茗时。
>石阑斜点笔，桐叶坐题诗。
>翡翠鸣衣桁，蜻蜓立钓丝。
>自逢今日兴，来往亦无期。

春风送暖，夕阳斜照，佳茗飘香，快乐的翠鸟在屋檐上鸣唱，可爱的小蜻蜓静静地落在钓竿上，看着诗人挥笔在桐叶上题诗，多么美丽而浪漫的"啜茗题吟图"啊！从诗的前三句可看出，杜甫绘声绘色地把自己的情感和想象都融入了大自然，迁入了审美对象的内部。最后一句诗人笔锋一转，写道："自逢今日兴，来往亦无期。"今日如此快乐的情景，何时才会再有呢？这种感悟正是茶人常说的"一期一会"，每一次相聚都是难得的缘分，都是不可能重复再现的唯一，都应当好好珍惜。这就是"妙得"。

在茶艺审美中，"迁想妙得"既是"应目会心"的手段，又是茶人提高自我修养的途径。

四、六根共识

茶艺是一种高度综合的生活艺术。茶艺审美不同于一般的艺术审美。我们欣赏音乐主要靠耳朵，欣赏绘画、书法、工艺品等主要靠眼睛。而茶艺审美是一种全方位的审美。审美的内容包含了茶事活动中的人、茶、水、器、境、艺等各种因素，所以必须调动人体的所有感觉器官。按照佛教的说法，人内有六根，外有六尘，中有六识。所谓的"六根"是指眼、鼻、耳、舌、身、意，它们分别具有六种感觉功能，是"心所依者"。所谓"六尘"是指色、声、香、味、触、法这六种外部的存在。所谓"六识"即六根对六尘的感知。眼识为见，耳识为闻，鼻识为嗅，舌识为味，身识为触，意识为思虑。在茶艺审美中，我们必须调动人体所有的感觉器官去全面地感受茶艺的过程美和结果美，所以称之为"六根共识"。

我们只有学好了茶艺美学，并用美学的基本理论来指导茶艺，茶事活动才有可能成为真正的艺术。我们只有掌握了美学的理念，才能享受人生的美丽，否则只是在完成生命的过程。

歌德说过这样一段引人深思的话："要想逃避这个世界，没有比艺术更可靠的途径；要想同世界结合，也没有比艺术更可靠的途径"。当代越来越多的人喜欢上茶艺，首先是因为人们想要逃避刻板的、机械的、功利的生活方式，让自己的思想挣脱"樊笼"，并得到彻底解放。当代越来越多的人喜爱茶艺，还因为人们希望自己在平凡的生活中，多一点率真和童趣，少一些功利心和实用主义，多一些自我关怀，少一些理性的压制。另外，在茶艺乐园中，你可以用艺术家的眼光和灵感去看待自己的生存环境。学会了审美观照后，或许在这个并不完美的世界中，你会赫然发现其实美无处不在。而通过用美学的思想认识自己，用美学的眼光审视世界，你会察觉，过去那平凡而枯燥的生活竟然变得充满诗意，这时你的心会自然而然地融入这个美妙的世界，与世界完美结合。

思考题

1. 简述中国茶艺美学的基本理念。你认为其中哪几点对你的帮助较大?

2. 中国茶艺美学的三重意境是什么?你有这方面的具体感受吗?如果有,请详述。

3. 中、日两国茶道美学的表现特点有哪些异同之处?你对中国茶艺美学的哪一条表现特点最有体会?为什么?

4. 什么是"美由心生"?请联系实际谈一谈自己的体会。

5. 名词解释:

①六根共识②迁想妙得③应目会心④道法自然⑤涤除玄鉴⑥物我玄会。

第四章

茶艺的六要素

导读

茶艺是一门生活艺术，构成这门艺术的六要素是人、茶、水、器、境、艺。要实现茶艺美，就必须人、茶、水、器、境、艺六个要素都美。只有做到六美荟萃，相得益彰，才能使茶艺达到尽善尽美的境界。在本章中，我们首先对茶艺的六个要素分别进行美的赏析，在其后的各章中，再把这六要素进行美的整合。本章课外重点导读：《美学原理新编》，杨辛、甘霖著，北京大学出版社，1996年版。

第一节 人

人是万物之灵,人之美是自然美的最高形态。从大的方面讲,人的美有两个含义。一是作为自然人所表现的外在的形体美。另一方面是作为社会人所表现出的内在的心灵美。为了详细地赏析茶人之美,在本节中,我们从茶艺美学的角度出发,分为四个方面来讨论茶人之美。

一、仪表美

茶艺审评从一开始,就特别注重演示者的仪表美。仪表美是形体美、服饰美与发型美的综合表现。

(一)形体美

费尔巴哈曾经说过:"世界上没有什么比人更美,更伟大。"德国伟大诗人歌德赞美道:"不断升华的自然界的最后创造物就是美丽的人。"而雕塑大师罗丹则指出:"我们对于人体,不是缺少美,而是缺少发现。去认识人体美,发现人体美是人类探索的一个永恒的话题。"那么怎样才是当代人所说的形体美呢?形体美学家列出了十大标准供我们参考:[1]

①骨骼发育正常,身体比例适度。
②男子肌肉发达而不畸形,女子体态丰满而不臃肿。
③五官端正而协调,眼睛明亮而有神。
④双肩对称,男宽女圆,微显下削。
⑤脊柱背视成直线,侧视有正常的生理曲度。
⑥男子胸肌圆隆,背视呈倒梯形;女子乳房丰满而不下垂,侧视线条起伏明朗。
⑦腰微呈圆柱形,腹部扁平,腹肌块垒隐现,女子腰围明显小于臀围。
⑧臀部圆满,男子微上翘,女子不显下坠。
⑨下肢修长,大腿肌肉饱满而不干瘦,小腿腓肠肌突出,足弓高。
⑩体形比例均衡,动态和谐灵巧。

---

[1] 杨建葆. 生命之漪:关于人体美的随想. 北京:中国民族摄影艺术出版社,1999:52-53

简而言之,茶艺工作者形体美的基本要求是发育正常、五官端正、四肢匀称、身材适中、容貌可人。从事茶艺工作对于手和牙齿有较高的要求。手是人的第二张脸。在茶艺表演过程中最引人注目的就是脸和手。因此,招工时对从业人员的手形、手相、皮肤、指甲都要认真观察。牙齿要整齐、洁白。一个人形体美的有些条件在成长发育定形后就不可再改变,而有些则是可以通过形体训练来改善的。坚持科学的形体训练是保持形体美、改善形体美的有效途径。

(二) 服饰美

俗话说:"三分长相,七分打扮","佛要金装,人要衣装"。服饰可反映出着装人的性格与审美趣味,并会影响茶艺表演的效果。据《新唐书·列传》记载,唐代有一名官员李季卿十分嗜茶,有一次他召来陆羽的崇拜者常伯熊煮茶,常伯熊兴高采烈地更换上得体的服装,带上全套茶具,盛装去演示煮茶技巧,李季卿看了大为叹服,重赏了常伯熊。李季卿听常伯熊说陆羽是当时最杰出的煮茶大师,于是又派人请陆羽来煮茶。然而陆羽不事修饰,穿着便服赴会,茶虽然煮得很好,但李季卿却不以为然,叫手下拿两百文钱打发陆羽回去。陆羽又羞愧又气愤,一怒之下写了《毁茶论》。

茶艺表演中的服饰首先应与所要表演的茶艺内容相适,其次才是式样、做工、质地和色泽。宫廷茶艺有宫廷茶艺的要求,民俗茶艺有民俗茶艺的格调。就一般的茶艺而言,表演者宜穿着具有民族特色的服装,而不宜"西化"。在正式的表演场合,表演者不可戴手表,不宜佩带过多的装饰品,不可涂抹有香味的化妆品,不可浓妆艳抹,不可涂有色指甲油。

(三) 发型美

发型美是仪表美三要素中比较容易被忽视的一个要素。近年来各式各样"个性化"的发型蔚为时尚,这是社会开放的必然结果,对此我们没有异议。但是就茶艺表演而言,发型的"个性化"则不可以与所表演的内容相冲突。发型设计必须结合茶艺的内容,服装的款式,表演者的年龄、身材、脸型、头型、发质等因素,尽可能取得整体和谐美的效果。

仪表美给人的印象很直观,是茶艺审美的前奏曲。从文化社会学的观点看,仪表美不仅在一定程度上反映了茶艺表演者个人的精神面貌和审美修养,而且可以反映出茶艺师所在单位的总体素质和管理水平,所以必须高度重视。

二、风度美

一个人的风度,往往是在长期的社会生活实践中和一定的文化氛围中逐渐形成的，是个人性格、气质、情趣、素养、精神世界和生活习惯的综合外在表现，是社交活动中的无声语言。一般地说，不同阶层、不同职业的人会有不同的风度。例如，学者有学者的风度，政治家有政治家的风度，军人有军人的风度，演员有演员的风度。同样茶人也自有茶人独特的风度。风度美包括仪态美、神韵美两个部分。

（一）仪态美

茶艺修习者的仪态美主要表现为礼仪周全、待人诚恳、举止端庄。一个人在社交活动中，他的行为姿态，举手投足之间都在无声地诉说着生命的千言万语。如站姿、坐姿、步态、言谈、面部表情、肢体语言的美感和感染力等，这些在茶艺实践中都非常重要，所以留待第五章专门详述。

（二）神韵美

神韵美是一个人的神情和风韵的综合反映，主要表现在眼神和脸部表情，即文学作品中所描写的眉目传神，顾盼生辉或"一笑百媚生"。

《诗经·卫风》中有一章描写硕人（即美人）的诗：

> 手如柔荑，肤如凝脂，领如蝤蛴，齿如瓠犀，螓首蛾眉，巧笑倩兮，美目盼兮！

这首诗在美学理论研究中很受重视。前五句是比喻。诗的大意为美人的手像春天草木初生的嫩芽，皮肤像凝固的洁白脂肪，脖子像天牛白嫩的幼虫，牙齿像葫芦瓜的子。螓是古书中传说的一种昆虫，蛾即现在仍常见的飞蛾，很难想象"螓首蛾眉"是个什么样子。所以美学家朱光潜先生说："前五句罗列头上各部分，用许多不伦不类的比喻，也没有烘托出一个美人来。最后两句突然化静为动，着墨虽少，却把一个美人的姿态神情完全描绘出来了。"[①] 美学家宗白华先生也有同感，他说："前五句驻满了形象，非常'实'，是'错彩镂金，雕馈满眼'的工笔画；后两句是白描，使前面五句形象活跃起来了。没有这两句，前面五句可以使人感到是一个庙里的观音菩萨。"[②]

从《诗经·卫风·硕人》及两位大美学家的分析，我们可以得到如下的启发：如果一个人仅有形象美，而没有神韵美，那么这个人的美显得呆板，没有活力，没有感染力，只有"巧笑倩兮，美目盼兮"才能真正动人。

茶人的神韵美应特别注意"巧笑倩兮，美目盼兮"。以"巧笑"使人感到亲

---

① 《艺术世界》1980，4
② 宗白华. 美学散步. 上海：上海人民出版社，1999：36

切、温暖、愉悦，又通过眉目传神、顾盼生辉来打动人心，给人以活生生的美的享受。神韵美与仪态美相配合，便可化"美"为"媚"。"美"是静态的，外在的，而"媚"则是动态的，内在的。

妩媚必然动人。宋玉在《登徒子好色赋》中描述佳人时写道："东家之子，增之一分则太长，减之一分则太短，着粉则太白，施朱则太赤，眉如翠羽，肌如白雪，腰如束素，齿如含贝，嫣然一笑，惑阳城，迷下蔡。"前边的描述从身材适中，肌肤如白雪到齿如含贝都只是美，而"嫣然一笑，惑阳城，迷下蔡"才是"媚"。古代文学作品中描写佳人樱桃小口，唇如点朱，面如桃花都只是美，而"和羞走，倚门回首，却把青梅嗅"，那天真无邪的深情才是"媚"。古代美学家李渔说："媚态之在人身，犹火之有焰，灯之有光，珠贝金银之有宝色，是无形之物，非有形之物也。惟其是物非物，无形似有形；是以名为尤物。"[①] 李渔所说的虽然有点神乎其神，玄而又玄，但却值得每一个追求神韵美的茶人深思。

三、语言美

俗话说："好话一句三春暖，恶语一句三伏寒"。这句话形象而生动地概括了语言美在社交中的作用。而茶室是现代文明社会中高雅的社交场所，它要求茶人要讲究语言艺术。茶艺中的语言美包含了语言规范和语言艺术两个层次。

（一）语言规范

语言规范是语言美的最基本的要求。在茶室中的语言规范可归纳为如下两个方面。

一是待客有"五声"。"五声"是指宾客到来时有问候声，落座后有招呼声，得到协助和表扬时有致谢声，麻烦宾客或工作中有失误时有致歉声，宾客离开时有道别声。

二是在待客时应使用"敬语"，杜绝"四语"。"敬语"包含尊敬语、谦让语和郑重语。说话者直接表示自己对听者的敬意的语言称为尊敬语。说话者通过自谦，间接地表示自己对听者的敬意的语言称为谦让语。说话者使用客气礼貌的语言向听者间接地表示敬意则称做郑重语。敬语是旅游服务行业的行业用语之一，其最大特点是彬彬有礼，热情庄重，使听者消除生疏感，产生亲切感。要杜绝的"四语"为：不尊重宾客的蔑视语，缺乏耐心的烦躁语，不文明的口

---

① 《笠翁偶集》卷十三

头语，自以为是或刁难他人的斗气语。

(二) 语言艺术

"话有三说，巧说为妙。"美学家朱光潜先生曾说："话说得好就会如实地达意，使听者感受到舒适，发生美感。这样的说话，就成了艺术。"可见，语言艺术一是要"达意"，二是要"舒适"。

"达意"即语言要准确，吐音要清晰，用词要得当，不可"含糊其辞"，也不可"夸大其词"。

"舒适"即要求说话的声音柔和悦耳，吐字娓娓动听，节奏抑扬顿挫，风格诙谐幽默，表情真诚自信，表达流畅自然。要达到使听者"舒适"，还应切忌说教式或背诵式讲话，而应当如挚友谈心，亲切而自然地交流沟通，引发对美的共鸣。

口头语言之美若辅以身体语言之美，如与手势、眼神、脸部表情相配合，则更能让人感受到情真意切。古人讲"传神写照，正在阿堵中"。"阿堵"是六朝时期的口语，即传神写照尽在你的眼睛中。所以我们在追求语言美时千万别忘了眼睛，因为眼睛是心灵的窗户，眼睛是会说话的。

四、心灵美

心灵美是人的其他美的真正依托，是人的思想、情操、意志、道德和行为美的综合体现，是人的"深层"之美。心灵美的核心是善。儒家学说认为："人之初，性本善"。人生来就具有善心，而善心是心灵美的基础。什么是善心？孟子说："恻隐之心，仁之端也；羞恶之心，义之端也；辞让之心，礼之端也；是非之心，智之端也。人之有四端也，尤其有四体也"。[①] 也就是说恻隐之心、羞恶之心、辞让之心、是非之心，是人与生俱来的善心。另外还应当增加一个爱国之心。只要我们在日常生活中真诚而自然地表现我们的爱国之心、恻隐之心、羞恶之心、辞让之心和是非之心，我们的心灵美就一定会被别人感知。

在茶事活动中的心灵美，还表现在"仁者自爱"和"仁者爱人"两个方面。

对于什么是"仁者"，儒家的典籍中记载了这样的一个小故事："子路入。子曰：'由，知者若何？仁者若何？'子路对曰：'知者使人知己，仁者使人爱己。'子曰：'可谓士矣。'子贡入，子曰：'赐，知者若何？仁者若何？'子贡对曰：'知者知人，仁者爱人。'子曰：'可谓士君子矣。'颜渊入，子曰：'回，知

---

① 《孟子·公孙丑上》

者若何？仁者若何？'颜渊对曰：'知者自知，仁者自爱。'子曰：'可谓明君子矣。'"①

这段话的大意是：有一天，孔子问他的三个得意门生，什么是智者，什么是仁者。子路的回答是："智者能使别人了解他，仁者能使别人爱他。"孔子认为子路只达到了士的境界，即只是一个有胆有识有能力的人。另一名学生子贡的回答是："智者能了解别人，仁者能普爱别人。"孔子认为子贡达到了士君子境界，即可以算是一个人格高尚的人。颜渊的回答是："智者能深刻地了解自己。仁者能做到自爱。"孔子认为颜渊达到了智和仁的最高境界，可以称得上为"明君子"。

这个故事生动地告诉我们儒家对仁的理解有三个层次："人爱"、"爱人"、"爱己"。孔子之所以认为"爱己"是仁的最高境界，而"爱己"之人可称得上"明君子"，这是因为颜渊的境界达到了不事外求，不假人为，不立事功而是自然坦然地表现自爱之心，显然这种而"爱己"不是狭隘地只爱自己，而是对自己人格的自信、自尊和自爱。有这种胸怀的人必然旷达自如，能以爱己之心爱人，以天地胸怀来处理人间事务。儒家这种"明君子"的思想境界，实际上与道家追求的"天地境界"相通，而这正是我们茶人所追求的心灵美的最高境界。

只有人格上做到自尊、自爱、自强、自立，才可能在行动中表现出无愧、无憾、无怨、无悔。茶人们从"爱己"之心出发，表现出的"爱人"之行，才是最感人的心灵美。

"仁者自爱"是要求茶艺师在自尊自爱的基础上做到"仁者爱人"，做到在茶事活动中时时处处事事为客人着想，连最细微的小事也不马虎。

古希腊哲人柏拉图曾说："身体美与心灵美的和谐一致是最美的境界。"学习茶道，修习茶艺可以使茶人达到仪表美、神韵美、语言美和心灵美的高度和谐。因而我们可以自豪地说：至善至美哉，茶人！

第二节 茶

唐代诗人杜牧在《题茶山》一诗中赞道："山实东南秀，茶称瑞草魁。"瑞

---

① 《荀子·子道》

草是神话传说中的仙草,瑞草是美的,茶是瑞草的魁首,茶当然更美。

对于同一事物,不同的人有不同的审美心态。朱光潜先生曾说道:"面对一株古松,不同的人会产生不同的态度。木材商关心的是木材值多少钱,植物学家关心的是古松的根茎花叶,阳光水分,但画家面对古松则是另一种心态,他什么都不管,只是聚精会神地观赏松的苍翠的颜色、盘曲如龙蛇的线纹以及不屈不挠的气概。这三者态度迥然不同,木材商是实用的态度,植物学家是科学的态度,而画家则是审美的态度。"

面对茶,茶艺师应当用有别于茶商、茶叶审评师的态度去审美,因为茶商是用功利的眼光看茶,审评师是用科学的眼光甚至是挑剔的眼光看茶,而茶艺师是用艺术的眼光,带着感情色彩和想象力去全面鉴赏茶的名之美、形之美、色之美、香之美和味之美!

一、茶名之美

中华民族文化有一个传统,喜欢为美好的东西起一个美好的名字。古典美学创始者之一的庄子说:"名者,实之宾也。"其意为:实物是主,名称是宾,名称须恰如其是的反映出实物的本质来。我国名茶的名称大多数都很美,这些茶名大体上可分为五大类。

第一类是地名加茶树的植物学名称,从这类茶名我们一眼可了解该茶的品种和产地。如武夷山大红袍、闽北水仙、安溪铁观音、永春佛手等。其中的武夷山、闽北、安溪、永春是地名,大红袍、水仙、铁观音、佛手是茶树的品种名称。

第二类是地名加茶叶的形状特征。如六安瓜片、平水珠茶、凤冈翠芽、雷山银球茶、信阳毛尖、君山银针等。其中六安、平水、凤冈、雷山、信阳、君山是地名,瓜片、珠茶、翠芽、银球、毛尖、银针是茶叶的外形。

第三类是地名加上富有想象力的名称。如庐山云雾、敬亭绿雪、舒城兰花、恩施玉露、日铸雪芽、南京雨花、顾渚紫笋等。其中庐山、敬亭、舒城、恩施、日铸、南京、顾渚是地名,而云雾、绿雪、兰花、玉露、雪芽、雨花、紫笋等都可引起人们美妙的联想。

第四类有着美妙动人的传说或典故。如洞庭碧螺春、西湖龙井、文君嫩绿、铁罗汉、水金龟、白鸡冠、黄金茶、绿牡丹等。例如碧螺春原名"吓煞人香",相传康熙己卯年,抚臣宋荦以"吓煞人香"进贡,康熙皇帝认为茶是极品,但名称不雅,便根据该茶色泽碧绿,形状卷曲如螺,采制于早春而赐名"碧螺春"。

其他统统可归为第五种类型,这类茶名以丰富的文化素材为背景资料,有

的具有浓厚的宗教色彩如普陀佛茶、麻姑茶、金佛、佛手等；有的以吉祥物命名，如太平猴魁、遂昌银猴等；有的反映了采茶时令，如谷雨春、不知春等；有的以历史人物命名，如文君茶、太白顶芽等。总之好的茶名都能引发茶人美好的联想。赏析茶名之美，实际上是赏析中国传统文化之美，是赏析茶人心灵之美。从赏析茶名之美中，我们不仅可以学到茶文化知识，而且可以看出我国茶人的艺术底蕴和美学素养，可以体会茶人爱茶的全方位追求。

二、茶形之美

我国的自然茶包括绿茶、红茶、乌龙茶（青茶）、黄茶、白茶、黑茶、普洱茶、拼配茶和非茶之茶等，这些茶的外观形状虽有差别，但在茶人的眼里却是无论什么茶，都有其形态之美。

高档的绿茶、红茶、黄茶、白茶等多属于芽茶类，一般都是由细嫩的茶芽精制而成。以绿茶为例就可细分为光扁平直的扁形茶，细紧圆直的针形茶，紧结如螺的螺形茶，弯秀似眉的眉形茶，芽壮成朵的兰花形茶，单芽扁平的雀舌形茶，圆如珍珠的珠形茶，片状略卷边的片形茶，细紧弯曲的曲形茶，以及卷曲成环的环形茶等十种类型。

乌龙茶一般要到长出驻芽后的一芽三开片才采摘，所以制成的成品茶显得"粗枝大叶"。但是在茶人眼中，乌龙茶也自有乌龙茶之美。例如对于安溪铁观音有"青蒂绿腹蜻蜓头，美如观音重如铁"之说，而对于武夷岩茶则有"乞丐的外形，菩萨的心肠，皇帝的身价"之说。

三、茶色之美

茶叶的色泽，在感官上先声夺人，给人一种质量感，在茶艺表演中则给人一种赏心悦目的美感。茶色之美包括干茶的茶色、叶底的颜色及茶汤的汤色三个方面，在茶艺中主要是鉴赏茶的汤色之美。不同的茶类应具有不同的标准汤色。在茶叶审评中常用的术语有"清澈"，表示茶汤洁净透明而有光泽；"鲜艳"，表示汤色鲜明而有活力；"鲜明"，表示汤色明亮有光泽；"明亮"，表示茶汤清净透明有光泽；"乳凝"，表示茶汤冷却后出现的乳状浑浊现象；"混浊"，表示茶汤中有大量悬浮物，往往透明度差，是劣质茶的表现。

鉴赏茶的汤色宜用内壁洁白的素瓷杯或晶莹剔透的玻璃杯。在光的折射作用下，杯中茶汤的底层、中层和表面会幻出三种色彩不同的美丽光环，十分神奇，很耐观赏。茶人们把色泽艳丽醉人的茶汤比做"流霞"，把色泽清淡的茶汤比做"玉乳",把色彩变幻莫测的茶汤形容成"烟"。例如,唐代诗人李郢写道:"金饼拍成和雨露,玉尘煎出照烟霞。"乾隆皇帝写道:"竹鼎小试烹玉乳。"徐夤在《尚书惠蜡面茶》一诗中写道:"金槽和碾沉香末,冰碗轻涵翠缕烟。"茶香缭绕,茶烟氤氲,茶汤似翠非翠,色泽似幻似真,这种意境真是美之极致。

四、茶香之美

香气是茶叶的灵魂,也是茶的媚人之处。茶香缥缈不定,变化无穷,有的甜润馥郁,有的清幽淡雅,有的高爽持久,有的鲜灵沁心。按照评茶专业术语,仅茶香的特性就有清香、高香、浓香、幽香、纯香、毫香、嫩香、甜香、果香、乳香、火香、陈香等,按照茶香的香型可分为花香型和果香型或细分为水蜜桃香、板栗香、木瓜香、兰花香、桂花香等,按照香气的表现则可分为馥郁、高爽、持久、浓郁、浓烈、纯正、纯和、平和等。

自古以来,越是捉摸不定变幻莫测之美,越能打动人心,越能引起文人墨客的争相赞颂。唐代诗人李德裕描写茶香为:"松花飘鼎泛,兰气入瓯轻。"温庭筠写道:"疏香皓齿有余味,更觉鹤心通杳冥。"宋代苏东坡写道:"仙山灵草湿行云,洗遍香肌粉未匀。"王禹偁称赞茶香曰:"香袭芝兰关窍气"。范仲淹称赞茶香曰:"斗茶香兮薄兰芷"。清代高士奇赞美武夷茶香曰:"香夺玫瑰晓露鲜"。这些都是描写茶香的名句。

对于茶香的鉴赏,茶人们一般至少要三闻。三闻有不同的方式。其一,一闻干茶的香气,二闻开泡后充分飘逸出来的茶的本香,三要闻茶香的持久性。其二,一从氤氲上升的水汽中闻香,二从杯盖内壁上闻香,三从闻香杯或公道杯慢慢地细闻杯底留香。其三,一闻热香,二闻温香,三闻杯底的冷香。

茶香有一大特点,其香气不仅因茶而异,而且会随着温度的变化而变化。据陈宗懋院士的研究:"目前在茶叶中已鉴定的 500 多种挥发性香气化合物,这些不同香气化合物的不同比例和组合就构成了各种茶叶的独特香味"。另外,这些物质有的在高温下才挥发,有的在较低的温度即可挥发,所以闻茶香既要热闻、温闻,又要冷闻,只有这样才能全面感受到茶香之美。

五、茶味之美

茶的滋味是人的味觉器官对茶汤中化学物质的综合反应。虽然从生理学上讲只有甜、酸、苦、咸四种基本味,但是,茶汤中溶解的化学物质多达数百种,综合后百味杂陈,其中主要有苦、涩、甘、酸、鲜、活。苦是指茶汤入口,舌

根感到类似奎宁的一种不适味道，好茶之苦应如优质咖啡或啤酒般的小苦。涩是指茶汤入口有一股不适的麻舌之感。甘是指茶汤入口回味甜美。酸是指有机酸作用于舌面中部两侧的微妙反应。鲜是指茶汤的滋味清爽宜人。活是指品茶时人的心理感受到舒适、美妙、有活力。在此基础上，审评师们对茶的滋味有鲜爽、浓烈、浓厚、浓醇、醇爽、鲜醇、醇厚、醇正等赞言。

品鉴茶味主要靠舌头。因为味蕾在舌头的各部位分布不均，一般人的舌尖对甜味敏感，舌面两侧前部对咸味敏感，舌侧中部对酸敏感，舌心对鲜涩敏感，舌根对苦味敏感，所以在品茗时应小口细品，让茶汤在口腔内缓缓流动，使茶汤与舌头各部分的味蕾充分接触，以便精细而准确地判断茶味。

古人品茶最重茶的"味外之味"。往往不同的人，不同的社会地位，不同的文化底蕴，不同的环境和心情，可从茶中品出不同的"味"。"吾年向老世味薄，所好未衰惟饮茶。"历尽沧桑的宋代文坛宗师欧阳修从茶中品出了人情如纸、世态炎凉的苦涩味。"蒙顶露芽春味美，湖头月馆夜吟清。"仕途得意的文彦博从茶中品出了春野的鲜活味。"森然可爱不可慢，骨清肉腻和且正。雪花雨脚何足道，啜过始知真味永。"豪气干云，襟怀坦荡的苏东坡从茶中品出了"和且正"的君子味。"双鬟小婢，越显得那人清丽。临饮时须索先尝，添取樱桃味。"风流倜傥的明代文坛领袖王士贞从美人尝过的茶汤中品出了"樱桃味"。

人生有百味，茶亦有百味，从一杯茶中我们可以有良多的感悟，所以人们常说"茶味人生"，我们在茶艺过程中应当向古人学习，去着重感受茶的"味外之味"。

第三节　水

郑板桥写有一副茶联："从来名士能评水，自古高僧爱斗茶。"这幅茶联极生动地说明了"评水"是茶艺的一项基本功，所以茶人们常说"水是茶之母"或"水是茶之体，茶是水之魂"。

早在唐代，陆羽在《茶经》中对宜茶用水就做了明确的规定。他说："其水用山水上、江水中、井水下。"明代的茶人张源在《茶录》中写道："茶者，水之神也；水者，茶之体也。非真水莫显其神，非精茶曷窥其体。"张大复在《梅花草堂笔谈》中提出："茶性必发于水。八分之茶，遇十分之水，茶亦十分矣；

八分之水，试十分之茶，茶只八分耳。"以上论述均说明了在我国茶艺中精茶必须配美水，才能给人至高的享受。

一、水之美的标准

最早提出评水标准的是宋徽宗赵佶，他在《大观茶论》中写道："水以清、轻、甘、冽为美。轻甘乃水之自然，独为难得。"这位精通百艺独不精于治国的亡国之君确实是个才子，他最先把"美"与"自然"的理念引入鉴水之中，升华了茶文化的内涵。后人在他提出的"清、轻、甘、冽"的基础上，又增加了个"活"字。现代茶人认为"清、轻、甘、冽、活"五项指标俱佳的水，才称得上宜茶美水。

其一，水质要清。水之清表现为："朗也、静也、澄水貌也。"水清则无杂、无色、透明、无沉淀物，最能显出茶的本色。故清澄明澈之水称为"宜茶灵水"。

其二，水体要轻。明朝末年无名氏著的《茗笈》中论证说："各种水欲辨美恶，以一器更酌而称之，轻者为上。"清代乾隆皇帝很赏识这一理论，他无论到哪里出巡，都要命随从带上一个银斗，去称量各地名泉的比重，并以水的轻重，评出了名泉的次第。北京玉泉山的玉泉水比重最轻，故被御封为"天下第一泉"。现代科学也证明了这一理论是正确的。水的比重越大，说明溶解的矿物质越多。矿物质含量超标，对茶汤的味道必有不良影响。试验表明，当铁的含量超标时，茶汤汤色发暗，甚至呈黑褐色；当铝超标时，茶汤味苦；当锰、铬、钙等超标时，茶汤苦涩味明显；当镁超标时，茶汤味变淡；当锌达到0.3毫克/升时，茶汤产生难以下咽的苦味，而铅、汞、砷等若超标，不仅影响茶汤品质，而且对人体会产生毒性。鉴于此，我们提倡在茶事活动中选用信誉可靠的企业生产的罐装饮用水。

其三，水味要甘。田艺蘅在《煮泉小品》中写道："甘，美也；香，芬也。""泉惟甘香，故能养人。""凡水泉不甘，能损茶味。"所谓水甘，即水一入口，舌尖顷刻便会有甜滋滋的美妙感觉，咽下去后，喉中也有甜爽的回味，用这样的水泡茶自然会增添茶之美味。

其四，水温要冽。冽即冷寒之意。明代茶人认为："泉不难于清，而难于寒。""冽则茶味独全。"因为寒冽之水多出于地层深处的泉脉之中，所受污染少，泡出的茶汤滋味纯正。

其五，水源要活。"流水不腐，户枢不蠹。"现代科学证明了在流动的活水中细菌不易繁殖，同时活水有自然净化作用，在活水中氧气和二氧化碳等气体

的含量较高，泡出的茶汤特别鲜爽可口。

另外，现代茶人评水有更科学的标准，这个标准就是我国 2006 年 12 月 29 日发布的《生活饮用水卫生标准》（GB5749—2006）。

标准规定的感官性状和常规指标如下：

1. 色：色度不超过 15 度，并不得呈现其他异色。

2. 浑浊度：不超过 3 度，特殊情况不超过 5 度。

3. 臭和味：不得有异臭异味。

4. 肉眼可见物：不得含有。

5. pH 值：6.5~8.5。

6. 总硬度：（以碳酸钙计）450 毫克/升

7. 铁：0.3 毫克/升

8. 锰：0.1 毫克/升

9. 铜：1.0 毫克/升

10. 锌：1.0 毫克/升

11. 挥发酚类：（以苯酚计）0.002 毫克/升

12. 阴离子合成洗涤剂：0.3 毫克/升

13. 碳酸盐：250 毫克/升

14. 氯化物：250 毫克/升

15. 溶解性固体：1000 毫克/升

16. 氟化物：1.0 毫克/升

17. 氰化物：0.05 毫克/升

18. 砷：0.05 毫克/升

19. 硒：0.05 毫克/升

20. 汞：0.001 毫克/升

21. 镉：0.01 毫克/升

22. 铬（六价）：0.05 毫克/升

23. 铅：0.05 毫克/升

24. 银：0.05 毫克/升

25. 硝酸盐：（以氨计）20 毫克/升

26. 氯仿：60 毫克/升

27. 四氯化碳：3

28. 苯并（a）芘：0.01

29. 滴滴涕：1

30. 六六六：5

31. 细菌总数：100

32. 总大肠菌群：3 个

33. 游离余氯：不低于 0.05

34. 总 α 放射性：0.1

35. 总 β 放射性：3

由上可见，我国卫生部门对生活用水水质的要求是相当严格的。用于泡茶用水的水质，必须达到或优于上述标准。鉴于此，我们提倡在茶事活动中选用信誉可靠的企业生产的罐装饮用水，或自己购置设备，自制净化水。

二、水的分类

（一）按照水的来源分类

按照水的来源分类，宜茶用水可分为天水、地水、再加工水三大类。

1. 天水类

天水类包括了雨、雪、霜、露、雹等。在雨水中最宜于茶的是立春雨水。李时珍认为地气上升后成为云，天气使其下降便是雨。立春雨水中得到自然界春始生发万物之气，用于煎茶可补脾益气。

我国中医认为甘露是"神灵之精、仁瑞之泽、其凝如脂、其甘如饴"[①]，用草尖的露水煎茶可使人身体轻灵，皮肤润泽。用鲜花上的露水煎茶可美容养颜。

霜与雪宜取冬霜和腊雪，用冬霜的水煎茶可解酒热，用腊雪水煎茶可解热止渴。

李时珍认为冰雹味咸性冷，有毒，故不宜饮用。在接收天水时一定要注意卫生，屋檐流水和不洁器皿上的天水皆不可用。当然，古代医学家的说法虽然不一定都有科学根据，但是东方艺术本身就有一定的神秘感，而用古代医学家推崇的天水泡茶，会更增添茶艺的趣味。

2. 地水类

地水类包括了泉水、溪水、江水、河水、湖水、池水、井水等。在地水类，唐代茶圣陆羽认为山水优于河水，河水优于井水。对于山水，陆羽主张"拣乳泉石池漫流者"，即要取潺潺涌流不息的泉水，而瀑布湍急的流水不易用于煎茶。对于江水，陆羽主张"取去人远者"，因为远离人居的地表水污染程度较

[①]《本草纲目》

轻。对于井水，陆羽主张"取汲多者"，因为人经常汲取的井水，实际上是活的地下泉。在地水中，往往茶人们最钟爱的是泉水。这不仅因为多数泉水都符合"清、轻、甘、冽、活"的标准，确实宜于烹茶。更主要的是因为无论泉水出自名山幽谷，还是平原城郊，都以其汩汩涓涓的风姿和淙淙潺潺的声响引人遐想。所以寻访名泉是中国茶道的迷人乐章。泉水可为茶艺平添几分野韵、几分幽玄、几分神秘、几分美感，所以在中国茶艺中十分推崇泉水之美。

3. 再加工水类

再加工水类是指经过工业净化处理的饮用水。它包括自来水、纯净水（含蒸馏水、太空水等）、矿泉水、活性水（包括磁化水、矿化水、高氧水、离子水、生态水等）、净化水等五种品类。在这五类再加工水中，纯净水属于软水，很适于用来泡茶。净化水是通过净化器对自来水进行二次终端过滤处理后的水，一般也适宜泡茶。若直接用自来水煮沸泡茶，因为自来水中含氯量高，所以要注意设法消除。矿泉水应选用软性的品种，含矿物质过多的硬水泡茶效果不佳。

（二）按照水的硬度分类

泡茶用水按水的硬度可分为硬水和软水两类。

水的硬度也称为矿化度，是指在水中溶解的钙、镁、铁、锰、铝等矿物质的多少。溶解的矿物质越多，水的硬度便越大。水的硬度单位有多种，可用百分比浓度毫克/升表示，亦可用格令（GPG）表示，较通用的是用德国度来表示。1德国度相当于1升水中含有10毫克氧化钙（CaO）。按照硬度水可分为两类。

1. 软水

硬度在0~8度的水称为软水，用软水泡茶汤色亮丽，滋味浓醇。

2. 硬水

当水的硬度大于8度时称为硬水。硬水又可分为暂时硬水和永久硬水两类。水中含$Ca(HCO_3)_2$、$Mg(HCO_3)_2$的硬水称为暂时硬水，这种硬水煮沸后，在高温的作用下碳酸氢钙、碳酸氢镁会分解沉淀。沉淀后的水即变成了软水，同样可以冲泡出好茶。而永久硬水则必须用离子交换法、电渗析法、反渗透法等方法软化后，才适宜用于泡茶。

（三）酸性水和碱性水

水的酸碱度用pH来表示。pH低于7的称为酸性水，pH等于7的称为中性水，pH大于7的称为碱性水。泡茶宜用中性水或弱酸性水，当pH大于7时，茶黄素会自动氧化而损失，茶红素则由于自动氧化而使茶汤的汤色发暗，并降低茶汤的鲜爽度，同时影响香气的发挥。

三、水之美的鉴赏

可能是因为生命源于水,生命的延续一刻也离不开水的缘故,世人对水都有一种与生俱来的亲切感,而中国茶人爱水爱得最深沉,最有内涵。

古代茶人欣赏水之美,首推泉之美。唐代诗僧灵一和尚写道:"野泉烟火白云间,坐饮香茶爱此山。"齐和尚写道:"且招邻院客,试煮落花泉。"宋代名相晏殊写道:"稽山新茗绿如烟,静挈都篮煮惠泉。"徐绩写道:"自汲香泉带落花,漫烧石鼎试新茶。"元代诗人倪瓒写道:"水品茶经手自笺,夜烧绿竹煮山泉。"元末诗人蔡廷秀写道:"仙人应爱武夷茶,旋汲新泉煮嫩芽。"清代诗人纳兰性德写道:"何处清凉堪沁骨,惠山泉试虎丘茶。"

历代茶人为什么这么爱泉呢?清代康熙皇帝有一首诗,对此做了深刻的回答。他在《中泠泉》一诗中写道:

静饮中泠水,清寒味日新。

顿令超象外,爽豁有天真。

诗的大意是:静静地品饮中泠泉的泉水,对泉水的清冽之味,每一天都会有新的体会。饮了泉水,人的心灵像是得到了沐浴,变得空明虚静,人的精神会超然于万象,获得充分的自由。康熙大帝算得上是彻悟泉水天然真味,品泉可得天然真趣的第一人。

在茶事活动中,对水的审美离不开火,苏东坡诗云:"活水还需活火烹"。活火是指有焰的旺火。中国茶艺对烧水的用火非常讲究。陆羽在《茶经·五之煮》中写道:"其火用炭,次用劲薪",意思是烧水最好是用木炭,其次用硬木柴。他还把水沸腾的过程分为三个阶段:"其沸如鱼目,微有声,为一沸。边缘如涌泉连珠,为二沸。腾波鼓浪,为三沸。已上,水老,不可食也。"这句话的大意为:当锅中出现一个个如鱼眼睛的气泡,并微微作响时,为一沸,这时水还太嫩,习惯上称为"婴孩水",尚不可用来泡茶。等到锅边的水如泉水般带着气泡向上涌时,为二沸,这时的水称为"得一水",古人认为"天得一以清,地得一以宁",这种水用于泡茶自然再妙不过了。最后到了锅中水浪翻滚蒸汽升腾时,为三沸。再烧下去,水就"太老了",只好倒掉不用。可见最美的水,应当是用旺火烧到"涌泉连珠"时二沸的水。在标准大气压下,这时的水温为100℃,并且水中氧气和二氧化碳气体的含量都很充足,泡出的茶最鲜爽、甘美、可口。

四、水质的改良

在现代社会,江、河、湖、井的水普遍受到污染,特别是在都市生活,宜茶的泉水更是难得,在茶事活动中比较简便实用的方法是对自来水进行适当的处理,改良其水质,使之成为适合泡茶的好水,这项工作通常称为"养水"。

"养水"的方法有三种。其一是用陶瓷水缸储水后,静置一段时间,使自来水中的氯气挥发,水质自然净化。其二是借助于市场上出售的净水机,用逆渗透法、阴阳离子法或活性炭过滤法改良水质。其三是用麦饭石、活性炭来养水,用这种方法养水要注意每隔一段时间就要清洗曝晒辅助物,以确保水质新鲜甜美。

第四节　器

《易·系辞》中载:"形而上者谓之道,形而下者谓之器。"形而上是指无形的道理、法则、精神,形而下是指有形的物质。在茶艺中,我们既要重视"形而上",又要重视"形而下",即既要重视弘扬茶道精神,又要重视加强对器之美的研究,通过提升茶艺的形式美来反映无形的茶道精神。

一、择器

受"美食不如美器"思想的影响,我国自古以来无论是饮还是食,都极看重器之美。"葡萄美酒夜光杯"(唐·王翰);"不羡黄金罍,不羡白玉杯。"(唐·陆羽)"响松风于蟹眼,浮雪花于兔毫。"(宋·苏东坡)在这些名诗中所提到的夜光杯、黄金罍、白玉杯、兔毫盏等都是极精美的饮之器,可见在我国古代,早就形成了美器与饮食相匹配的传统。在唐代,陆羽在《茶经》中就设计了24种完整配套的茶具,并强调说:"城邑之中,王公之门,廿四器缺,则茶废矣。"也就是说在城市,在王公贵族之家,在正式的品茗场所,如果24种茶具缺一种,都称不上茶道。

在当代,我国的茶叶品种已发展到上万种,茶具也随之发展,形成了琳琅满目、美不胜收的众多类型。按质地来分类,茶具可分为陶土茶具、瓷器茶具、玻璃茶具、金属茶具、漆器茶具、竹木茶具、其他茶具等七大类。而按照茶具的功能可分为如下十类。

  烧火器具 如风炉、炭炉、酒精炉、液化气灶、电磁灶、电随手泡等。

  煮水器具 各种用于烧水的壶具，如陶壶、铜壶、铁壶、釜、茶铫、银壶、石英玻璃壶等。

  承载器具 如泡茶车、茶盘（也称为茶船）等。

  盛茶器具 如茶叶罐、茶叶盒、茶荷等。

  泡茶器具 如各式茶壶、三才杯（盖碗）、同心杯、飘逸杯、瓷杯、玻璃杯等。

  饮茶器具 如各种品茗杯、盏、盅、碗等。

  辅助器具 如备水器、茶道具组合（含茶则、茶匙、茶夹、养壶笔、茶导、茶针、茶漏斗）、花瓶、香盒、香炉、公道杯、茶滤、计时器、奉茶盘、杯托等。

  清洁器具 如水方、水盂、渣池、茶巾等。

  调味器具 如糖罐、奶盅、盐罐、小汤匙等。

  贮物器具 即专门用于存放上述器具的箱、柜、竹篮等。

  选择茶具是茶艺的基本功之一，在选择茶具时应当因茶制宜、因人制宜、因艺制宜、因境制宜，并发挥自己的创造性，根据美学的法则进行合理搭配。

  1. 因茶制宜

  首先选择茶具时必须了解茶性，顺应茶性，使所选茶具能充分舒发茶性，即茶具要为展示茶的内在美服务。例如，冲泡乌龙茶宜用紫砂壶或盖碗；冲泡红茶宜选用较宽松的圆瓷壶；冲泡高档绿茶宜选用晶莹剔透的玻璃杯；冲泡花草茶或调配浪漫音乐红茶宜选用造型别致的鸡尾酒杯。试想一下，如果选用紫砂壶冲泡西湖龙井，那么龙井茶"色绿、香郁、味醇、形美"四绝，至少有两绝你享受不到；相反，因为紫砂壶保温性能好，稍一不留神，水温过高，就会闷坏了茶，造成熟汤失味，龙井茶那淡淡的豆花香和鲜醇的滋味你也享受不到。这样，既使你选用的紫砂壶出于工艺美术大师之手，无比名贵，你的选择仍是失败的。

  2. 因人制宜

  不同年纪、不同民族、不同地区、不同学养、不同阶层的人有不同的爱好。在不影响展示茶的色、香、味、形美的前提下，茶具的选择和搭配要充分考虑到人的因素。例如同样是冲泡乌龙茶，若是广东潮汕人，宜选用"工夫茶四宝"（潮汕风炉、玉书碨、孟臣罐、若琛瓯）进行搭配组合；若是台湾的朋友，则可选用紫砂壶、公道杯、闻香杯、品茗杯等进行搭配组合；若是青年情侣，则可

选用同心杯进行组合；若是炒股的茶友，则可选一把朱砂牛壶为他泡茶。

3. 因艺制宜

不同的茶艺表现形式，对茶具的组合有不同的要求。例如，宫廷茶艺要求茶具华贵；文士茶艺要求茶具雅致；民俗茶艺要求茶具朴实；宗教茶艺要求茶具端庄；企业营销型茶艺，则要求所使用的茶具便于最直观地介绍茶叶的商品特性。总之，茶具的组合是为茶艺表演服务的，它必须充分考虑茶艺所要表现的时代背景和思想内容。

4. 因境制宜

选择茶具还应当充分注意泡茶的场所和环境，注意环境的装修格调与基本色调，力求做到茶具美与环境美相互照应、相得益彰。

二、读壶

通常茶人讲"壶是茶之父"，而在众多茶具中最受人褒爱、最有美学价值的首推紫砂壶，对茶汤质量影响最大的也是紫砂壶。按照壶的泥质，宜兴紫砂壶包括紫砂壶、朱砂壶、绿泥壶和调砂壶等四大类。从造型上可分为光货、花货、筋囊货三大类。各类紫砂壶共同的特点是，都体现了中国传统文化和民族艺术的精髓，折射出中国古典美学崇尚质朴，崇尚自然的艺术灵光。

（一）紫砂壶的优点

紫砂壶是中国陶瓷艺术品中的奇葩，有确切文字和实物可考证的历史，虽然只有六百多年，但正如中央工艺美术学院副院长杨永善先生所说："紫砂陶艺实际上是热衷于文化的艺人和热爱工艺的文人共同创造的。"在紫砂壶上凝结着厚重的文化内容。一把好的紫砂壶它的形式就是内容，内容就是形式，两者由艺术融为一体。它既有实用价值，又有观赏收藏的价值，即保留有泥土的质朴天性，让人发怀古之悠思，又体现着生产时代的特点，反映着那个时代的文化背景，所以紫砂壶一经问世，就让文人茶客一见倾心。

紫砂壶实际上是紫砂泥用烈火高温烧制而成的茶壶的统称。紫砂泥可细分为紫泥、红泥和本山绿泥三类。紫砂泥是矿体，在开采时质坚如石，这种块状岩石开采出来后，首先要露天堆放，经风吹雨打数月后，自然风化为黄豆大小的颗粒，再经过碾磨、筛选、加水搅拌等工序，就成了湿泥块，俗称生泥。生泥再用木槌压打数十次或用真空炼泥机洗练，并长期存放才能成为可供制壶的熟泥。用紫砂泥烧制的茶壶有四大优点。

（1）紫砂泥的可塑性好，黏合力强，在加工制作时不黏工具不黏手，陶艺家可充分表达自己的创作意图，施展工艺技巧，做出千姿百态、巧夺天工的壶胚。

（2）干燥收缩率小，烧成温度范围较宽，生胚强度大，烧成变形率低，烧出的茶壶口盖能做到严丝合缝，造型轮廓线条不致扭曲。壶盖紧密，减少了病菌、霉菌随空气流入壶内的可能性，因此，能较长时间地保持茶汤的色香味，推迟茶叶变质发馊的时间。紫砂陶中有双气孔结构，一为闭合气孔，二为开口气孔，这就使紫砂壶有良好的透气性、吸香性、保温性，用于泡茶不夺真香，所以越久的壶泡出的茶味越香醇。

（3）紫砂壶成型后不需要施釉，它平整光滑、光泽温润，经茶水涵养后，表面的光泽会越变越浑厚，越变越可爱，像玉石的光泽一样让人感到亲切温馨。紫砂壶的冷热急变性能极好，即使用开水泡后再投入冷水中也不炸不裂。

（4）紫砂壶还有一大优点，即大画家唐云先生所说的："中国人的紫砂壶啊，在世界上是一绝，集书画、诗文、篆刻、雕塑于一体，又由于不施釉彩，以素面素心立身，不以粉婉媚人，自有大气度，大气魄，有的铭文还渗透进禅机佛理，令人把玩时生出无限遐想……常有所得，常有所悟。"①

正因为这样，所以好的紫砂壶被茶人视为至宝，常常贵逾金玉，诗人甚至赞誉说："人间珠玉安足取，岂如阳羡一丸土。"

（二）紫砂壶的类型

从造型艺术上看，紫砂壶"方不一式，圆不一相"，以方和圆这样简单的几何体创出无穷的变化，在变化中又恪守了中国古典美学"和而不同，违而不犯"的法则。方壶壶体光洁，块面挺括，线条利落。圆壶在"圆、稳、匀、正"的基础上变出多种花样，让人感到形、神、气、态兼备。紫砂壶的造型千姿百态，有的圆肥墩厚，有的纤娇秀丽，有的拙纳含蓄，有的小巧洒脱，有的古朴典雅，有的妙趣天成，有的灵巧妩媚，有的神韵怡人，有的甚至表现出古代青铜器的狞厉美。《茗壶图录》中对紫砂壶的形态美做了绝妙的人格化描述："温润如君子者有之；豪迈如丈夫者有之；风流如词客，丽娴如佳人，葆光如隐士，潇洒如少年，短小如侏儒，朴纳如仁人，飘逸如仙子，廉洁如高士，脱尘如衲子者有之。赏鉴好事家，深爱笃好"。按照造型，紫砂壶可分为三类。

1. 光货

"光货"又称为几何体造型，是根据球形、筒形、立方、长方及其他几何形

---

① 《紫瓯乾坤》

状变化而成。"光货"讲究外轮廓线的组合,并用各种线条作为装饰变化,要求壶体光洁,块面挺括,线条利落。"光货"又可分为圆器与方器两种。圆器造型讲究"圆、稳、匀、正",圆中要有变化,"掇球壶"、"汉扁壶"是其典型造型。方器造型要求轮廓线条分明,"僧帽壶"是其典型造型。

2. 花货

把自然界动植物的自然形态,用浮雕、半浮雕、堆雕等造型设计成仿生形态的茶壶称之为"花货"。"花货"是用提炼取舍等艺术手法,去表现自然界中最富有美学价值的东西,并使之符合壶的实用功能和审美原则。在这方面供春的"树樱壶"、陈鸣远的"南瓜壶"及国家级工艺美术大师蒋蓉的作品都是稀世珍宝。

3. 筋囊器

将自然界中的瓜棱、花瓣、云水纹等形体分成若干等份,把生动流畅的筋纹纳入精确严格的设计,制作的壶称为"筋囊器"。时大彬的"玉兰花六瓣壶"及当代紫砂壶大师王寅春的"梅花周盘壶"等都是筋囊器制作的典范。

按照制胚所用的泥料不同,紫砂壶亦可分为紫砂壶、朱砂壶、绿泥壶、调砂壶、铺砂壶、绞泥壶等。而我们深爱笃好紫砂壶的茶人要想收藏好壶,就必须掌握鉴壶的基本技巧。

(三)紫砂壶的挑选

茶人们讲究"水是茶之母,壶是茶之父",得到一把称心应手的紫砂壶是许多茶人梦寐以求的心愿。因为有一把好壶,不仅冲泡出的茶更加醇厚芬芳,而且在品茶时能获得美的感受,使品茶更有艺术情趣。

如何选壶呢?已故的紫砂工艺美术大师顾景舟曾指出:"抽象地讲紫砂陶艺的审美,可以总结为形、神、气、态四个要素。"工艺美术大师徐秀棠在《中国紫砂》一书中指出:"面对紫砂壶,如同面对一本书,一件美术作品,要认真揣摩、细细品读。"具体地说,读壶应读以下几个方面。

1. 看造型

紫砂壶的造型千姿百态,可谓汇集了器皿造型之大全。这些造型各呈风姿仪态,都蕴含着独特的艺术风格和文化内涵,让人感到眼花缭乱,美不胜收。不过,每个人自身的素养和性格不同,审美情趣自然也不同。那么什么样的造型为美呢?古人讲,"操千曲而后晓声,观千剑而后识器。"只有多看名家壶,并多阅读名壶集锦等书籍,对古今名家名壶有比较全面的了解,才可能有较高的鉴赏力。一般而言,看造型最重要的一点是自己要认同。无论什么样形态的茶壶，都要注意嘴、把、体三部分的均衡。更进一步则要看神韵，即仔细观察从形态流露出的艺术感染力。好的壶不仅造型美，而且神形气态兼备，或从文静中表现出高雅气度；或从朴实中让人觉得大智若愚；或线条简洁明快，发人返璞归真之遐思；或造型自然生动，让人觉得妙趣天成。总之，一把夺人心目，让你动心的壶即是造型美妙的壶。

2. 看泥质

泥质是影响紫砂壶质量的内在因素。随着现代化工科技的进步，可在基泥中添加不同的着色剂，再配合烧制温度的变化，成品壶色泽变化多端，妙不可言。紫砂壶泥质的优劣受三个因素的影响，一是紫砂矿体本身的品质。二是洗泥炼泥的工艺水平和泥料陈放时间的长短。三是烧制的温度。综合评判壶的泥质可用看、听、摸三种方法。

一看泥质的色泽。优质壶选料精良，炼泥精细，熟化的时间长，火工恰到好处，故烧成的壶色泽温婉如玉，光华凝重，质感亲人，给人以赏心悦目的视觉美感。反之无光无彩，色泽呆滞，或明显经过打蜡、上皮鞋油的均为劣质品。

二听壶的声音。用手平托起壶身，然后用壶盖轻轻敲击壶身或壶把，发音短促且清脆者说明烧成温度适中，泥质较好。发音带有金属声，清亮悦耳者为优质泥。若发音沉闷者为劣质泥或烧成温度太低。若发音以钢声为主并余音悠扬者，为优质泥制成并经过长期使用的老壶。从听声还可检查出壶内是否有肉眼看不出来的裂痕。

三是触摸壶的质感。用手抚摸把玩，是判断壶优劣的最可靠方法，但也是最难的方法，犹如经验丰富的玩玉者，只要把玉握在手心几秒钟，便知是新玉或古玉一样。手摸紫砂壶是长期实践经验积累起来的感性知识。以手抚摸把玩紫砂壶，主要是细心体会壶胎体的细腻感、温润感、亲切感。感觉柔和、细腻、温润，令人舒服者为优，反之为劣。

3. 看工艺和性能

紫砂壶既是工艺品又是实用的茶具，所以既要看工艺精细程度，又要看它的适用性。

看壶应从壶盖看起，因为从壶盖上常能端倪出做工精湛与否。优质壶的壶盖与壶身纹丝合缝，用手轻轻旋转壶盖时感到滑润不滞，无摩擦噪声。极个别的名家作品将壶盖盖好后，提着壶盖可把整把壶都提起，如制壶工艺大师徐汉棠自己使用的"矮石瓢"壶即是如此，当然这种壶可遇而难求。

另外，看壶盖的密封性能好坏，还可将壶装满水，用手指压住盖上的气孔，

倾壶时流不出水者为佳，反之则差。或在倾壶倒水时用手指去压气孔，可立即断流者为佳，反之则差。倾壶时壶盖不易翻出跌落者为佳，反之则差。

看过壶盖再看壶的出水与断水。从茶壶中倾茶，应出汤流畅均匀，呈圆柱形且水柱光滑不散乱，俗称"七寸注水不泛花"。也就是说倒茶时茶壶离杯七寸高而茶水仍然呈圆柱形，不会水珠四溅的为好壶。

"断水"是指倒茶时，要倒即倒，要停即停，壶嘴不留余沥，俗称为倒茶不留涎。倒茶时收断自如的为好壶，反之为差。

再次看壶的把，持壶时省力舒适的为佳，反之为差。广东、福建、台湾等工夫茶嗜好者挑壶还讲究"三山齐"及"水平度"。"三山齐"即把壶反扣在平坦的桌面上，壶嘴、壶口及壶把应在一个水平面上。当然对于工艺壶，特别是"花货"不可这样要求。"水平度"是把壶放入一个装了足够水的脸盆中，看看壶是否能平稳地漂浮在水面上。能平稳漂浮的为上品，翻沉入水底的为差。

看过壶把看装饰。一件好的紫砂壶要形神具备，有了形体美，还要有与之相应的装饰内容，通过装饰内容去增强壶的艺术气质，使人更爱把玩。看装饰主要看浮雕、堆雕、泥绘、彩绘、镶嵌、陶刻、铭文、款识等。铭文内容的文学内涵隽永，书法、绘画艺术功力精湛，镌刻用刀韵味精致，均可使茶壶身价倍增。反之，画蛇添足，粗制乱绘者会使好壶胎变成次品。

对于茶道爱好者而言，看壶的装饰时一般特别注重紫砂壶的铭文。时大彬壶铭："行吟山水之中"；"一杯清茗，可沁诗脾"；"明月一天凉如水"。陈用卿壶铭："山中一杯水，可清天地心。"汪森题壶铭："茶山之英，含土之精，饮之德者，心恬神宁。"孟臣壶铭："且吸杯中月"，"香中别有韵"，"竹窗闲楼一片云"。陈鸣远壶铭："汲甘泉，瀹芳茗，孔颜之乐在瓢饮。"曼生壶铭："是一是二，我佛无说。"吴德盛壶铭："诗清只为饮茶多。"顾景舟壶铭："不圆而圆，不方而方，智欲其圆，行欲其方，刚柔相济，允刻用臧。"鲍志强壶铭："明月静风，浩然养素。"谭泉海壶铭："阳羡壶，荆西茶，清吾诗脾写兰花。"启功壶铭："逸情云上。"韩美林壶铭："自有乐处。"这些壶铭言简意赅，都足以启人心智。

看了外部，最后看壶的内部，看内部主要为了鉴别是全手工之壶还是模具成型壶。全手工制作的圆壶，只有一道接头，在壶内装把处可见到一条不明显的竖的接缝线。用模具成型烧制出来的壶，在壶嘴和壶把内侧各有一条比较明显的接缝线。

通过上述程序，应当可选到一把称心如意的好壶了。

古人讲"操千曲而后晓声,观千剑而后识器",要想提高自己对紫砂壶的审美能力,除了要注意提高自己的文化艺术素养之外,最好的办法就是多读名壶。一把好的名壶是制壶大师心灵的产物,它往往集哲学思想茶人精神、自然韵律、书画艺术、造型艺术于一身。通过读壶,能加深我们对美学的理解。

三、布席

布席指在选定了茶具之后,结合花艺、香艺、挂画或点缀以奇石古玩,把茶席布置和茶室环境布置相协调,力求做到主题鲜明,美观实用并具有文化内涵。

在布席过程中要注意美学法则的灵活应用。特别要注意简素美、均齐美与不均齐美相结合,同时要注意调和对比与多样统一法则的应用。

简素美表现为在茶席布置时不摆设多余的物件,不张挂有碍于突出主题的字画,如果要插花,也必须力求素雅简洁,清丽脱俗。在不均齐美法则的应用方面,初学茶艺的人最常见的毛病是喜欢选用质地相同、花色一致的成套茶具,不懂得去大胆地选配质感、花色、造型"和而不同,违而不犯"的茶具。在摆台布席时,还要注意茶具与茶具之间,茶具与其他物品之间,茶具与环境之间的协调与照应,只有这样,茶席的布置才能做到如春云初展,春花乍放一样,在尚未开始泡茶时,就抢眼夺目,给人以美的感染力。

第五节 境

"境"作为中国古典美学范畴,历来受到文学家和艺术家的高度重视。人们普遍认为,"喝酒喝气氛,喝热闹;品茶品文化,品意境"。品茶是诗意的生活方式,所以极重意境。王国维在《人间词话》中提出境界说,他认为境界包括自然景物与人的思想感情及两者的高度融合。茶艺特别强调造境,要求做到环境美、艺境美、人境美、心境美。四境俱美,才能达到中国茶艺至美天乐的境界。

一、环境美

茶艺中所谓的环境,即品茗场所,它包括了外部环境和内部环境两个部分。

明代许次纾在《茶疏》中写道:

> 心手闲适,披咏疲倦。
> 意绪棼乱,听歌闻曲。
> 歌罢曲终,杜门避事。
> 鼓琴看画,夜深共话。
> 明窗净几,洞房阿阁。
> 宾主款狎,佳客小姬。
> 访友初归,风日晴和。
> 轻阴微雨,小桥画舫。
> 茂林修竹,课花责鸟。
> 荷亭避暑,小院焚香。
> 酒阑人散,儿辈斋馆。
> 清幽寺院,名泉怪石。

其中,名泉怪石、清幽寺院、儿辈斋馆、荷风避暑、茂林修竹、小桥画舫讲的是外部环境。明窗净几、小院焚香讲的是内部环境。徐文长在《徐文长秘籍》中讲品茶十二宜:宜精舍、宜云林、宜永昼清谈、宜寒宵兀坐、宜松月下、宜花鸟间、宜清流白云、宜素手汲泉、宜红妆扫雪、宜船头吹火、宜竹里飘烟。其中的精舍、云林、清流白云、绿藓苍苔、竹里飘烟、松月下、花鸟间讲的也都是品茗的外部环境。

在外部环境方面古人对植物的选择极其严格,因为不同的植物,各有其不同的植物学特性。按照中国茶艺"君子比德"的审美理念,这些植物是构成茶境文化品位的要素,是对茶境内涵意蕴理解的导向。在诸多植物中,古代茶人对竹松推崇备至。在历代茶诗中对竹的描写最多。如:

> 茶香绕竹丛。(唐代·王维)
> 竹下忘言对紫茶。(唐代·钱起)
> 竹径青苔舍,茶轩百鸟还。(唐代·齐己)
> 尝茶近竹幽。(唐代·贾岛)
> 果肯同尝竹林下,寒泉尤有惠山存。(宋代·王令)
> 手挈风炉竹下来。(宋代·陆游)
> 竹间风吹煮茗香。(明代·高启)

茶人们在选择茶境时喜竹,首先是因为竹子"高节人相重,虚心世所知"。其次是因为竹子可以启人心智,洁人情怀,陶冶情操。同时,还因为竹子的形态如鸾凤之羽仪，欣然而形，苍然而色，玉立风尘之表，并且常生于山中水边，具有天然的野趣，洋溢着"山中情"。如卢仝"君家山头松树风，适来入我竹林里。一片新茶破鼻香，请君速来助我喜。"倪云林"遂来修竹下，共憩西涧阴。汲泉以煮茗，遐哉遗世心"。他们爱的就是竹的野趣，想表达的就是潜藏心底的"山中情"。另外，竹有清香清韵，与茶香茶韵相得益彰，所以，历代茶人把翠竹作为美化品茗环境的首选植物。

除了竹之外，古代茶人也偏爱在松下品茗。如：

  煮茶傍寒松。（唐代·王维）

  骤雨松声入鼎来。（唐代·刘禹锡）

  松花飘鼎泛，兰气入瓯轻。（唐代·李德裕）

  涧花入井水味香，山月当人松影直。（唐代·温庭筠）

  清话几时搔首后，愿和松色劝三巡。（宋代·林逋）

   两株松下煮春茶。（元代·倪云林）

  细吟满啜长松下。（明代·沈周）

茶人爱松，因为松树古貌苍颜、铜枝铁干、下临危谷、上干云霄、傲雪凌霜，恰合茶性亦合茶人之心性。

另外，古人还常把看松与听松相结合。看松时喜欢松的"凌风知劲节，负雪见贞心"。从松树的身上去寻求士大夫挺拔傲岸的人格和坚贞不屈的情操。听松则是因为松风是自然之声，是天籁。听松最能引人共鸣，助人体道悟道。

茶人们在品茗时，不仅爱听大自然的"松声"。而在茶人心目中，茶鼎水沸之声亦如松声。例如：

雪乳已翻煎脚处，松风忽作泻时声。（宋代·苏轼）

鹰爪新茶蟹眼汤，松风鸣雪兔毫霜。（宋代·杨万里）

烹煎已得前人法，蟹眼松风朕自嘉。（明代·唐伯虎）

无论是大自然的松风之声，还是茶鼎水沸的"松风"之声，在茶人心中都是"比德"的标杆。品茗时倾心去听松风之声，动心移情，神与物游，沉醉于松风竹韵茶香中，久而久之，松也忘了，风也忘了，茶也忘了，最终连自己也忘了，茶人们可在物我两忘中达到物我玄会的境界，从而享受品茶的无上乐趣。

除了对植物选择的偏好之外，中国茶艺所追求的外部环境之美，大体上可分为四种类型：其一为"鸟声低唱禅林雨，茶烟轻扬落花风"，"曲径通幽处，禅房花木深"，幽寂的寺观丛林之美。其二为云缥缈，石峥嵘，晚风清，断霞明，幽玄的山野自然之美。其三为"远眺城池山色里，俯聆弦管水声中。幽篁

映沼新抽翠，芳槿低檐欲吐红"，幽雅的都市园林之美。其四为"蝴蝶双双入菜花，日长无客到田家"，"黄土筑墙茅盖屋，门前一树紫荆花"，朴素幽清的田园农家之美。只要你有爱美之心和审美的素养，大自然的树荫里、芳丛中、小溪旁、碧岩下、一树红叶、几丛菊花，处处都是品茗佳境。

品茶的内部环境要求窗明几净，装修简素，格调高雅，气氛温馨，使人能放松身心并有亲切感和舒适感。茶室内部的环境美还讲究"美"源于"用"，强调"美"与"用"相结合，崇尚古朴、精巧、简素、淡雅、实用的艺术风格。

二、艺境美

"茶通六艺"，在品茶时则讲究"六艺助茶"。六艺泛指琴、棋、书、画、诗、曲和金石古玩的收藏与鉴赏等，以六艺助茶时，特别重于音乐和字画。

在我国古代士大夫修身四课——琴、棋、书、画中，琴摆在第一位。"琴"代表着音乐。儒家认为修习音乐可培养人的情操，提高人的素养，使人的生命过程更加快乐美好，所以音乐是每一个文化人的必修课。我国历史上的精英人物几乎无不精通音律、深谙琴艺。例如孔子、庄子、宋玉、司马相如、诸葛亮、王维、白居易、苏东坡等著名的政治家、思想家、文学家都是弹琴高手。荀子在《乐记》中说："乐者，德之华也。"把音乐上升到"德之华"的高度去认识，足见音乐在古代君子修身养性过程中的重要性。

我们在茶艺过程中重视用音乐来营造艺境，这是因为音乐，特别是我国古典名曲重情味、重自娱、重生命的享受，有助于为我们的心接活生命之源，能促进人的自然精神的再发现，以及有利于人文精神的再创造。茶艺活动中最宜选播以下三类音乐。

其一是我国古典名曲。我国古典名曲幽婉深邃，韵味悠长，有回肠荡气，销魂摄魄之美。但不同乐曲所反映的意境各不相同，茶艺馆应根据季节、天气、时辰、客人身份及茶事活动的主题，有针对性地选择播放。例如，反映月下美景的有《春江花月夜》、《月儿高》、《霓裳曲》、《彩云追月》、《平湖秋月》等；反映山水之音的有《流水》、《汇流》、《潇湘水云》、《幽谷清风》等；反映思念之情的有《塞上曲》、《阳关三叠》、《怀乡行》、《远方的思念》等。只有熟悉古典音乐的意境，才能让背景音乐成为牵引茶人回归自然，追寻自我的温柔的手，让音乐引导茶人的心与茶对话，与自然对话。

其二是近代作曲家专门为品茶而谱写的音乐，或为茶艺馆选编的音乐。如

《闲情听茶》、《香飘水云间》、《桂花龙井》、《清香满山月》、《乌龙八仙》、《听壶》等。听这些音乐可使人的心徜徉于茶的无垠世界中，让心灵随着乐曲和茶香，翱翔到茶馆之外更美、更雅、更温馨的洞天府第中去。

其三是精心录制的大自然之声。如山泉飞瀑、小溪流水、雨打芭蕉、风吹竹林、秋虫鸣唱、百鸟啁啾、松涛海浪等都是极美的音乐，我们称之为"天籁"，也称之为"大自然的箫声"。

上述三类音乐都超出了一般通俗音乐的娱乐性，它们会把自然美渗透进茶人的灵魂，会引发茶人心中潜藏的美的共鸣，为品茶创造一个如坐春风的美好意境。另外，异国风情茶艺、新创时尚茶艺，如浪漫音乐红茶、十二星座茶艺等主要是为都市青年设计的，配合这些茶艺，播放流行歌曲、通俗歌曲或交响乐也不失为茶艺与时俱进的一种尝试。

营造高雅和艺境，我们还常借助名家字画、金石古玩、花木盆景等，在这些装饰中挂画和楹联最能起到画龙点睛的作用，尤应精心挑选。

三、人境美

所谓人境，即指品茗人数及品茗者的素质所构成的人文环境。明代的张源在《茶录》中写道："饮茶以客少为贵，客众则喧，喧则雅趣会泛泛矣。独啜曰幽，二客曰胜，三四曰趣，五六曰泛，七八曰施。"近代不少茶人把张源的这个观点当做金科玉律，其实这个观点是片面的。在现代茶事活动中，不可能限制客人的人数，只能循循善诱，引导客人去感受不同的人境美。我们认为品茶不忌人多，但忌人杂。人数不同，可以有不同的品茗意境。一是独品得神，二是对啜得趣，三是众饮得慧。

（一）独品得神

一个人品茶没有干扰，心更容易虚静，精神更容易集中，情感更容易随着飘然四溢的茶香而升华，思想更容易达到物我两忘的境界。独自品茶，实际上是茶人的心在与茶对话，与大自然对话，容易做到心驰宏宇，神交自然，最能"原天地之美而达到万物之理"，尽得中国茶道之神髓，所以称之为"独品得神"。

（二）对啜得趣

品茶不仅可以是人与自然的沟通，而且可以是茶人之间心与心的相互沟通。邀一知心好友，无论是红颜知己还是肝胆兄弟，相对品茗，或推心置腹倾诉衷肠，或无须多言即心有灵犀一点通，或松下品茶论弈，或幽窗啜茗谈诗，都是

人生的乐事，所以称之为"对啜得趣"。

（三）众饮得慧

孔子曾讲："三人行，必有我师焉。"众人品茗，人多，议论多，话题多，信息量大。在茶艺馆清静幽雅的环境中，大家最容易打开"话匣子"，相互交流思想，启迪心智，学习到很多书本中学不到的东西，所以称之为"众饮得慧"。

在茶事活动中，优秀的茶艺师只要善于引导，无论人多人少，都可以营造出一个良好的人境来。当然人境美最主要的还是茶艺馆工作人员的仪表美、神态美、语言美和心灵美。如果没有这个基础条件，无论如何都无法营造出使人感到亲切温馨的美好人境。

四、心境美

品茗是心的歇息、心的放牧、心的澡雪。所以，品茗场所应当如风平浪静的港湾，让被生活风暴折磨得疲惫不堪的心得到充分的歇息。品茗场所应当如芳草如茵的牧场，让平时被"我执"、"法执"囚禁的心，在这里能自由自在地漫步。品茗的场所应当如温暖宜人的温泉，让被世俗烟尘熏染了的心，在这里能痛痛快快、坦坦荡荡地洗个干净。从某种意义上说，人们品茗为的就是品出一份好心情。所谓好的心境主要是指闲适、虚静、空灵、舒畅。但是，人在现实社会中生活，不能不食人间烟火。工作上必然有激烈的竞争，学习上时时要知识更新，仕途上难免有沉浮穷达，感情上难免有悲欢离合，生活上或许还要愁柴米油盐、社交应酬、婚丧嫁娶、升学就业。人生在世，不如意的事十有八九，宠辱、毁誉、是非、得失时常困扰着我们的心，要做到心境美，说起来容易，做起来很难。元代诗人叶颙的诗《石鼎茶声》写道：

青山茅屋白云中，汲水煎茶火正红。
十载不闻尘世事，饱听石鼎煮松风。

"十载不闻尘世事"这种超然出世的闲适，我们现代人实在难以做到。

清代乾隆皇帝在《春风啜茗台》中写道：

山巅屋亦可称台，小坐偷闲试茗杯。
拂面春风和且畅，言思管仲济时材。

在拂面春风中品茗，嘴里讲"偷闲"，心里却还在想着网罗像管仲一样济世安邦之良才，这种心境并非真闲。

倒是唐代杜荀鹤的诗最妙，他写道：

剥得心来忙处闲，闲中方寸阔于天。
浮生自是无空性，长寿何曾有百年。
罢定磬敲松罅月，解眠茶煮石根泉。
我虽未似师披衲，此理同师悟了然。

诗的大意是：人生在世为名忙，为利忙，忙中偷闲，且静下心来品茶。当我们的心一旦闲适了，那方寸大小的心便会变得比天空还广阔。世俗虚华，浮生若梦，有几人能参透"四大皆空"的佛性？道家刻苦修炼，又有几人能长命百岁羽化成仙？深夜我禅定之后，感受到在悠远的钟磬声中，月光从松树的缝隙中把清辉洒向我的心灵。我用石根水煮茶，茶汤涤尽我心中的困惑与昏寐。我虽然不像僧侣那样身披袈裟，但是我对大道的契悟却和高僧一样透彻。

杜荀鹤的心境是忙里偷闲的心境，是世俗之人禅悟后的心境，这才真正是闲适、虚静、空灵的美妙心境。有了这样的心境，在品茶时才能做到"在枯寂之苦中见生机之甘"①。才能"在不完全的现实世界中享受一点和谐，在刹那间体会永久。"② 品茶时好的心情靠茶人对人生的彻悟，好的心境也会相互感染，这在心理学里称之为心理暗示或心灵感应。为了使客人有好的心境，主人首先要有好的心境。让我们用茶人"日日是好日"的态度来对待生活，永远保持良好的心境，并用良好的心境去感染别人。

第六节 艺

茶艺的艺之美，主要包括茶艺程序编排的内涵美和茶艺表演的动作美、神韵美、服装道具美等方面。茶艺之美在于实践，重在习艺的过程。

一、程序编排的内涵美

俗话讲："外行看热闹，内行看门道。"目前我国茶文化刚刚开始复兴，对茶艺美的赏析尚处于初级阶段。不少茶艺爱好者在观赏茶艺时往往只注意表演时的服装美、道具美、音乐美及动作美，而忽视了最本质的东西——茶艺程序

---

① 张宏庸.《茶艺》
② 周作人.《喝茶》

编排的内涵美。一套茶艺的程序美不美要看四个方面。

一看是否"顺茶性"。通俗地说就是按照这套程序来操作,是否能把茶叶的内质发挥得淋漓尽致,泡出色香味韵具美的好茶来。我国茶叶品类繁多,各类茶的茶性(如粗细程度、老嫩程度、发酵程度、火工水平、条索形状等)各不相同,所以泡不同的茶时所选用的器皿、水温、投茶方式、冲泡时间等也应各不相同。茶艺是生活艺术,它重在实用,重在自娱自乐,而不是重在表演。按照某套茶艺程序去操作,如果泡不出一壶真正的好茶,那么表演得再花俏也称不得好茶艺。

二看是否"合茶道"。通俗地说就是看这套茶艺是否符合茶道所倡导的"精行俭德"的人文精神和"和静怡真"的基本理念。茶艺表演既要以道驭艺又要以艺示道。以道驭艺,就是茶艺的程序编排必须遵循茶道的基本精神,以茶道的基本理念为指导。以艺示道,就是通过茶艺表演来表达和弘扬茶道的精神。有些茶艺的程序很传统、很形象、很流行,例如某些地区工夫茶茶艺中的"关公巡城"、"韩信点兵",但是因为这些程序刀光剑影,杀气腾腾,有违茶道以"和"为贵的基本精神,所以称不得是好的茶艺程序。

三看是否科学卫生。目前我国流传较广的茶艺多是在传统的民俗茶艺的基础上整理出来的。有个别程序按照现代的眼光去看是不科学、不卫生的。例如有些地区的茶艺要求泡出的茶要烫嘴,认为喝"烧茶"(很烫的茶)才过瘾。但从现代医学卫生理论看,过烫的食物反复刺激口腔黏膜易导致口腔病变,诱发口腔癌。有些茶艺的洗杯程序是杯套杯滚着洗,美其名曰"狮子滚绣球",这样洗杯虽然动作好看,但是会使黏附在杯子外壁的脏物溶于水中,黏到杯内,越洗越脏。弘扬茶文化,传承历史是前提,创新发展是责任,对于传统民俗茶艺中不够科学、不够卫生的程序,在整理时应当摒弃。

四看文化品位。这主要是指各个程序的名称和解说词应当具有较高的文学水平,解说词的内容应当生动准确,有知识性、思想性和趣味性,读起来应当像散文诗一样朗朗上口,富有韵律,并且能够艺术地介绍出所冲泡茶叶的商品知识和文化内涵。

二、茶艺表演的动作美和神韵美

每一门表演艺术都有其自身的特点和个性,例如电影、话剧、越剧、舞剧和京戏表演,对其动作美和神韵美就各有不同要求。我们始终强调茶艺首先是一门生活艺术而不是舞台艺术,其目的就是要让茶艺的爱好者们对茶艺的艺术特点有正确的认识，这样在表演时才能准确把握个性，掌握尺度，表现出茶艺独特的美学风格。

与其他的表演艺术相比，茶艺的艺术特点是更贴近生活，更直接服务于生活，它的动作不强调难度，而是强调生活实用性，以及在此基础上表现流畅的自然美。这就有点像韵律操和竞技体操的差别，茶艺像韵律操而不像竞技体操。

在表演风格上茶艺注重自娱自乐和内省内修。这就有点像气功和太极拳一样，它们虽然也可以用于表演，但它根本的作用还是作为个人修身养性的手段。明确了茶艺的艺术特点和表演风格，就明白了茶艺的艺术之美，从神韵上看应当是"庖丁解牛"之美，而非"公孙大娘舞剑"之美。从表现形式上看是中和之美，自然之美，出水芙蓉之美，而非夸张之美，惊险之美，镂金错彩之美。

《庖丁解牛》是《庄子·养生主》中一个著名的故事。故事的原文如下：

庖丁为文惠君解牛，手之所触，肩之所倚，足之所履，膝之所至，砉然响然，奏刀騞然，莫不中音，合于《桑林》之舞，乃中《经首》之会。文惠君曰："嘻！善哉！技盖至此乎！"庖丁释刀对曰："臣之所好者道也，进乎技矣。"

这段话的大意是：庖丁为文惠君分割牛肉，他一举手，一投足，一招一式，每一个动作都极优美而有节奏。分割牛肉时发出的砉騞之声也很合韵律。动作和声音都与《桑林》（殷汤时代的乐曲）、《经首》（尧时的乐曲）合拍，非常美妙动人。文惠君说："太棒了，你的技术怎么能达到如此境界呢？"庖丁放下刀回答说："我所好的是道，而道是技的升华"。

庄子的这个寓言对于中国传统美学影响深远。宰牛本是十分笨重而粗野的劳动，但是由于庖丁心中有"道"，他超脱利害观念，以空灵的心境和熟练的技巧来从事这笨重的工作，使得宰牛像古典音乐舞蹈一样优美。庖丁本人也从劳动中实现了对美的创造，得到了精神享受和审美愉悦。所以他"提刀而立，为之四顾，为之踌躇满志"。从这个故事中我们可以得出这样的启发：泡茶是日常生活琐事，只要我们能以茶道为指导，专心一意，不事张扬，自然而然地认真泡茶，当达到十分熟练以后，必定会实现技的升华，达到"技与神合，与道会真"，这样不仅泡茶者本人会在平凡的劳动中享受到创造的自由和精神的愉悦，旁人也会从你朴实的操作中感受到美。这种美与《桑林》、《经首》那样的古典乐舞同样销魂夺魄，同样韵味无穷。

"韵"是我国古典美学的重要范畴，可以理解为传神、动心、有余意。在古典美学中常讲"气韵生动"，在茶艺表演中要达到气韵生动要经过三个阶段的训

练。第一阶段要求达到熟练,这是打好基础,因为只有熟才能生巧。第二阶段要求动作规范、细腻、到位。第三阶段要求传神达韵。

在传神达韵的练习中要特别注意"静"和"圆"。关于以静求韵,明代著名琴师杨表正在其《弹琴杂说》中讲得很生动。他说:"凡鼓琴,必择净室高堂,或升层楼之上,或于林石之间,或登山颠,或游水湄,或观宇中;值二气高明之时,清风明月之夜,焚香静室,坐定,心不外驰,气血和平,方能心与神合,灵与道合。"也就是说要弹好琴,首先必须身心俱静,气血和平。茶通六艺,琴茶一理。在茶艺表演中要做到气韵生动,也必须身心俱静,只有身心俱静,才能凝神专注于艺茶,才能深入细致地去体察自己的内心感受,才能达到体态庄重,动作舒展自如,轻重缓急自然有序,使平凡的泡茶过程出意境,见韵味。

"圆"就是指整套动作要一气贯穿,成为一个有生命的机体,让人看了觉得有一股元气在其中流转,绵绵不绝,使人感受到生命力的充实与弥漫。

思考题

1. 茶艺是由哪六个要素构成的?人之美包括哪些具体内容?
2. 茶之美包括哪些内容?列举出八种你认为名称最美的名茶。
3. 水之美的标准是什么?泡茶用水如何分类?
4. 茶具如何分类?
5. 在茶艺中,境之美主要包括哪些内容?
6. 《庖丁解牛》的故事与茶艺美有什么关系?

第四章 茶艺的六要素

第五章

茶艺礼仪

导读

礼仪作为一种社会规范，从属于伦理道德，是人类为了维护社会的正常生活而要求人们共同遵守的道德规范。茶艺礼仪是在人类基本道德规范的约束下，一定的、约定俗成的程序来表达律己敬人的礼节和仪式。本章主要介绍茶艺礼仪的特征和要求、茶艺人员的仪表要求、仪态要求、语言表情要求、茶艺服务中常用的礼节和涉外礼仪等。本章主要导读：《100个礼仪细节》，海卉编著，哈尔滨出版社，2004年版。

第一节 茶艺礼仪的特征与功能

中华民族素有"礼仪之邦"的美称,自古以来,礼仪在人们的社会生活中一直处于重要的地位。在现代社会日常生活中,礼仪更是必不可少的部分。它规范人们交往活动的行为,维系和发展人际关系,推动社会进步,是精神文明的象征。茶艺礼仪是指在茶事活动中形成的,并得到茶人共同认可的礼节、礼貌和仪式,是对茶事活动中所形成的各种礼仪关系的概括和反映。其目的是使参与者感到亲切、舒适自如,从而更好地树立茶艺人员的形象(如果是茶馆茶庄的工作人员,还能有效树立茶馆茶庄的形象)。中国茶艺礼仪,既符合我国国情、民族文化和当代道德习俗,又具有其自身的特征与功能。

一、礼仪的特征

1. 规范性

礼仪是一种规范,是对人们在社交实践中所形成的一定礼仪关系的概括和反映。这种规范性,不仅约束着人们在社交活动中的行为举止,使之合乎礼仪,而且也是人们在一切交际场合必须采用的一种"通用语言",是衡量他人、判断自己是否自律,是否敬人的一种尺度。

2. 包容性

每一个国家与地区、民族的礼仪,都有其自身的特点。随着信息的传播和社会交往的增加,现代礼仪兼容并蓄,融会世界各个国家的礼仪之长,使礼仪的地方性相对减弱,变得更加国际化。

3. 差异性

礼仪的具体运用,在不同的民族、不同的时代及不同的行为环境中,有着不同的内容和要求,其中民族差异性较为明显,这源于各民族礼仪的形成、发展的文化背景不同和心理上的差异等。礼仪的民族性在某种层面上集中体现了一个民族的心理、文化和习惯,折射出一个民族的文明和社会风尚。这种凝结着整个民族情感的礼仪是不易改变的。

4. 传承性

礼仪是历史的产物,任何国家的礼仪都具有自己鲜明的民族特色,任何国家的当代礼仪都是在本国古代礼仪的基础上继承、发展起来的。离开了对本国、本民族既往礼仪成果的传承、扬弃，就不可能形成现代礼仪。礼仪作为人类文明的积累，代代相传，将人们在交际中的习惯做法固定下来，历经漫长的过程，逐渐形成自己的民族特色。现代礼仪正是从传统礼仪的精神遗产中，去其糟粕，取其精华，在实践中逐步发展起来的，因而具有明显的历史传承性特征。

5. 平等性

现代礼仪不论是在个体之间、集体之间或国家之间，都以一律平等为基本准则。虽然，对不同身份、不同地位的人，在礼宾待遇方面作出了不同的等级规定。但这种规定并不意味着尊卑贵贱，而是服从现代社会控制体系和正常交往秩序的体现，是工作需要和礼仪需要相互融合统一的结果，人与人之间关系的本质并没有改变。

二、茶艺礼仪的功能

现代社会中，礼仪无时不在、无处不在，渗透到日常生活的方方面面，同时公众可以从礼仪水平判断一个人或一个社会群体的道德修养、文化水平、审美情趣和文明程度。一般而言，茶艺礼仪除了具有教育导向功能和沟通协调功能之外，还具有如下功能。

1. 有助于塑造良好的"茶人"形象

在人际交往中，人们总是以一定的仪表、服饰、言谈、举止来表现某种行为，这是影响人们第一印象的主要因素。整洁大方的个人仪表，得体的言谈，高雅的举止，良好的气质和风度，必定会给对方留下深刻而美好的印象，从而有利于建立友谊和信任关系，达到以茶会友的目的。因此，茶艺礼仪能帮助人们规范彼此的行为，更好地向对方表达自己的尊重、敬佩、友好与善意，增进彼此的了解与信任，树立良好的"茶人"形象。

2. 规范人们的行为，提高人们的修养，促进社会文明进程

在社交场合，人们按礼仪规定的要求进行交往，有助于相互间达成共识。茶艺礼仪作为以茶为媒介的社交活动中一种共同遵守的行为规范，执行着对人际关系的融合和疏导功能，如讲究仪容仪表、尊老爱幼等，同时还制约着人们按照约定俗成的行为模式或品茶交流或以茶会友，造就和谐统一的人际关系。在此过程中，茶艺礼仪潜移默化地熏陶着人们的心灵，使人们在日常生活中时刻注意自己的言行，养成良好的习惯。在这个意义上，完全可以说礼仪即教养。礼仪有助于提高个人的修养，有助于提高社会的文明程度，有利于形成良好的社会秩序和社会风气，从而促进社会和谐发展。

3. 茶艺礼仪可弘扬中国优秀传统文化，增强民族自尊心，加强国际交往

茶艺礼仪中饱含着中华民族的优秀传统与精神，如中庸平和，尊老爱幼，谦逊俭朴。通过茶艺礼仪的推广和实践，可以使人了解和把握本民族优秀的礼仪文化传统，增强自尊、自信、自强、自立的精神，巩固和发展平等、团结、友爱、互助的社会主义新型关系。此外，随着我国与世界各国的广泛交流，茶作为和平文明的使者常常成为国际交往中的良好载体。在对外交往中，一杯清茶可表达和平友好和无限敬意，同时也可展示中华民族的精神风貌，加深与世界各国人民的友谊与交流，提高我国的国际地位。

尊重国际礼仪和外交礼节，尊重各国人民的风俗习惯，是我国对外活动的一贯做法。我们在涉外交往中，既要传承和发扬我国优良的礼仪传统，保持礼仪与礼节的民族特色，又要吸收外国礼仪中好的东西和一系列国际通用惯例，从而做到洋为中用，融会贯通地逐步形成一套与世界礼俗接轨的现代茶艺礼仪。

第二节 茶艺人员的仪表要求

人的仪表，一般来说包括人的容貌、服饰和言行等方面。仪表仪容是一个人的精神面貌、道德品质的外在体现。一个人的仪表仪容往往与其生活情调、思想修养、道德品质和文明程度密切相关。在进行茶艺表演或是进行茶事服务时，良好的仪容仪表既能表达对客人的尊重，也令人产生美好的第一印象，同时，只有从个人形象上反映出良好的修养与蓬勃向上的生命力，才有可能受到客人的称赞和尊重。

茶艺人员的仪容仪表美在交流与服务中是礼貌和尊重，能够引起对方强烈的感情体验，在形式和内容上都能打动人，使欣赏者满足视觉美的需要。同时客人在这种外观整洁、端庄、大方的茶艺人员中，感到自己的身份地位得到应有的承认，求尊的心理也会获得满足。在进行正式的茶艺表演时，一般要求茶艺人员在端庄、大方，体态匀称的基础上，还要讲究相关的仪容仪表要求。

一、着装、饰物要求

着装在茶事活动中的作用是不容忽视的，在进行正式的茶艺演示或是表演时，茶艺人员的服饰属于职业服饰，它应具有职业服饰的基本特征，即实用性、

审美性和象征性，同时，还应体现茶艺这一职业的个性。

（一）得体

得体主要是指服装的色泽、式样与人的年龄、体形、皮肤色泽及气质相配。服装色彩的适当搭配，能使人通过错觉而产生美感。如浅色有扩张作用，能使人显得胖；而深色有收缩作用，能使人显得瘦。服装色彩与皮肤也有关系，如黄皮肤的人应避免蓝紫、朱红等颜色，因为这类颜色与皮肤的对比度强，会使皮肤显得更黄。皮肤黑的人不宜选用黑、深褐、大红等颜色，脸色红的人应避免绿色，而白色几乎适合于任何人。总之没有不美的颜色，只有不美的搭配，服装色彩的搭配是有一定审美要求的。所以，应根据自身的特点选择服装颜色，往往色彩和谐的服装能使人在公众面前反映出自己的心理追求和精神风貌。

人的体型千差万别，所以同一件服装穿在不同体型的人身上，效果是截然不同的。身高而瘦的人，应选面料稍厚一点的服装，这样会显得比较丰满、精神，并要避免颜色暗深的收缩色。身材肥胖者，服装的面料不能太厚或太薄，应选用厚薄适中、轻柔而挺括的面料服装，并忌穿大花、横条纹、大方格图案的服装，否则体型会更显得横宽。身材肥胖的女士，不应该用皱褶的面料做衣服，不适合穿无袖短衫或连衣裙，最好不穿百褶裙、喇叭裙，而西服裙较适合。

（二）和谐

"和谐"主要是指着装与时间、地点、目的相协调。茶艺人员在泡茶过程中，服装颜色、式样的选择还要与茶具风格、品茗环境、时令季节、茶艺编排设计等协调，给品饮者一种和谐的美感，为茶事活动增添生动的情趣。如表演宫廷茶艺时，茶艺员就要体现宫廷特色的服装；表演民族茶艺时，就应穿着反映民族特色的服装；表演禅茶茶艺时，要充分体现宗教特色；表演具有中国文化特色的紫砂茶具，配以古典风格的中式服装为宜；如果是现代风格的形状各异的茶具，可配以色彩协调的中式或西式结合的服装。就季节而言，春季可选择淡色着装，冬季可选择暖色着装。总之，服装不宜太鲜艳，应与品茗的安静环境、平和心态相吻合。

（三）含蓄

含蓄作为中国传统审美趣味，通常被视为服饰美的最高境界。茶艺作为一种蕴含中华民族传统文化的生活艺术，在现代社会中，茶艺人员的服饰应体现出民族的特点与时代元素巧妙融合，解决好藏与露的"适度性"关系，使"藏"能起到护体和遮羞的效果，使"露"能起到展示人体自然美的作用。从而在朦胧含蓄，婉约别致中，体现出茶艺的清雅韵致。

(四) 整洁

茶是圣洁之物,而茶艺人员泡的茶将直接奉给客人品饮。因此,作为茶艺人员的服饰,整洁就显得尤为重要。整洁的服饰不仅能突出茶艺员的精神面貌,还可使人享受一种视觉形式美感,产生一种心理上的安全感。在进行茶艺演示过程中,还要注意防止袖口沾到茶具或茶水,以给人不卫生的感觉。茶艺演示时以不佩戴饰品为宜,以免影响操作及分散感受茶的艺术魅力。

二、面部、发型要求

(一) 淡雅的化妆

茶是淡雅的物品,从事茶艺服务工作或是茶艺表演时,应施以淡妆,表情平和放松,面带微笑,展示出良好的精神面貌,表达对客人的尊重。注意不要浓妆艳抹,避免喷洒浓烈的香水,以免影响茶香,破坏品茗的氛围。如男士,要将面部修饰干净,不留胡须,以整洁的面容面对客人。茶艺人员的美更多体现在内在素质和修养,来自内心世界的美往往最能打动人。

(二) 整齐的发型

头发整洁、发型大方是个人礼仪对发式美的最基本要求。通过不同发式的选择,可以充分展现美,达到扬长避短的目的。作为茶艺人员,乌黑亮丽的秀发,端庄文雅的发型,能给客人留下美的感觉。当然,发型在原则上要适合自己的脸型和气质,应给人一种舒适、整洁大方的感觉。一般说来,不要染色,头发不论长短,额发不过眉,不影响视线,头发长度过肩,泡茶时应将头发盘起,以免掉落影响操作。盘发发型应简单大方,不要过于复杂,与民族服装相适应。

三、手部举止要求

(一) 干净的双手

泡茶首先要有一双干净的手。茶在演示过程中,茶艺人员的手担任着主角地位,客人的视线始终关注着茶艺人员的手来欣赏整个泡茶过程。因此,手部的清洁极为重要。如果茶艺人员有一双纤细美观的双手,手型优美,固然能增加美感,但这并不是说只有纤细的双手才能泡出好茶,拥有干净的双手,流畅的泡茶动作才是基础和关键。

一般来说,茶艺人员的手要求指甲及时修剪整齐,不留长指甲,不涂指甲油,特别注意在泡茶之前避免手上留有浓烈的护手霜或是沾上化妆品的香味,以免污

染茶具，影响茶本来的香气。除可在手臂上适当佩戴一只玉手镯外，手上不要带饰物，如手链、戒指等，因为往往这些会喧宾夺主，也会碰击茶具，发出不协调的声音。

（二）规范的手势

茶艺人员在泡茶过程中的一举一动都很重要。就手的动作而言，要讲究操作的规范性，如果泡茶过程中，一手泡茶，另一只手随意趴在桌上，看起来显得懒散；一手泡茶，另一只手无章法乱动，给人一种紧张的感觉；一手泡茶，另一只手无力地垂下，给人一种精神萎靡的感觉。正确的手势是，暂时没有进行操作的手自然放在操作台上。泡茶过程中，进行提壶、揭盖、注水、行礼等动作时手势都要遵循茶艺操作和礼仪的规范。

第三节　茶艺人员的仪态要求

仪态，又称"体态"，是指人的姿态与风度。姿态是指身体在站、坐、行、蹲等各种形态中所呈现的样子；风度则是一个人精神、气质、举止、行为及姿态的外在表现，是以内在素质为基础的长期生活习惯、性格、品质、文化、道德和修养的自然流露。

举止姿态的表现形式是多种多样的，人的头部、脸、躯干、腕、手指及腿、脚等十几个主要部位，几乎都可以传神达意。人的基本体态可以分为站姿、坐姿、走姿和卧姿四大类，通常茶艺人员呈现在公众面前的是站、坐、走三类。优美的站、坐、走的姿势，是展示人的不同质感的动态美的起点与基础，同时也是一个人良好气质和风度的展现。俗语说："站如松、坐如钟、行如风"，就表明了对体态的严格要求。一般来说，对茶艺人员的举止姿态具有如下要求。

一、站姿

站立服务是茶艺人员的基本功之一。站姿端庄典雅，不仅能表现出茶艺师的自身素质，同时也能展现茶艺人员的精神面貌及企业的整体形象。

茶艺师的站姿要求包括：

（1）站立时双脚并拢立直，两脚跟相靠，脚尖分开成V字形或"丁"字形，开度一般为45°~60°，身体重心落在两脚中间。男士也可采取两脚分开平行站立,注意不要挺腹或后仰。

(2) 胸要微挺,腹部自然地收缩,髋部上提,挺直背脊。

(3) 双肩舒展、平齐,双臂自然下垂,虎口向前,中指贴裤缝或是双手在体前丹田处交叉,男士也可双手交叉放在背后,置于髋骨处,两臂肘关节自然内收,两手交叉时右手放在左手上。

(4) 身体要端正,颈直,双眼平视,下巴微收,嘴巴微闭,面带微笑,平和自然。

站立太累时,可变换为调节式站立,即将身体重心偏移到左脚或右脚上,另一条腿微向关屈,脚部要放松。无论哪一种姿态,均应注意不要耸肩歪脑,不可双手叉腰,不可抱在胸前,不可插入衣袋。眼睛不要东张西望,身体不要抖动摇摆,更不要东倒西歪。

二、坐姿

由于茶事活动的内容、形式及场地的不同,茶艺人员在为客人沏茶时,有时需要采取坐姿进行。端庄优美的坐姿,会给人以文雅、稳重、大方、自然、亲切的美感。坐姿不正确会显得懒散无礼,有失高雅。坐姿不仅包括坐的静态姿态,同时还应包括入座的动态姿态。入座和起座,是坐姿不可分割的两个部分。"入座"作为坐的"序幕","起座"作为坐的"尾声"。入座时,从座位的左边入座,背向座位,双脚并拢,右脚后退半步,使腿肚贴在座位边,轻稳和缓地坐下,然后将右脚并齐,身体挺直。如果是男士,落座前稍稍将裤腿提起;如果是女士入座,若穿的是裙装,应整理裙边,用手沿着大腿侧后部轻轻地把裙子向前拢平,并顺势坐下,不要等坐下后再来整理衣裙。起座时,右脚向后收半步,用力蹬地,起身站立,右脚再收回与左脚靠拢,女士同时要注意将衣裙拢齐整。

坐在椅子或凳子上,必须端坐中央,使身体重心居中,否则会因坐在边沿使椅(凳)子翻倒而失态;双腿膝盖至脚踝并拢,上身挺直,双肩放松;挺胸、收腹、下巴微收;双手不操作时,双手自然交叉相握放于腹前或手背向上四指自然合拢呈"八"字形平放在操作台,右手放在左手上,男性双手可分搭于左右两腿侧上方。全身放松,思想安定、集中,姿态自然、美观,面部表情轻松愉快,自始至终面带微笑。行茶时,挺胸收腹,头正臂平,肩部不可因操作动作改变而倾斜。切忌两腿分开或跷二郎腿还不停抖动、双手搓动或交叉放于胸前、弯腰弓背、低头等。如果是作为客人,也应采取上述坐姿。在茶事活动中,常见的坐姿有如下四种。

1. 正式坐姿

入座时，略轻而缓，但不失朝气，走到座位前面转身，右脚后退半步，左脚跟上，然后轻稳地坐下。最好坐在椅子的一半或2/3处，穿长裙的要用手把裙向前拢一下。坐下后上身正直，头正目平，嘴巴微闭，下巴微收，脸带微笑，小腿与地面基本垂直，两脚自然平落地面，两膝间的距离，男士以松开一拳为宜，女士双脚并拢，与身体垂直放置，或者左脚在前右脚在后交叉成直线。注意两手搭放在右腿根部，右手放在左手上，且两手臂不要夹住，腋下留有空间，显得优雅大方。注意身体离茶桌不要太近，以免造成操作不自然。

2. 侧位坐姿

分左侧位式和右侧位式，也是很好的动作造型。根据茶椅和茶桌的高矮和造型不同，无法采取正式坐姿，可用侧位坐姿。左侧位坐姿要求双膝并拢，两小腿向左斜伸出，注意膝盖与脚间的距离尽量拉远，以使小腿显得修长。右侧姿势同理。

3. 跪式坐姿

即日本人称的"正坐"。坐下时将衣裙放在膝盖底下，显得整洁端庄，手臂腋下留有空间，两臂似抱圆木，五指并拢，手背朝上，重叠放在膝盖头上。跪坐要求两腿并拢双膝跪在坐垫上，足背相搭着地，臀部坐在双足上，挺腰放松双肩，头正下颌略敛，舌尖抵上颚，双手自然交叉相握摆放在腹前，或搭放于大腿上。上身如站立姿势，头顶有上拔之感，坐姿安稳。要求两眼平视，面带微笑。

4. 盘腿坐姿

这种坐姿一般适合于穿长衫的男士或用于表演宗教茶道。坐时用双手将衣服撩起（佛教中称提半把）徐徐坐下，衣服后层下端铺平，右脚置在左脚下，用两手将前面下摆稍稍提起，注意不可露膝，坐下后再将左脚置于右腿下，最后将右脚置于左腿上。

三、蹲姿

在进行茶事服务过程中，有时需要取低处物品或拾起落在地上的东西时，如果直接弯下身体翘起臀部，既不雅观，也不文明。而采取优美的下蹲姿势则要雅观得多，常见的下蹲姿势有如下几种。

（一）交叉式蹲姿

下蹲时右脚在左脚的左前侧，右小腿垂直于地面，全脚着地，左腿在后与右腿交叉重叠，左膝由后面伸向右侧，左脚跟抬起脚掌着地，两腿前后靠紧，合力支撑身体,臀部向下,上身稍向前倾。此种姿态较适合女士采用。

(二) 高低式蹲姿

下蹲时左脚在前,右脚稍后,左脚全脚着地,小腿垂直于地面,右脚脚跟提起,脚掌着地,右膝接近地面,臀部向下靠近右脚跟,基本上以右腿支撑身体,形成左膝高右膝低的姿态。

男士可选用此种姿态,女士无论选用哪种姿态,都要注意将腿靠紧,臀部向下。如果头、胸和膝关节不在同一角度上,这种蹲姿就更典雅优美。

四、走姿

人的走姿是一种动态美,茶艺表演在入场和出场、鉴赏佳茗、敬奉香茶等表演过程中都处于行走状态中,优美的走姿要求稳健、大方,有节奏感。

(一) 基本走姿

(1) 上身正直,颈直,下颌微收,目光平视(约4米处),面带笑容。

(2) 挺胸收腹,直腰,背脊挺直,提臀,上体稍向前。

(3) 双肩平齐下沉,双臂自然放松伸直,手指自然弯曲。行走时,摆动两臂,以肩关节为轴,上臂带动前臂呈直线前后摆动,摆幅(手臂与躯干的夹角)不超过30°;前摆时,肘关节略屈,前臂不要向上甩动。女士双手可交叉放在腹部。

(4) 提臀。行走时屈大腿带动小腿向前迈步,脚尖略分开,身体重心稍向前倾,腹部和臀部要向上提。抬脚与脚落地的顺序都是先脚跟后脚掌(平底鞋尤其如此)。前脚落地和后脚离地时,膝盖须伸直。

(5) 步位直。步位即脚落地时的位置,女子行走时,步履轻盈,两脚内侧着地的轨迹在一条直线上。男子行走时,两脚内侧着地的轨迹不在一条直线上,而是在两条直线上。

(6) 步幅适度。步幅,指跨步时两脚之间的距离,即前脚跟与后脚尖之间的距离,步幅一般为1~1.5步(约30厘米)。

(7) 步速平稳。行走速度应当保持均衡,不能过急,不要忽快忽慢,否则给人不安静、急躁的感觉。女士一般为每分钟118~120步,男子为每分钟108~110步。

(二) 变向走姿

1. 后退步

奉茶结束后,扭头就走是不礼貌的,应该先退1~2步,再转身离去。后退步子要小,转体时要身先转,头稍后一些转。如向右转身走,先左脚后退一步,

再右脚向后行转身步，再向右迈左脚走直行步；如向左转身走，脚步相反。

2. 侧行步

当走在茶客前面引领茶客时，或向客人们展示干茶时，须走侧行步。引领茶客时，尽量走在茶客的左边，保持两步距离，上身稍向右转体，须做手势时尽量用左手，如示意客人上楼、进门等。

3. 转身步

在行进中拐弯时，如向左转体，要在右脚落地时，以右脚掌为轴向左转90°；向右转体时相反。转体时都要身体先转，头随后转，表示礼貌。

(三) 不同着装与不同鞋跟的走姿

1. 着旗袍走姿

旗袍以曲线为主，其特点是柔美、妩媚、典雅。中国的旗袍反映出东方女性柔美的风韵，富有曲线的韵律美。茶艺演示中，旗袍是茶艺人员经常选用的服装。着旗袍要求身体挺拔，腹微收，下颌微敛，注意不要塌腰撅臀。行走时，髋部可随脚步和身体重心的转移，稍左右摆动，而步幅、上臂前后摆幅不宜过大。

2. 着大摆长裙的走姿

着长裙使人显得修长，大摆则使人飘逸潇洒。穿大摆长裙走路要平稳，步幅可稍大些，转动时注意头和身体的协调配合，尽量不使头快速地左右转动。走动时可一手提裙。

3. 着短裙的走姿

短裙长度在膝盖以上，行走要表现出轻盈、敏捷、活泼、洒脱的特点。步幅不宜大，在速度上可稍快些，表情上注意笑口常开，保持活泼灵巧的风格。短裙比较适合活泼开朗、年纪较轻的茶艺师。

4. 着平底鞋的走姿

穿平底鞋走路比较自然、随意，走起路来显得轻松。穿平底鞋走时，步幅可稍大些，手臂的摆动也可稍大一些，要脚跟先着地，注意由脚跟到脚掌的过渡。用力要均匀适度，身体重心的推送过程要平稳。另外，还须注意不可抬腿过高，否则往前行下头时会给人一种往前甩小腿的感觉。由于穿平底鞋不受拘束，往往容易造成过分随意，以致步幅时大时小，速度时快时慢，从而给人松懈的印象，因此作为茶艺人员如果穿平底鞋要特别注意行走姿势。

5. 穿高跟鞋的走姿

穿上高跟鞋，由于脚跟提高，为了保持身体平衡，重心前移至脚掌上。穿上高跟鞋行走时注意将踝关节、膝关节、髋关节挺直，要求直膝立腰，收腹提臀，直颈挺胸,上体正直,从脚到头要有一种挺拔的感觉。穿高跟鞋行走步幅不能太大,膝盖不要太弯,两腿并拢,不强调脚跟到脚掌的推送过程。一般要走"柳叶步",即两脚跟前后踩在一条线上,脚尖略外开,走出来的脚印像柳叶一样。

第四节 茶艺人员的语言要求

语言是人类交往的工具,是文明的标志,它是人们传递信息、交流思想感情的媒介和符号。在茶事活动中,语言是非常重要的交流媒介。表情是人的思想感情和内在情绪的外露,它通过面部表情的变化表现出来。俗话说"察言观色",可见在交往中,语言和面部表情是获得内心情感的重要途径,往往能给人留下最深刻的第一印象。

一、语言

茶艺人员素质、修养水平的高低,往往通过语言体现出来。语言表达分为口头和书面两种方式。其中茶艺人员的口语表达尤为直接和重要,因而必须熟练掌握一定的技巧。茶事活动是一种文明高雅的社交活动,它在交往过程中要求:语言规范,语言亲切,音量适中,音调简洁清晰,充分体现出主动、热情、周到、谦虚的态度。根据不同的对象,恰当运用服务敬语,对内宾使用普通话,对外宾使用日常外语。做到客到有请,客问必答,客走道别。具体要求如下:

(1)宾客临门时应主动招呼,使用"欢迎光临"、"您好"、"早上好"等。

(2)称呼宾客时,使用称呼语。对一般成年男子称"先生",对未婚或不明婚姻情况的女子称"女士"或"小姐"。常用的人称敬辞有您、您老、您老人家、君等,这些多用于对尊长、同辈的称呼。在比较正式场合,可用师傅、大夫、医生等职业称谓,或书记、厂长、主任、主席、工程师、教授、博士、经理等职务、职称称谓。此外"老板"这一流行称呼,也常常用到。

(3)与客人交流时杜绝"四语",即蔑视语、烦躁语、否定语和顶撞语,如"哎"、"喂"、"不行"、"没有了"、"不知道"等,也不能漫不经心,粗言恶语或高声叫喊等。

(4）随时使用问候语，在初次见面，交谈导入阶段，往往用问候语来打破双方的界限，缩短距离。中国传统的问候语，往往以对方现今状态为话题，常用的有"您好"、"您早"、"见到您很高兴"、"您辛苦了"等。

（5）听取宾客意见时，要作出相应的反应，微笑点头，使用适当的应答语，如"好的"、"明白了"、"请稍候"、"马上就办"、"谢谢您的建议"等。

（6）服务有不周到之处或是给别人带来麻烦的时候，要使用道歉语，如"对不起"、"给您添麻烦了"、"打扰了"、"让您久等了"、"请您原谅"、"实在过意不去"等，致歉语一定要发自内心，抱有诚意，语调和缓，目光真诚，迅速及时表达歉意。

接受别人致歉时，应以宽容谦逊友好的态度应答，如"没关系"、"别客气"、"您不要在意"等。

（7）感谢宾客时，使用感谢语，如"谢谢"、"感谢您的提醒"、"谢谢您的帮助"等。道谢时，应注视对方，面带微笑，目光诚恳。

（8）在整个服务过程中，适当使用赞美语，可创造出一种热情友好、积极肯定的交往气氛。如"您真漂亮"、"有气质"、"有风度"、"精干"、"有魄力"等，赞美别人时一定要真心诚意，因人而异，并注意场合与宾客身份。

（9）宾客离别时，使用道别语，如"再见"、"欢迎再次光临"、"祝您一路平安"、"感谢您的光临"等。

二、表情

人的表情是通过眼睛、眉毛、嘴巴、面部肌肉及它们的综合运动来表现的。脸部是人体中最能传情达意的部位，可以表现出喜、怒、哀、乐、忧、思等各种复杂的绪。俗话说："出门观天色，进屋看脸色"，这主要是针对人的面部表情而言的。在茶艺演示中，眼神和微笑往往是最主要的传递信息的表情，作为一名优秀的茶艺师应掌握并正确使用。

（一）眼神

眼睛是心灵的窗口，能表达复杂、微妙、细腻、深邃的感情。它能如实地反映人的内心思想感情，折射人的思维活动。在茶艺演示过程中，眼神的交流十分重要。一般说来，目光注视位置为以对方双眼为底线、唇部为顶角的倒三角形区域内，这种社交注视使对方感到舒服、有礼貌，有利营造平和的品茶氛围。交流目光应坦诚、真挚、和善、热情，并随着茶艺服务或茶艺演示不同的步骤、不同内容做出相应的反映，向客人传达情感。如表演开始时，要用目光扫视全场，表示"请予注意"，表演马上开始了；在介绍精美茶具时，茶艺师细细观看茶具后，再用欣赏和热情的目光向客人表达请欣赏茶具之意；如在奉茶时，应以真诚的目光向客人表达敬意。在整个茶艺演示过程中，目光不能左顾右盼，挤眉弄眼或用白眼、斜眼看人都是不礼貌的。

（二）微笑

微笑是除了眼神外另一种重要的表情。笑有很多种，大笑、微笑、冷笑、惨笑、媚笑、奸笑、苦笑、狂笑、冷笑、傻笑、嬉笑……其中微笑是最有魅力的。在茶艺服务中，微笑既能反映茶艺师内心的喜悦情感，也是自信的表现，是礼貌地表示，是真诚、热情、友好、尊敬、赞美、谅解的象征。茶艺师发自内心的真诚微笑，能迅速缩小与宾客之间的心理距离，也能获得宾客的信任感，从而创造出和谐、融洽、互尊、互爱的良好品茶氛围，在交流与沟通过程中起到润滑剂的作用。

在茶艺服务过程中，微笑是一种特殊的"情绪语言"，在一定程度上，它可代替语言上的更多解释，起到无声胜有声的作用，因此茶艺师真诚的微笑往往成为打动人、感染人，令宾客感到满意和愉快的最好催化剂。

第五节　茶艺服务中常用的礼节及修习之道

中国是文明古国、礼仪之邦，素有客来敬茶的习俗。人们在长期的茶事活动中，逐渐形成了对人、对茶品、对茶器等表示尊重、敬意、友善的行为规范与惯用形式，这就是茶艺服务中的基本礼仪礼节。通过恭敬的言语和动作等礼节可将内心的精神、思想等体现出来。茶艺人员要求熟练掌握常用礼节，对于初学者而言，要经过不断训练和用心揣摩才能达到神形具备。

一、常用的茶艺服务礼节

茶艺礼仪贯穿于整个茶事活动中。如"唐代宫廷茶礼"就有唐代宫造廷的礼仪；"禅茶"中僧侣向客人敬茶（奉茶）的礼仪；具体到每一场茶艺表演，入场时有鞠躬礼，注水时有"回旋礼"、"凤凰点头礼"，奉茶时有行"注目礼"、"伸掌礼"，退场时有"答谢礼"等。在行礼时，行礼者应该怀着真诚的敬意进行。行礼应保持适度、谦和，将从内心深处发出的敬意体现到这一礼仪中，包

括眼睛的视角，动作的柔和，连贯，摆动的幅度等。

（一）握手礼

握手礼是一切场合中最常使用、适用范围最广的礼节。握手礼表示敬意、亲近、友好、寒暄、道别、感谢等多种含义，是世界各国较普遍的社交礼节。在茶室迎接客人到来或是与客人离别时常用到握手礼。握手应遵循上级在先、长辈在先、女士在先的基本原则。握手时，要用右手，而不得使用左手。不宜同时与两人握手，更不能交叉握手。握手时不能戴手套，女士允许戴薄手套，不能戴墨镜。握手力度不宜过大，时间以3~5秒为宜。男士与女士握手，一般只轻握对方的手指部分，握手后切忌用手帕擦手。

（二）鞠躬礼

鞠躬礼即弯腰行礼，是中国的传统礼仪动作。茶道表演者在开始和结束表演时，均要行鞠躬礼。鞠躬礼从行礼姿势上分站式、坐式和跪式三种，且根据鞠躬的弯腰程度可分为真、行、草三种。

1. 站式鞠躬礼

左脚向前，右脚跟上，右手握左手，四指合拢置于腹前，或双臂自然下垂，手指自然并拢双手呈"八"字形轻扶于双腿上，缓缓弯腰，动作轻松，自然柔和，直起时速度和俯身速度一致，目视脚尖，缓缓直起，面带笑容。

站式鞠躬礼——真礼。行礼时，将两手沿大腿前移至膝盖，腰部顺势前倾，低头弯腰90°。

站式鞠躬礼——行礼。低头弯腰45°。

站式鞠躬礼——草礼。略欠身即可，低头弯腰小于45°。

2. 坐式鞠躬礼

在坐姿的基础上，头身向前倾，双臂自然弯曲，手指自然合拢，双手掌心向下，自然平放于双膝上或双手呈"八"字形轻放于双腿中后部位置；直起时目视双膝，缓缓直起，面带笑容。

坐式鞠躬礼——真礼。行礼时，双手平扶膝盖，腰部顺势前倾约45°。

坐式鞠躬礼——行礼。头向前倾30°，双手呈"八"字形放于大腿中部位置。

坐式鞠躬礼——草礼。头向前略倾即可，双手呈"八"字形放于大腿后部位置。

3. 跪式鞠躬礼

在跪姿的基础上，头身向前倾，双臂自然下垂，手指自然合拢，双手掌心向下，双手呈"八"字形，或掌心向下，或掌心向内，或平扶，或垂直放于地面双膝的位置；直起时目视手尖，缓缓直起，面带笑容。俯起时速度、动作要求同坐式鞠躬礼。

跪式鞠躬礼——真礼。行礼时，掌心向下，双手触地于双膝前位置，头向前倾约45°。

跪式鞠躬礼——行礼。头向前倾30°，掌心向下，双手触地于双膝前位置。

跪式鞠躬礼——草礼。头向前略倾即可，掌心向内，双手指尖触地于双膝前位置。

(三) 伸掌礼

这是茶道表演中用得最多的特殊礼节。当主泡须请助泡协同配合时，或请客人帮助传递茶杯或其他物品时都简用此礼，表示的意思为"请"和"谢谢"。当两人相对时，可伸右手掌，若侧对时，右侧方伸右掌，左侧方伸左掌。伸掌姿势应是：五指并拢，手掌略向内凹，手心向上，左手或右手从胸前自然向左或向右伸出，侧斜之掌伸于敬奉的物品旁，同时欠身。

(四) 叩手礼

叩手礼即用食指和中指轻叩桌面，以致谢意。相传清代乾隆皇帝带了两个太监游江南，到一家茶馆私巡察访。皇帝为太监倒茶、奉茶，太监诚惶诚恐，想下跪谢主隆恩，又怕暴露了皇帝身份，情急之下太监急中生智，忙将右手中指与食指并拢，指关节弯曲，在桌面上作跪拜状轻轻叩击，以代"三叩九拜"之礼，以后这一"以手代叩"的礼节在民间广为流传。至今，在不少地区的习俗中，长辈或上级给晚辈或下级斟茶时，晚辈或下级必须用双手指跪拜状轻轻叩击桌面两三下；晚辈或下级为长辈或上级斟茶时，长辈或上级只须用单指叩击桌面两三下表示谢意。

(五) 注目礼和点头礼

注目礼是用眼睛庄重而专注地看着对方，点头礼即点头示意。这两个礼节一般在向客人敬茶或奉上某物品时用到。另外，表演时与观众的目光交流和点头示意也是一种礼节。

(六) 端坐礼

在表演过程中，要求双腿并拢，头肩身始终保持端正平直，不能歪斜松弛，身体可以稍稍侧身立坐，以表尊敬。无动作时应双手交叉，放在腹部右侧或操作台上。

（七）置茶礼

在表演时，手拿杯具不能沾杯口，而应拿杯具三分之二以下的地方（包括茶艺用具），移动杯具不能碰出声音，茶盘茶具随时保持整洁整齐。

（八）奉茶礼

在奉茶时要求双手敬上，如果是工夫茶还须以举案齐眉的方式，即将盛放品茗杯与闻香杯的茶托举到齐眉的位置，以表示对客人的尊敬，及对茶和自然的尊敬。

（九）应答礼

在表演茶艺的过程中，要求与茶人之间进行交流时，亲切大方得体，不沉默，不抢先，敬字当头，注意礼节，对方行礼表示敬意时，一定要表示答谢，表现出一种高尚的茶道精神修养。

（十）寓意礼

茶事活动中，自古以来在民间逐步形成了不少带有寓意的礼节。如最常见的为冲泡时的"凤凰三点头"，即手提水壶高冲低斟反复三次，寓意是向客人三鞠躬以示欢迎。茶壶放置时壶嘴不能正对客人，否则表示请客人离开的意思。回转斟水、斟茶、烫壶等动作，右手必须逆时针方向回转，左手则以顺时针方向回转，表示招手"来！来！来！"的意思。欢迎客人来观看，若相反方向操作，则表示挥手"去！去！去！"的意思。另外，有时请客人选点茶，有"主随客愿"之敬意。有杯柄的茶杯在奉茶时要将杯柄放置在客人的右手面，所敬茶点要考虑取食方便。总之，应处处为方便客人考虑，这一方面的礼仪有待于进一步地发掘和提高。

（十一）其他礼节

客来奉茶，应先请教客人的喜好，如有点心招待，应先将点心端出，再奉茶。茶会上除饮茶之外，也可以上一些点心或风味小吃，国内现在有时也以茶会招待外宾。

俗话说："酒满茶半"。倒茶时应注意茶不要太满，以八分满为宜。水温不宜太烫，以免不小心烫伤客人。同时有两位以上的访客时，端出的茶色要均匀，并要配合茶盘端出，左手捧着茶盘底部，右手扶着茶盘的边缘，如是点心放在客人的右前方，茶杯应摆在点心右边。上茶时应向在座的人说声"对不起"，再以右手端茶，从客人的右方奉上，面带微笑，眼睛注视对方并说："这是您的茶，请慢用！"在广东，客人用盖碗品茶时，如果不是客人自己揭盖要求继水，茶艺人员不可以主动为客人揭盖添水，否则被认为是不礼貌。此外，不同民族还有不同的茶礼和禁忌。如蒙古族敬茶时，客人应躬身双手接茶而不可单手接茶；土家族人忌讳用有裂隙或缺口的茶碗奉茶；藏族同胞忌讳把茶具倒扣放置；部分西北区的少数民族忌讳高斟茶冲起满杯泡沫等。各地的茶礼、茶俗很多，平时应多学习和掌握，以免在茶艺服务中犯忌。

二、茶艺礼节的修习之道

（一）体势

①坐要正　头要正，下颚微收，神情自然，胸背挺拔，沉肩垂肘两腋空，脚放平，女士不要叉开双腿。

②立要直　头正肩平，眼正视，胸背挺拔，脚跟并拢不抖动，两手自然垂直放两边，女士可以双手放腹前。

③行要稳　小步行走脚步轻，一字行进脚步稳。

④冲泡手势　取放物件手要轻，动作连贯不间断，运转角度成弧线。

（二）态势

①表情语　目光要与观众有交流，用眼神显示出自信的魅力，表达内在的丰富情感，以热情、坦诚的眼神与观众建立友善的联系。

②微笑语　以亲切的微笑缩短相互间的感情距离，达到沟通心灵，与观众产生共鸣的效果。

有的人由于动作的协调性及悟性水平很低，给人的感觉很紧张，并不觉得美。而有的人虽相貌平平，但因为有较高的文化修养、得体的行为举止，靠自己的勤奋修习，达到动作、手势、体态、姿态、表情和谐美观，以神情、技艺动人，显得非常自信，灵气逼人。要做到站有站相，坐有坐相，走有走相；行茶时，动作舒缓流畅，表情自然大方，显得彬彬有礼。

（三）内在气质

中国茶艺在其形成的过程中，吸取了中华文化的精华，并与中国文化一起成长，具有鲜明的民族特色。这就要求表演者有一定的文化教育功底，这样才能将茶艺的"精、气、神"表达出来。如果表演者缺乏文化功底，只有形似，那么观赏者恐怕只能看到泡茶女子在手忙脚乱地做戏，享受不到茶艺的美，更谈不上茶文化的熏陶了。因此茶艺师一定要注意加强文化知识的学习与积累，以培养内在气质。

茶艺表演是技术和艺术的完美结合，是表演者和参与者在茶事过程中以茶为媒介沟通自然，内省自性，完美自我的艺术追求。茶艺表演者先要顺应茶性，

掌握好选茶、鉴水、择器、水温,科学地编排程序,灵活地掌握每一个环节,泡出茶的真味,同时完善自我,修身养性,才能充分地体现茶艺之真谛。初学者在模仿他人的动作时,要不断地学习,加深理解,由形似到神似,最终形成自己独特的风格。当然,要想成为一名优秀的茶艺师,不仅泡茶过程要完整优雅,更要不断增强自身的文化修养,充分领悟何处是序曲,何处是高潮,才能成功地完成表演过程。因为茶艺表演者的内在气质直接影响表演是否有灵性,是否具有生命力,而表演者的自身修养是传递的桥梁,因而只有具有丰富内涵的表演者才能传神达意,才能成功诠释中国茶艺的博大精深。优秀的茶艺师都会以优雅的举止,得体的语言获得宾客的尊重。

第六节 涉外礼仪

随着国际交往的扩大和饮茶的不断全球化,中国茶艺逐渐进入世界,吸引越来越多的国外宾客对中国古老的茶文化发生兴趣,如在茶馆茶楼中往往会有接待外宾的任务。在国际交往中茶作为文明使者演绎着和平与美好,而茶文化和茶艺成为世界了解中国的一个良好途径。在这些茶事活动中,通常需要遵循一定的国际惯例和已被认同了的约定俗成,同时还必须讲究一定的规格和形式。因此,茶艺人员必须掌握对外活动的接待准备、迎送、交流、礼宾次序与禁忌等方面的国际礼仪礼节基本常识。

一、涉外茶事礼仪的基本要求

在涉外服务活动中,茶艺馆应按国际惯例及涉外礼仪,吸收国际上一些好的做法,并继承和发扬我国优良的礼仪传统,以形成茶艺服务的独特风格。茶艺服务人员要显示其较高的文化素养和积极的精神面貌。在涉外茶事活动中应遵循以下原则。

1. 国家之间一律平等的原则

国家不分大小、强弱、贫富,相互之间一律平等,对外宾热情友好、彼此尊重、不卑不亢,反对大国主义,处处维护国家利益。

2. 尊重国格、尊重人格的原则

从实际出发,在茶艺服务中力求有针对性,注重实效。接待外宾时,待人接物既要坦诚谦逊，热情周到，也不能低声下气、卑躬屈膝，失去自我。

3. 注重礼仪与礼节的要求

根据茶艺的特点为外宾提供上乘服务，满足不同国籍宾客的要求。熟悉各国各民族的风俗习惯。陪同外宾时注意自己的身份和所站的位置，言行举止合乎礼仪要求，坐立姿态端庄大方，对外宾不评头论足，使来宾有"宾至如归"之感。

4. 尊重女性的原则

尊重女性在西方国家显得特别突出。因此在接待外宾的活动中，要遵循"女士优先"的原则。

5. 尊重各国风俗习惯的原则

不同的国家、民族，由于不同的历史、文化、宗教等因素，各有其特殊的风俗习惯和礼节。在涉外茶事活动中也应予以重视，以尊重不同国家与地区的民族礼仪与特色。如对外宾保持传统的习俗和正常的宗教活动不干涉；对宾客的风俗习惯及宗教信仰不非议；对外宾的生活习惯及宗教信仰不随便模仿，以防弄巧成拙。

二、世界各国礼仪和禁忌

茶艺馆的服务接待是面向全世界的工作，茶艺服务人员要做到喜迎嘉宾礼貌服务，就须了解各国、各民族的礼仪、习俗及其禁忌，以提高自身的素质。往往世界各国、各地区都有其独特的礼仪和禁忌。

1. 日本人

日本人忌讳绿色，认为绿色不祥，忌荷花图案。当日本宾客到茶艺馆品茶时，茶艺服务人员应注意不要使用绿色茶具或有荷花图案的茶具为他们泡茶。

2. 新加坡人

新加坡人视紫色、黑色为不吉利颜色，黑白黄为禁忌色。在与他们谈话时忌谈宗教与政治方面的问题，不能向他们讲"恭喜发财"的话，因为他们认为这句话有教唆别人发横财之嫌，是挑逗、煽动他人干对社会和他人有害的事。

3. 马来西亚人

马来西亚人忌用黄色，单独使用黑色认为是消极的。因此，在茶艺服务中要注意茶具色彩的选择。

4. 英国人和加拿大人

英国人和意大利人忌讳百合花，所以茶艺服务人员在品茗环境的布置上要注意这一点。

5. 法国人和意大利人

法国人忌讳黄色的花,而意大利人忌讳菊花。

6. 德国人

德国人忌吃核桃,忌讳玫瑰花,所以不要向德国宾客推荐玫瑰、针螺类的花茶。

三、接待外宾注意事项

(1) 在茶艺服务接待过程中,以我国的礼貌语言、礼貌行动、礼宾规程为行为准则,使外宾感到中国不愧是礼仪之邦。在此前提下,当茶艺接待方式不适应宾客时,可适当地运用他们的礼节、礼仪,以表示对宾客的尊重和友好。

(2) 茶艺服务人员在接待国外宾客时,要以"民间外交官"的姿态出现,特别要注意维护国格和人格,既不盛气凌人,也不低三下四、妄自菲薄,绝对不能玷污我们伟大祖国的光辉形象。

(3) 茶艺服务人员在接待外宾时,应满腔热情地对待他们,绝不能有任何看客施礼的意识,更不能有以衣帽取人的错误态度。应本着"来者都是客"的真诚态度,以优质服务取得宾客的信任,使他们乘兴而来,满意而归。

(4) 在茶艺接待工作中,宾客有时会提出一些失礼甚至无理的要求,茶艺服务人员应耐心地加以解释,决不要穷追不放,把宾客逼至窘境,否则会使对方产生逆反心理,不仅不会承认自己的错误,反而会导致对抗,引起更大的纠纷。茶艺服务人员要学会宽容别人,给宾客体面地下台阶的机会,以保全宾客的面子。当然,宽容绝不是纵容,不是无原则的姑息迁就,应根据客观事实加以正确对待。

思考题

1. 什么是茶艺礼仪,茶艺礼仪有何特征和功效?
2. 常用的茶艺服务礼节有哪些?
3. 茶艺人员如何提高个人修养?
4. 在接待外宾时茶艺礼仪有哪些基本要求?

第六章

茶艺演示前的准备

导读

现代茶艺是一种精致的诗意生活方式，要想从茶的滴水微香中感悟大自然的真味，领略生活的真趣，就必须在茶事活动开始之前做好充分的准备。本章主要介绍茶席布置、茶席铺垫及花艺、香艺、挂画等营造品茗室内艺境的基础知识，借以提升茶艺的艺术魅力。本章课外重点导读：《燕居香语》，陈云君著，百花文艺出版社，2010年版。

第一节　茶席布置

"席"原指用芦苇、竹篾等编成的铺垫用具。后引申为席位，如酒席、宴席、贵宾席等。但何为茶席？《辞海》、《辞源》、《中国汉字大辞典》等工具书中均未设此词条。浙江大学博士生导师童启庆教授在她的《影像中国茶道》中解释道："茶席，是泡茶，喝茶的地方。包括泡茶的操作场所、客人的坐席以及所需气氛的环境布置。"很显然，童教授所说的茶席指的是品茗的内部环境，相当于"茶室"。我们也认为茶席布置从广义上讲就是品茗环境的布置，即根据茶艺的类型和主题，对品茗环境进行艺术设计并实施美化。茶席布置主要应当把握两条原则。

其一，为品茗营造一个温馨、高雅、舒适、简洁的良好环境。

其二，围绕彰显茶艺的主题做好渲染和铺垫。

茶席布置的主要内容包括灯光照明、音乐选播、色彩配合、茶具组合及摆台（即泡茶台的布置）、辅助艺术的选用等五个方面，要求以泡茶台为中心进行布置。以下我们分别论述。

一、照明艺术

光线是展现茶室内一切美的前提，是满足人的视觉对空间、色彩、质感、造型等审美要素进行审美观照的必要条件。但是，在茶席布置时仅仅提供照明是远远不够的，茶室中的灯光还应当能营造出与所要演示的茶艺相适应的气氛，以提升茶室的高雅格调和文化品位，创造预期的艺术效果。要做到这些就应该注意以下几个问题。

（一）照明功能的分类

1. 一般照明

一般照明是为了使室内环境整体达到一定亮度，满足视觉基本要求的照明。在确定一般照明时，光的亮度和色调十分重要。品茗场所的光线应当柔和温馨，色调应当顺应季节的变化，让人感到眼睛舒适、心情放松、安详、恬静。

2. 局部照明

局部照明，是指专门为照亮某些需要强调部位而设置的照明，它能使室内

空间层次发生变化，增强环境气氛的表现力，因此在茶席布置时非常重要。例如，通常泡茶台的位置设定之后，泡茶台正上方的屋顶上应安装一盏射灯，开灯时，灯光形成直径60~80厘米的光圈，恰好投射在茶盘中央，从而在茶艺演示时，人们的目光会自然而然地聚焦到射灯所照亮的范围，观赏茶杯中被射灯照得格外艳丽璀璨的茶汤，以及表演者的优美手势。又如在展示紫砂壶、奇石、古玩的精美玻璃柜中，装上小射灯可以突出收藏品的珍贵。再如落地灯、台灯、壁灯等辅助灯具的合理配置可使茶室更加雅致，更富有情趣。

3. 混合照明

混合照明是指在同一场所中，既配置一般照明，以解决整个空间的基本照明，又配置局部照明，突出局部区域的亮度，调整光线的方向，以满足茶席布置的艺术要求。在茶席布置中通常是采用混合照明，主照明灯、屋顶射灯、壁灯、台灯、隐形灯、展示柜灯等都要配置各自独立的组合开关，以满足不同情景的不同需要。

（二）照明方式的分类

1. 直接照明

直接照明是指90%以上的灯光直接投射到被照物体上。例如茶艺表演时的射灯。

2. 间接照明

间接照明是指灯光通过半透明玻璃、有机玻璃、彩色玻璃、薄纱等材料照射到被照物体上。这种方式能为环境营造宁静、舒缓、温馨的气氛，是适用于茶室的主要照明方式。

3. 漫射照明

漫射照明是指灯光通过磨砂玻璃灯罩或先打到顶棚、墙面，再反射过来的照明方式。这种方式光线无定向、无阴影、均衡、柔和，能带给人恬静、舒适的感觉。在茶席布置时也常用。

（三）照明艺术的应用

1. 灯具的选择

因为在同一间茶室中，可以演示各种不同类型、不同主题的茶艺，所以在灯具选择时应同时考虑基本需要和根据茶艺主题进行变化的特殊需要。

可供选择的灯具有顶面类灯具，如吸顶灯、吊灯、镶嵌灯、柔光灯、扫描灯、射灯等。有墙面类灯具、如壁灯、窗灯、檐灯、宫灯等。这类灯具多数以间接照明、漫射照明为主。另外还有便携式移动灯具，如落地灯、台灯等。按灯具的风格可分为西式灯具，中式灯具、日式传统灯具及舞台表演专用灯具等。要达到照明的艺术效果，灯具的选购及安装是基础，这一点在茶室初装修时就必须做好规划，并留有一定的可变空间。

2. 创造虚拟的空间

现代都市茶馆因要控制经营成本，不可能保证每一间茶室的空间都十分充裕，所以我们可以通过改变光的投射，使空间界面形成强烈反差，突出空间造型体和面的转折，或利用局部照明，模糊空间界面，减弱实际空间的限定度，创造虚拟空间，当然，这样布置还能产生一定的神秘感。

3. 利用照明色调烘托渲染气氛

灯光照明可根据季节、气候及茶艺主题变幻色调或利用光晕、光影来渲染烘托茶室气氛。从而人一走进茶室，茶室的灯光就如温柔的眼光，浅笑盈盈地与人进行情感交流。其中，暖色调的光（黄色、橙色、棕色等）能产生温暖、华贵、热烈、欢快的气氛，冷色调的光（蓝色、绿色、紫色等）会给人凉爽、朴素、恬静、深远之感。

4. 表现材质的质感和色彩

通过灯光强弱及投射角度的设计，可以充分表现茶席物品的质感美。例如把射灯的光从顶部射向茶杯，突出展现的是茶汤的绚丽，若从侧面射向水晶玻璃杯，光线通过折射，可使玻璃杯晶莹璀璨，满室生辉，宝光夺目。再如用一束绿色灯光打在装有绿茶的玻璃杯上，杯中翠绿的茶芽便好像活了起来，显得生机勃勃，散发出春天般的气息。

在茶席布置中，灯光照明资金投入不大，但却可随意调控，营造出变化万千、魅力无穷的艺术效果。

二、音乐的选播

音乐的选播在茶席布置和茶艺演示中至关重要。一间没有音乐的茶室，是没有灵气的茶室，一套没有配乐的茶艺，是没有神韵的茶艺。音乐是生命的律动，在茶席布置时，千万不可忽视了这项看不见的要素。

（一）音乐在茶席布置中的作用

1. 营造艺境

我们在茶艺中重视用音乐来营造艺境，这是因为音乐中的一些名曲重情味，重自娱，重生命的感受，有助于为人们的心接活生命之源，可以促进茶人自然精神的再发现，以及人文精神的再创造。往往人在优美舒缓的乐曲声中，心情

最容易得到放松。不同节奏、不同旋律、不同音量的音乐对人体有不同的影响。快节奏、大音量的音乐使人兴奋，慢节奏小音量的音乐使人放松，柔美的音乐可对人产生镇静、降压、愉悦、安全的效果。每分钟60～70次节奏的音乐能令人产生生理心理共振效应。所以，精选适当的背景音乐来营造艺境，是茶席布置中不可忽视的重要一环。

2. 陶冶性情

无论是在现代茶艺馆，还是在家中，我们在茶席布置时强调选播适当的音乐，还因为音乐能像春雨"随风潜入夜，润物细无声"一样，潜移默化地陶冶人的性情，增进人的身心健康。

3. 用音乐来彰显茶艺主题，增强茶艺的感染力

我国的茶艺按所反映的主题可分为宫廷茶艺、民俗茶艺、宗教茶艺、文士茶艺、国外茶艺和时尚创新茶艺等六大类。各种茶艺的时代背景不同，民族风情不同，反映的内容不同，使用的茶叶产地也不同，因此，选播最能反映时代特点，最能表现民俗风情，并且旋律和情感与茶艺内容丝丝入扣的音乐，可以绘声绘色地彰显茶艺主题，增强茶艺的艺术感染力。

（二）音乐的分类

音乐有不同的分类方法。按其表达方式可分为歌曲（声乐）和乐曲（器乐）；按照音乐的特点可分为民族音乐和外国音乐。外国音乐又可分为摇滚乐、爵士音乐、轻音乐。按乐器可划分为吹奏乐、弦乐、打击乐、键盘乐等。在茶艺表演中，应当根据茶艺所反映的时代背景、社会阶层、民族地域以及茶艺所表达的主题思想来选择最适当的乐曲或歌曲，并且选用最能表现茶艺内容特色的乐器来演奏。

（三）音乐的运用

在茶室中，音乐主要用于两个方面。

其一是背景音乐。背景音乐最适合以慢拍、舒缓、轻柔的乐曲为主。其中音量的控制非常重要。音量过高，显得喧嚣，令人心烦，会引起客人的反感。音量过低，则起不到营造气氛的作用。往往把背景音乐的音量调节到若有若无，像是从云中传来的天籁，有仙乐飘飘的感觉为最妙。

其二是主题音乐。主题音乐是专用于配合茶艺表演的，可以是乐曲也可以是歌曲，它的音量应根据表演情节的需要调节到最有感染力或震撼力。同一主题音乐还应当注意演奏时所使用的乐器，如同一曲《梁祝》有古筝独奏曲、钢琴协奏曲、笛子独奏曲等，应选用最能表达茶艺神韵的乐器来伴奏。例如蒙古族茶艺宜选马头琴，维吾尔族茶艺宜选冬不拉、热瓦普，云南茶艺宜选葫芦丝、巴乌，汉族文士茶艺宜选古琴、古筝、箫、琵琶、二胡等。

第二节 茶席铺垫

茶席铺垫是指在茶桌的整体或局部，铺设上色彩、质地、款式、纹路、图案与总体风格相适应的编织物，必要时局部地面也要铺垫。茶席铺垫有双重功能。首先是使将要摆设的茶具和其他器皿不直接触及桌面或地面。对桌面和器皿都起到保护作用。其次是铺垫对烘托主题，提升茶席布置的艺术品位起着不可估量的作用。

一、铺垫物的类型

常用的铺垫物主要有三类。

（一）纺织品类

1. 棉纺织品

棉纺织品质地柔软，吸水性好，易于烫洗，经久耐用，视觉效果柔和，并且可以通过印花、蜡染、刺绣取得多姿多彩的色彩和图案，适用于宗教题材和民俗题材的茶艺。

2. 麻纺织品

麻织品古朴大方，特别是亚麻织品质感极好，是英式下午茶必备的铺垫，也适用于古典题材的茶艺使用。

3. 丝织品

丝织品包括织锦、绸缎、绢、纱、帛等。丝织品通过提花、刺绣后更显得美丽华贵，适用于宫廷茶艺、文士茶艺和时尚的都市生活茶艺。

4. 化纤织品

化纤织品品种繁多，花色艳丽，色彩丰富，具有轻、软、薄、透，以及宜洗、挺括等多种优点，是茶席铺垫中经常选用的织物，尤其适用于现代生活题材的茶艺。

（二）编织品类

编织品主要有竹编、苇编、草编等。其中草编多为稻秆编、麦秆编、蒲草编等。编织品一般用于地面或坐席的铺垫。在用于泡茶台或茶桌铺垫时，通常只作为小面积点缀。

（三）其他类铺垫

常见的有玻璃铺垫、树叶铺垫（如荷叶、芭蕉叶、枫叶等）、塑料印花铺垫塑料压花铺垫、书画作品铺垫等。当茶桌台面的质感、色泽、纹理基本符合布席的艺术要求时，也可以不铺垫。

二、铺垫的方法

铺垫的方法主要有三种。

（一）全铺垫

全铺垫也称为基础铺垫，是指茶几、茶桌或泡茶台用铺垫物全部遮盖，这是铺垫中最常用的手法。全铺垫又分为平面铺垫和遮沿式铺垫两种类型。

平面铺垫是指仅仅遮盖茶桌、茶几、泡茶台的桌面。遮沿式铺垫是选用比桌面面积大的铺垫物，在全部遮住桌面后四面垂下（或两面垂下）遮住桌沿，增进铺垫的美感。遮沿式铺垫可以是垂地遮掩，也可以随意遮掩。在全面铺垫的基础上，往往还再选用不同色泽、质感的小块铺垫物做进一步美化，所以称为基础铺垫。

（二）局部铺垫

这是茶席铺垫中最具艺术特色的铺垫。进行局部铺垫时常选用正方形、长方形、三角形、圆形、椭圆形及其他形状的铺垫物，根据布席的需要进一步进行基础美化。例如在茶桌的黄金分割处用长条形带有流苏的绢织物做局部铺垫，使茶桌桌面布局更加美观。再如在摆放茶叶罐的位置用圆形金色织锦铺垫，突出茶叶的珍贵等。

局部铺垫常用的方式有对角铺、三角铺、星状点缀铺、重叠铺、折叠铺、条式垂帘铺等。局部铺垫时应注意简素美、不均齐美和对称美等茶艺美学基本法则的应用，切不可把台面搞得太繁杂。

（三）延伸式铺垫

延伸式铺垫是指选用大面积铺垫物，在遮沿式铺垫的基础上，铺垫物波浪式向四周地面延伸，使铺垫物和地面逐步融为一体。延伸铺垫时选用的色彩多为海蓝色或浅绿色、翠绿色。例如根据茶艺主题，可在翠绿色延伸铺垫上洒上一些花瓣或红叶；或在海蓝色的延伸铺垫上摆放几个海螺壳、海蚌壳等。延伸式铺垫应用得当会引起观赏者的美好遐想，增加审美情趣。

在实际操作中,台面铺垫有时还与挂帘、纱幕等背景相配合,帘幕流畅的纹理,以及随风飘拂的动感与台面的铺垫动静结合,交相辉映,可形成一种别致的韵律美。

我们常说"细节决定成败",对艺术的追求更是这样。铺垫在整个茶席布置中不是独立的审美对象,它只是茶席布置进程中的一个细节,是为了下一步插花、焚香、挂画、茶具摆放做准备的。但是,我们决不可忽视这个细节,在铺垫时所选择的色彩、质地,铺垫的位置,铺垫面积的大小及铺垫物的形状,都必须考虑到下一步布席程序的需要,这样才能最终营造出和谐美的整体效果。

第三节　茶艺插花

花是美的象征,她以色、香、形、媚四美和无限的生机活力博得人们的青睐,受到全人类共同珍爱。自古以来,怡情于花草之间,是人们热爱生活、热爱自然的一种体现。中国是东方文明古国,也是世界上最早把花之媚与茶之韵完美地结合在一起的国家。

早在唐朝,赏花品茗就是达官显贵与文人雅士的时尚。吕温(772—811)在《三月三日茶宴序》中记载:"三月三日,上巳禊饮之日也。诸子议以茶酌而代焉。乃拨花砌,憩庭阴,清风逐人,日色留兴。卧指青霭,坐攀香枝。闲莺近席而未飞,飞蕊拂衣而不散。乃命酌香沫,浮素杯,殷凝琥珀之色。不令人醉,微觉清思,虽五云仙浆,无复加也!"[1] 便是唐代文士赏花品茗的生动写照。茶与花相结合在古代曾有争议,例如宋代名相王安石认为花不宜茶,主张"金谷看花莫漫煎"。明代茶人田艺蘅在《煮泉小品》中也主张"花不宜茶"。他们认为花太艳、太喧、太闹、太浓,与茶性清、雅、幽、静不相符,所以认为对花品茗"煞风景"。但是更多的茶人主张"花宜茶",因为花美、花香、花有韵。不少著名的茶人爱茶爱花都到了如痴如醉的地步。例如苏东坡"只恐夜深花睡去,故烧高烛照红妆";陆游"为爱名花抵死狂";耶律楚材的"花林啜茗添幽兴"都是茶人爱花的典范。到了清代,品茗赏花蔚为雅士时尚。

郑板桥的《小廊》:

---

[1] 《全唐文》第七册

小廊茶熟已无烟，折取梅花瘦可怜。

寂寞柴门秋水阔，乱鸦揉碎夕阳天。

姚燮的《寒斋杂述七绝句》（选一）：

竹炉石铫试新茶，蟹眼声中泛碧芽。

却喜客来如陆羽，共凭小几看荷花。

这两首诗都是清代文人把品茗与赏花结合的经典。在现代茶艺中，插花如何与茶结合呢？主要应注意以下几个方面。

一、茶室插花的立意

茶室插花的首要特点是"立意取材，意在花先"。文学艺术有其相通之处。为了使茶艺插花作品能融自然之美于茶事活动之中，要求插花应像绘画或诗文创作时强调"意在笔先"一样，强调"意在花先"。插花之前，首先根据茶艺主题进行艺术构思，这就是人们常说的"立意"。古人讲"意奇则奇，意高则高，意远则远"，茶艺插花创作时，首先应力求立意奇巧高远，然后再根据立意去选择最适当的花草。

当然，在插花艺术创作中，立意是十分艰难的过程。但是，如果没有恰当的立意，插花便只能成为万紫千红的堆砌，甚至给人杂乱无章的感觉。茶艺插花立意重在"真、新、高、洁"。其中的"真"，是指感情真挚，立意首先应当注重于能反映出茶艺真实的主题内涵；"新"是指构思新颖、新奇、不落俗套；"高"是指意境高远，耐人寻味，有艺术感染力；"洁"是指插花的造型简洁、自然、明快，充满生机活力。具体地说，茶艺插花立意取材时主要从以下几个方面去考虑。

（一）反映时令

花有花候，从时令方面立意即用茶艺插花点明季节特点。从这个立意出发去取材，以下花卉可供参考。

一月：南天竹、梅花、一品红、君子兰、水仙、腊梅、小苍兰、马蹄莲、仙来客、樱草、瓜叶菊、四季海棠。

二月：山茶花、梅花、蟹爪莲、春鹃、小苍兰、马蹄莲、仙来客、樱草、瓜叶菊。

三月：蒲包花、樱草、瓜叶菊、春兰、四季海棠、君子兰、春鹃、蟹爪莲。

四月：佛手花、香园花、碧桃、丁香、连翘、君子兰、春鹃、天竺葵、大花天竺葵、倒挂金钟、令箭荷花、蕙兰、樱草、瓜叶菊、蒲包花。

五月：叶子花、朱顶红、八仙花、夏鹃、天竺葵、大花天竺葵、倒挂金钟、令箭荷花、茼蒿菊、樱草、瓜叶菊、香豌豆、蒲包花、牡丹、月季。

六月：夹竹桃、白兰、八仙花、韭菜花、夏鹃、茉莉、米兰、凤凰兰、南非凌霄、倒挂金钟、令箭荷花、仙人掌、昙花、宿根福禄考、千花葵、香豌豆、芍药、蜀葵。

七月：叶子花、夹竹桃、白兰、文珠兰、韭菜花、百子莲、茉莉、米兰、凤尾兰、南非凌霄、令箭荷花、仙人掌、昙花、千花葵、宿根福禄考、美人蕉。

八月：珊瑚豆、大丽花、美人蕉、叶子花、夹竹桃、茉莉、米兰、昙花、剑兰。

九月：桂花、大丽花、美人蕉、茉莉、米兰、珊瑚豆、夹竹桃、叶子花。

十月：果石榴、桂花、叶子花、米兰、大丽花、美人蕉、荷兰菊、鸡冠花、翠菊、千日红、雁来红、月季。

十一月：菊花、四季海棠。

十二月：一品红、小苍兰、佛手掌。

（二）以花传情

"花虽无语最多情"。用插花表达主人的情感，应参照现代花语来取材。以下花语可供参考。

红玫瑰——我爱你

康乃馨——母爱

波斯菊——纯情、永远快乐

水仙花——尊敬

红郁金香——爱的誓言

文竹——永恒

白山茶——真爱、真情

红山茶——天生丽质

剑兰——性格坚强、用心

勿忘我——用心的爱

雏菊——清白、纯真、纤细

蝴蝶兰——初恋、幸福渐进、纯洁美丽

紫丁香——初恋、羞怯

梅花——高洁

矢车菊——雅致、优美

樱花——淡泊、欢乐
芍药——恐惧、惜别、害羞
花菖蒲——优雅
美人蕉——坚实、多福多寿
满天星——爱怜、想念、关怀
吉祥草——幸福吉祥
橄榄枝——太平、和平
黄百合——快乐、喜庆
红百合——喜气洋洋
白百合——百年好合
非洲菊——崇高之美、宽容大度
惠兰——丰盛祥和
红掌——天长地久
天堂鸟——自由、幸福
三色堇——快乐的思念
虞美人——慰问
月季——兴旺发达
百日草——惜别
桂枝——学识渊博
红枫——红火、老有所为
合欢——夫妻恩爱
紫薇——好运、雄辩
瓜叶菊——快活
栀子花——娴雅、清静、幸福
红色茶梅——清雅、谦让
白色茶梅——理想的爱
腊梅——慈爱心
紫色堇——诚实
红康乃馨——亲情、思念
萱草——忘忧
菊花——高洁、欢愉、真爱
万寿菊——长寿、康宁

第六章 茶艺演示前的准备

· 143 ·

紫罗兰——贞节、永恒之美
白丁香——愉快、青春、欢笑
迎春花——生命旺盛
粉牵牛花——千千柔情

(三) 彰显茶艺主题

演示某一地方特色茶艺，可以选用该地区的市花作为插花的主材料；反映佛教题材的茶艺，可以用荷花作为插花的主材料；反映传统节庆的茶艺，可以选用当地民风民俗所崇尚的花卉为插花的主材料。例如春节一般宜用梅花、腊梅、水仙、映山红或红山茶为插花主材料；端午节宜用丁香、木香为主材；中秋节宜用桂花为主材料；重阳节宜用茱萸或菊花为主材料。再如演示时尚星座茶艺时，可选用十二星座的幸运花卉为主材料。当然，在立意取材时应当综合考虑插花在茶席布置全局中的协调美。

二、插花容器的选择

插花容器简称花器。花器是指花的基础和依托，插花的造型、意境很大程度上取决于花器的选择。在花卉选定之后，要选择与主题美相适应的插花容器。在茶艺插花中，可使用的容器应有尽有，工艺品（如花瓶、玩具、盆景、假山等）、日常生活用具（如茶壶、杯、碗、盘、蝶、小吊桶、小竹篮、竹筒等）、水果（葫芦、小南瓜、椰子、苹果、梨、菠萝等），甚至准备丢弃的生活垃圾（如酒瓶、化妆品瓶、啤酒罐、快餐面碗等），只要构思巧妙，别出心裁，均可化腐朽为神奇，让人耳目一新。不过在选择插花容器时，它的形状、高低、大小、质感、色彩、造型都必须要与茶艺主题相适应，并要与布席的其他内容相协调。

三、茶室插花的主要特点

现代插花艺术可分为东方式插花与西式插花两大门类。茶室插花，除了海外风情茶艺和时尚创新茶艺适用西式插花之外，大多数茶艺主要采用东方式插花。其中东方式插花有如下特点。

（1）作品以韵取胜，既不失其自然风姿又力求高于自然。选用的花品种不求杂，数量不求多，而是要注重枝条造型，通过线条的长短、粗细、刚柔、疏密、曲直、虚实来展示简素枯高或飘逸灵动之美。

（2）重"清水出芙蓉"之美

和西式插花重五彩缤纷、富丽堂皇、万紫千红之美不同。东方式插花艺术

不排斥花团锦绣、国色天香、雍容华贵之美,但绝不以艳取胜,而是以韵取胜,重在追求"清水出芙蓉"式的淡雅简素之美。

(3)追求"君子比德"

东方式插花不仅追求以形传神,通过花与枝条、绿叶的调和对比、动静变化来营造诗情画意之美。而且十分注重借花寓意,以花抒怀,往往通过"君子比德"来表达主人的道德情操。

四、茶艺插花的主要形式

(一)瓶花

瓶花又称为瓶式插花。因为花瓶(或类似花瓶的花器)瓶身高、瓶口小,所以插花时不需要花泥和剑山,只要把花枝和配叶按构思插入瓶中即可。瓶花的基本造型有直立型、对称型、倾斜型和下垂型等。

(二)盛花

盛花也称为盆式插花。即利用水盆、碗等广口容器来插花。因为容器浅,开口大,所以常要借助花插花泥等来固定花材,才能完成理想的作品。

(三)盆景式插花

盆景式插花是指利用小型盆景进行插花,使插花更具诗情画意。

(四)筒式插花

筒式插花是指使用筒形、管状花器插花。筒式花器种类很多,以竹筒最为常见。筒式插花又可分为层生型筒式插花、组合式筒式插花、单筒式插花、悬筒式插花、船型筒式插花(筒子横挂)、壁挂式筒式插花等。

(五)花篮插花

花篮式插花是生活插花、礼仪插花最常见的一种形式,但因其用花量大,太繁杂,所以茶室中不常用。

(六)挂吊式插花

挂吊式插花可挂在壁上、柱上,也可吊在梁上或窗口。创作挂吊式插花作品时,应选用适宜挂吊的器皿或日常生活用品做容器。挂吊式插花一般要求枝条横斜或枝蔓垂挂,所以,选择的花材枝条要柔软,或选用藤本植物如常春藤、花叶长春蔓、茑萝、天门冬、吊兰、迎春花、吊竹梅等为花材。挂吊式插花的形体和重量不能过大,否则会给人不安全的感觉。所以此类插花作品特别要在"精"和"巧"两字上下工夫。

（七）浮花

浮花就是将花朵、枝叶浮插于盛水的花器内。水生花卉（睡莲、碗莲、荷花、萍莲草等）特别适合于浮花的插制。这些花枝可依其自然生长习性荡漾在花器的水中，表现出夏季清凉及水面景物的意境，让人有一种与大自然同在的舒适和亲切之感。

（八）盛物插花

盛物插花指以瓜、果、蔬菜为主体，再配些鲜花、枝叶等，以插花艺术的手法，在器皿上进行布局，使之成为别具一格的插花作品。盘中之花色彩诱人，盘中之果令人垂涎。一盘盛物插花充满了生机活力和田园情趣，能给茶事活动带来无穷的乐趣。总之，这种插花好处甚多，它赋予蔬菜、瓜果以新的生命而且简单易行，瓜果、蔬菜摆设后仍可食用。盛物插花具有强烈的季节性和地方风情，是其他类型插花所不能比拟的。

（九）趣味插花

趣味插花是根据茶艺主题和茶席布置的需要，取材造型都别出心裁，凡是家庭中可以找到的容器，如酒瓶、茶壶、饮料罐、贝壳、果壳、碗、碟等均可以作为花器，造型亦较随意。一般艺术插花要用三个主枝和一些丛枝相配合。而趣味插花一切可以从简，甚至简化到只有一枝垂蔓或一朵小花、一棵小草。这是茶室中常用的一种插花艺术。

五、茶艺插花中应注意的问题

我国现代茶艺与插花艺术相结合，在理论研究上刚刚起步，根据目前的实践主要应注意如下三个方面的问题。

（一）尽可能使用鲜花

中国茶道的基本精神是和静怡真。真是中国茶道的起点，也是中国茶道的终极追求，这个精神在茶艺插花时表现为尽可能选用真花，而尽量不用纸花、绢花、塑料花。哪怕是只插一朵极平常的野花，也比插精美的假花好得多。因为真花有生命活力，带着自然的气息，能反映出茶道和静怡真的精神。

（二）力求自然，静中有动

日本茶道开山鼻祖千利休居士遗留给后人的茶道七条法则中，有一条是"茶花要如同开在原野中"。[①] 这句话很值得我们借鉴。中国茶艺美学也特别强调

---

① 千玄室. 茶之心. 北京：文化艺术出版社，2003：96

"道法自然"，认为天地有大美而不言，只有自然之美才是真正的美。所以在茶艺插花时，要尽可能顺应花枝的自然形态，不可任意强求，反复修剪，不可用自以为是的技巧去伤害花意。当然，"茶花要如同开在原野上"并不是说不进行任何加工，因为花毕竟已被采了回来。这时要做的是，要设法让人感到辽阔原野上无数花朵的生命都凝聚到了茶室中的这枝花上，让人感受到这枝花静静地展示着生命的光辉，传达着生命的律动。

（三）让花讲话

花不会讲话，但"花虽无言最多情"，而"情"原本就是一种最感人的语言。让花讲话，就是让花传达你所想要表达的思想感情，任由客人去感悟。要做到这一点，你的心境和立意构思同等重要，选择清雅的花材，注入清澈的净水，以清静无比的心境，保留花自然的风姿和清香，你便成功了。能听懂花语的人一定能深刻感悟世界上一切美好的事物，一定会加倍热爱生活。

第四节 焚 香

往往空气中各种气味杂陈，无时不有，无处不在。人类在各种气味中生存进化，最终用自己的灵性，选择了能令自己愉悦、安详、沉静、舒泰并有益于身心健康的气味，这就是"香"。

焚香在我国有悠久的历史。早在上古时期，巫师便用艾叶、茱萸等植物熏香去疾，驱除瘟疫。在其后，香的用途越来越广。皇家焚香，意在营造宫廷气氛；接圣旨、科考应试要设香案，意在表示对皇权的尊重和敬畏；修身养性，坐语道德，焚香可以熏染自性，拉近人天距离；寒窗学子，发奋苦读，焚香可以提神清心，使人博闻强识；红袖相伴，私房密语，焚香可以温情热意，增添情趣；茶友相会，香是茶的天然伴侣，它们相辅相成，相得益彰。在当今，焚香品茗已发展成一种精致诗意的生活方式。

一、茶室焚香的功用

（一）美化品茗意境

艺术家认为，嗅觉比视觉和听觉更能撩动人们细腻的审美之心。茶艺是唯美是求的艺术，香在美化品茗意境方面有其独特的功效。首先，香气能驱除茶室杂味，净化空气，使茶室内馨香宜人。其次，香不仅可闻可品，而且可观可听。泡茶台上的香烟或聚或散，冉冉上升时，一瓣心香直通法界；回旋曼舞时，一缕青烟依依绕人。当人沉迷在香的氛围中时，一切众生实相，红尘诸法，都如梦如幻如露如电如泡影，似假还真。袅袅的轻烟以其柔美飘忽的旋律，如无声的乐曲，撩动着人的听觉。"听香"时，我们的心灵伴随着香烟起伏，如闻仙乐飘飘。这时，茶室更显得恬静神秘，让人浮想联翩，恣意骋怀，妙不可言。

（二）令人心定神宁

焚香是对心灵的按摩。香气能使人心神安宁，精神放松，澄怀审美，静心体道。据《六祖坛经》记载，六祖把香分为五种。一曰戒香，可使自心无非、无恶、无妒忌、无贪嗔、无劫苦；二曰定香，可使自心临于各种境相而不乱；三曰慧香，可观照自性、不造诸恶、广修众善；四曰解脱香，可使自心无所攀缘、自在无碍；五曰解脱自见香，可自识本心，达诸佛理，和光接物，无人无我，直至菩提真性不易。焚香应内熏自性，即向自己心中求索。"沉香断续玉炉寒，伴我情怀如水。""烛香瀹茗知何处，十二峰前海月明。"这些都是焚香入静的写照。

（三）去浊扬清，强身健体

早在公元前 4000 年，人类就已懂得用香来恢复精神，抚平心灵，促进新陈代谢，增强抗病能力。我国古代医书中多有香气疗法的说明，现代医学研究认为，香气强身健体的机理主要有四个环节。其一是"驱"，即驱除体内邪气、浊气、病气。其二是"通"，即疏通经络气脉，使体内真气运行无碍。其三是"养"，即涵养人体自身的真气、元气、正气。其四是"调"，即调动人的自然免疫力和生命活力，使人五体通泰，心情愉悦，精力充沛。

（四）修身养性，提升人格魅力

据《佛说戒德香经》记载，阿难尊者曾在闲居时思忖，世间的香有植物的根香、枝香、花香，但是无论什么香都只能顺风传播，那么世间有没有能逆风传播的香呢？他百思不得其解，便去请教佛陀。佛陀告诉他说，只要焚香闻香的人，能严格修行，奉行十善，敬奉三宝，断除内心的污秽，他就会拥有一种独特的香，称为戒香。戒香可开启智慧，助人证道，并且不受天地山川、地火水风的阻挡，能通达八极，熏染十方，远播无碍。这实际上正是茶人孜孜以求的人格魅力之香。

宋代诗人黄庭坚认为香有十德："感格鬼神、清净心身、能除污秽、能觉睡

眠、静中成友、尘里偷闲、多而不厌、寡而为足、旧藏不朽、常用无碍。"茶室焚香，可以借助香之十德，启迪心性，陶冶性情，提升人的思想道德境界，使我们被红尘社会异化了的本性回归于自然。

二、香的种类

（一）根据香料的来源分类

1. 天然香料

天然香料包括植物香料和动物香料两大类。世界上已发现的香料植物多达3600余种，得到有效利用的400余种。其中有以花为香料的，如茉莉、熏衣草、玫瑰等；有以果实为香料的，如豆蔻、小茴香、鸡舌香等；有以叶为香料的，如艾草、菖蒲等；有以根为香料的，如甘松、木香等；有以木材为香料的，如檀香、降真香等；有以树脂凝结后为香料的，如沉香、龙脑香、乳香等。

动物香料多为动物的体内分泌物或排泄物，常用的有麝香、灵猫香、海狸香、龙涎香等。

2. 化学合成香料

化学合成香料是指用工业方法生产的香料。按目前的科技水平，完全可以模拟出绝大多数天然香料的香型，但是化学合成香料的香气品质、安神作用、启迪性灵的功能都无法和天然香料相提并论，有些化学香料用多了还会有害于人体健康。

（二）根据香品的外形分类

根据香品的外形香料可分为原生态香材（如片状香料、块状香料）及线香、盘香、塔香、香丸、香粉、香膏、香油等。

原生态的香最名贵的有沉香、檀香、龙涎香、麝香、龙脑香等。

1. 沉香

沉香又名沉水香。沉香是世界上五大宗教共同推崇的香料，佛教界认为它是"因缘具足"的苍天厚赐。世界上并没有沉香树，沉香的生成以樟科、橄榄科、大戟科、瑞香科的某些乔木植物为基础，这些树木长到30年以上则有较丰富的树脂，当树受到创伤，并且创口感染无法很快愈合时，树木会在创口附近分泌大量树脂，树脂浸入木质后再经过几十年甚至上百年的陈化才形成沉香。沉香香气高雅、浓郁、持久，佛教界认为是"通灵之香"。从中医角度看，沉香有通关开窍、暖精壮阳、疏通经脉等功效，受到历代中医的重视。

在沉香中，品质极优的称为奇南，也写做奇楠或棋楠。奇南的香气更加清甜，并且在焚香时富有变化，玩香家称为初香、身香、尾香。

2. 檀香

檀香是热带、南亚热带檀香料的一种半寄生常绿乔木，主产于印度、印尼、南太平洋诸岛国及澳洲和我国的南方。檀香木分为树皮、白边、树心。树心含香油多，树越大，质量越好。檀香香味艳丽、持久、圣洁而内敛，可使人清心安神，排除杂念，被宗教界誉为"神圣之树"。

3. 龙涎香

龙涎香是抹香鲸胃中的排出物，刚排出的称为"生香"，气味恶臭，不堪直接利用。生香要在大洋上漂浮历久，经长时间风吹浪打，日晒月映，变成"熟香"后才可利用。因其极稀缺，所以主要用于合香。龙涎香掺入其他香后，制成的香富有层次感，能让闻香者感到含蓄的愉悦。另外，龙涎香的烟气如浮云，飘在空中久久不散，能用剪刀剪断，非常神奇。

4. 麝香

麝香是雄性麝科动物生殖器前长的一个香囊，其香气十分峻烈，有强心、兴奋催情作用。

5. 龙脑香

龙脑香是龙脑香料植物的树脂，原产于缅甸，西双版纳引种后长势良好。其香气清冽，有"清香之祖"的美誉，远闻甘甜优雅，近闻芬芳馥郁。因其外观莹洁如冰，故称"冰片"，又因形美如梅花，又名"梅花脑"。

在实际应用中，洋丁香、西红花、郁金香、乳香、苏合香、安息香、琥珀、松香、白芷、水茴香、桂皮、陈皮、干姜、紫苏、细辛、豆蔻、砂仁、茱萸、白芍、茉莉花干、桂花、梅花、桃花、玉兰花、兰花、荷花、金银花、百合花、玫瑰花、米兰花、栀子花、薄荷、侧柏叶、菊花等也都常用来配制合香。

三、香器

在茶室中常用的香器主要有香炉、香插（香立）、香盒（香罐）、香道具（香勺、香铲、香筷、灰押、香拂亦即羽尘、银叶镊等）。另外，还要辅以香碳、香灰、香巾、云母片等。其中最有收藏和观赏价值的是不同时代、不同材质、不同工艺师制作的精美香炉，其次是香罐。在现代茶艺中，为了使用方便，常用电热香炉。

四、用香的方法

在茶室中用香一般都在茶艺正式演示之前进行，主要有两种方式。

（一）焚香礼拜

焚香礼拜是借助佛教上香的礼仪来渲染气氛。焚香时直接用明火点燃线香或盘香。点香后，香头之火焰不可用嘴吹灭，可用手轻轻地扇灭。如果茶艺演示的内容需要正式上香，香炉可放置在泡茶台的正中，焚香人应当站着点香。若上线香，将香头点燃后，用两手的中指和食指夹住香杆，大拇指顶着香根，先置于胸前，双目庄重平视，香头平对佛菩萨像或正前方的虚空，再举香齐眉，之后双手回到胸前，开始用左手插香。第一枝香插在香炉中央，心中默念"供养十方三世三宝"或"供养佛"；第二枝插在右边，心中默念"供养历生父母师长"或"供养法"；第三枝插在左边，心中默念"供养十万法界一切众生"或"供养僧"。当然，插三炷香时也可以根据茶艺内容的需要，自行编写颂词并宣读出来。插好香后，应合掌默念"愿此香华云，直达诸佛所，恳求大慈悲，施与众生乐！"

所演示的茶艺若无焚香礼拜的程序，则只须点燃一枝，用于净化空气，营造气氛。在演示无正式上香程序的茶艺时，香炉摆放的位置应当不碍手、不挡眼，一般放在泡茶台的左前方。

（二）茶室品香

品茶在我国是雅俗共赏的生活艺术，可大雅，可大俗。但是，茶一旦与香结合则必须是极精致、极高雅的诗意生活。明朝人徐惟在《茗谭》中论述茶与香的关系时说："品茗最是清事，若无好香佳炉，遂乏一段幽趣；焚香雅有逸韵，若无名茶浮碗，终少一番胜缘。是故茶香两相为用，缺一不可。"①

在茶室中焚香品茗与在香堂演示香道不同，应以茶为主，焚香的过程应尽可能简化。即使在日本茶道中，焚香的操作也是非常简单的。据《茶道》一书介绍："主人用羽帚再进行一次清扫，然后打开香盒，用火箸将香盒中的香夹入地炉中。使用风炉时用的是白檀、沉香等香木，装在用木头、贝壳等制成的香盒中。使用地炉时用的是由数种香料炼成的炼香，装在陶制的香盒中。主人放完香后，客人便请求拜看一下香盒。"② 然后客人可向主人询问有关香盒和香的情况，主人作答，仅此而已。我国的国学大师陈云君先生认为："香之为物也，只可远闻而不可近嗅。正如品味兰花，人花一室可矣，若凑到鼻端，甚至贴鼻于花瓣，不但得不到'若有若无'的闻香真谛，而忧恐有玷尤物！一缕香烟，或一阵香气在一室之中悠

---

① 陈云君. 燕居香语. 天津：百花文艺出版社. 2010：133
② 江静，吴玲. 茶道. 杭州：杭州出版社，2003：189

然而至,复又悄然离去,轻轻入鼻,淡然消失,这是何等境界?"①

中国茶艺与香艺的结合,应在发扬光大传统文化的前提下,融入时代特点,形成自己的特色。我们认为在茶艺演示前品香宜简不宜繁,主要有八个程序,即释名、赏器、点香、追香、迎香、听香、送香、施礼。

1. 释名

即由茶艺师向客人介绍当日所用之香的香名、香方等。"香方"是玩香家自制香品的配方。如陈云君先生介绍的《南朝遗梦》是用檀香、龙脑香、桃花、细辛、丁香配制而成的,《一团和气》则用沉香、檀香、龙涎香、苏合香、西红花、菊花、荷花、白芷等配制而成。

2. 赏器

主要是请客人欣赏香炉。香炉也是文人雅士喜爱的收藏品,从汉墓中出土的博山炉,被认为是中国香炉之祖,明代的宣德炉也是炉中珍宝。现代茶室用的香炉尽管多为仿制品,但是其中也很有学问。例如有的仿商周名器,有的仿明代名窑,有铜质,有铁质,有瓷质,有紫砂,有的则是日本、中国台湾当代著名企业的品牌产品,琳琅满目,颇有审美价值。

3. 点香

点香分隔火熏香和直接焚香两种。隔火熏香法是把完全点燃的香碳埋入香灰中,然后放置云母片或金属片,最后再用香匙放置入香粉,并用双手把香炉捧放在香炉坐座上。

4. 追香

人的嗅觉在感知气味时有一特性,当人闻到一种独特的气味时,嗅觉会很快进入一种全神贯注的兴奋状态,会自然而然地试图追根溯源,专一地去捕捉香气的来源及特征。这种状态称为追香,追香的过程,也是宁神静气的过程。

5. 迎香

即追寻到香气后进行深呼吸,吸入香气,吐出浊气。吸入天地赐给的生气,涵养自身体内的元气。吸气时要令胸腔尽量扩展,使肺活量达到最大,呼气时要舒缓,把浊气吐尽。如此数次,有益于身体健康。

6. 听香

古有"久处芝兰之室而不闻其香"之说,是说人的嗅觉是最容易审美疲劳的,所以当追香迎香,深呼吸几遍后,即可开始播放与茶会主题相关的音乐,让悠悠袅袅的香烟,伴着轻柔的乐曲在茶室内曼舞,如敦煌的飞天仙女,把你

---

① 陈云君. 燕居香语. 天津:百花文艺出版社,2010:81

的心引入高雅而神奇的境界,为茶艺表演做好铺垫。

7. 送香

即收拾香器。

8. 谢香

主人向客人行礼,客人还礼后主人捧起香器退场。品香告一段落。

在品赏特殊的香或香气太淡雅时,客人可以用手抄法兜取香气闻香,也可以由主人捧起香炉请客人传着闻香。

第五节 挂 画

挂画,也称为挂轴,这是茶席布置时很重要的内容。因为茶艺表演时所挂的字画是茶艺风格和主题的集中表现,所以在茶席布置时,挂画常起到画龙点睛的作用。在日本,挂轴更是受到异乎寻常的重视,据说日本茶道鼻祖千利休居士,为了按照理想的尺寸比例挂自己中意的挂轴,不惜重金,按挂轴的尺寸重新改建了茶室。

我国茶室挂画远比日本复杂,因为日本一间茶室中一般只挂一幅挂轴,而在我国可以只挂一幅,也可以挂多幅。而当挂多幅字画时,无论是主次搭配,色调照应,还是形式和内容的协调,都要求主人有较高的文学修养和美学修养,否则很容易画蛇添足。

一、茶室挂画的类型

茶室挂画从内容上看分为字与画两大类。从其装裱和尺寸看,可分为中堂、斗方、条幅、扇面、对联、横幅等。

1. 中堂画

中国旧式房屋的正厅比较宽敞,正面墙壁中央挂的大幅书画称为中堂。在现代茶室,中堂画挂于茶室主墙面,通常是正对着门的地方,是整个房间的视觉中心,其作品的内容、装裱方式、色彩等都决定着茶室的艺术风格。因此,茶室是否挂中堂,要根据茶室的面积、高度、装修风格慎之又慎地考虑后再决定。中堂画的素材包含人物、神像、山水、花鸟、风景,其风格有年画系列、国画系列、油画系列。

2. 斗方

斗方是书画界常用的术语。斗方的尺幅较小，常见的有三尺斗方（55/50 厘米）、四尺斗方（69/68 厘米）、五尺斗方（84/77 厘米）。斗方适合作为茶室的点缀，作为对主挂轴内容的补充。

3. 对联

对联也称楹联，常挂于大门两边的壁柱上或主墙面挂轴的两边。根据茶室面积大小，楼层高低，常见的有三尺对联（100/27 厘米）、四尺对联（138/34 厘米）、五尺对联（153/42 厘米）及六尺对联（180/49 厘米）。楹联平仄严谨、言简意赅、内容丰富、寓意深刻，最宜用来表明主人的志趣，彰显茶室的风格或茶艺的主题。

4. 条幅

长条形的书画称为条幅。条幅是竖行书写的书法作品，单挂的条幅也称单条，成组的（一般四条）称为屏条，尺寸一般为一整张宣纸对裁。

5. 横幅

横写的字画称为横幅。茶室中的横幅常为四个字的书法横幅或国画横幅。常见的有三尺横幅（100/55 厘米）、四尺横幅（138/69 厘米）、五尺横幅（153/84 厘米）。

6. 扇面

扇面书画分为折扇扇面和团扇扇面两种，可用于茶室墙面点缀。

7. 挂轴

挂轴是书画装裱中直幅的一种体式，亦称为立轴，常作为茶室布置时画龙点睛的主题画或书写与茶艺内容直接相关的诗词。

二、茶室挂画的美学讲究

我国自古就有"坐卧高堂，究尽泉壑"之说，在茶室张挂字画的风格、技法、内容是表现主人胸怀和素养的一种方式，所以很受重视。

（一）注意位置的选择

主题书画的位置宜选在一进门时目光的第一个落点或主墙面，也可选在泡茶台的前上方，或主宾坐席的正上方等明显之处。

（二）注意采光

挂画时应注意采光，特别是绘画作品，在绘画时光源常来自左上方，在向阳居室，绘画作品宜张挂在与窗户成直角的墙壁上，通常能得到最佳的观赏效

果。如果自然采光的效果不理想，应配置灯具补光。

（三）注意挂字画的高度

张挂字画是供人欣赏的，为了便于欣赏，画面中心以离地 2 米为宜。字体小或工笔画可适当低一些。若是画框，与背后墙面成 15°～30°角为宜。

（四）注意简素美

茶室之美，美在简素，美在高雅，张挂的字画宜少不宜多，应重点突出。当茶室不是很大时，一幅精心挑选的主题字画，再配一两幅陪衬就足够了。

（五）字画的色彩

字画的色彩要与室内的装修和陈设相协调。同时画面的内容也要尽可能精炼简素。此外，主题字画与陪衬点缀的字画，无论是内容还是装裱形式都要求能相得益彰。

三、茶室字画的装裱

因为书画是用宣纸作底的艺术品，即怕潮湿又怕干燥，十分娇贵，时间久了还很容易破损，所以必须装裱后再张挂。

在茶席布置时，字画是最出彩的亮点，要舍得把好钢用在刀刃上。在装裱字画时用料一定要讲究，裱画工艺一定要精湛，配绫配纸选料要上乘，要用名贵或精致的轴头，裱工背面要用月蜡磨砂至平滑光亮，镶嵌接口要与周边厚薄均等。精美的裱工开卷后平放在案台上，画面安稳平和柔软，挂起来让人感到有艺术震撼力，能很好地体现出书画作品的原貌。

一件装裱完整的书画，挂轴各个部分各有名称。

（1）命纸：即画心的托纸，如果没有这层托纸，画心则减色，缺乏神韵，显得没有生命力，所以称为"命纸"。

（2）让局：画心四周和裱边之间有一分空出的空隙，称为"让局"。

（3）覆背：即画幅背后整个裱纸。

（4）割界：在条幅的上下或者手卷的前后，裱工加上一条不同颜色的绫或绢，称为"割界"，也叫"隔水"。

（5）诗堂：即直幅画心上端的一块纸。设这方纸一是在画心较短时，用来调节长短比例，使之得当，二是用于题诗赞画，所以称为"诗堂"。

（6）画杆：即卷画用的圆木杆，画的上端较细，称为"天杆"，下端较粗，称为"地杆"。

（7）轴头：即装在地杆两头的轴头。轴头是装裱的重要点缀，常用红木、紫檀、象牙、牛角等材料精工细作。

（8）伴：在画幅背后，地杆两边有两条绫或绢制厢边，为了保护画杆不致脱落而设，称为"伴"。

（9）包首：在画上首的裱纸背后加裱一段绢或绫，卷好后能包住画轴之首，故称"包首"。

（10）曲圈：在天杆上钉的铜鼻，用它栓丝线以便悬挂，称为"曲圈"。

（11）扎带：即丝中间栓的绢带，用来捆扎画轴。

（12）燕带：在画幅裱工的上端，粘有两条对称的直带，称为"燕带"。

书画界人士常说"三分画，七分裱"，装裱后的字画才是一件完整的艺术品，才能更充分体现书画作品的艺术价值。所以，在茶室挂画中，装裱的款式设计、颜色搭配都反映着主人的美学修养，因而切不可掉以轻心。

四、书画的内容

茶室所挂的字画可分为两大类。一类是相对稳定，长久张挂的，这类书画的内容主要根据茶室的名称、风格及主人的兴趣爱好而定。例如，佛教风格的茶室，可命名为"一味轩"，室内主墙面可挂一横幅"茶禅一味"，侧墙面配一斗方："茶禅一味，甘苦一味，味味一味，醍醐法味"；或命名为"六如轩"，主墙面可挂一幅佛像，亦可挂一幅"佛"字或"禅"挂轴，配一副对联："如梦如幻如露如电如泡影，惜花惜月惜情惜缘惜人生。"若茶室较大，可再点缀一幅扇面或圆光。若是道家风格的茶室，可命名为"天香阁"，横幅或挂轴上可选"道法自然"、"天人合一"、"上善若水"等道家名言。对联可选："茶爽添诗句，天清莹道心"；"林下煎茶涤胸臆，云中跨鹤学吹箫"等，亦可用书写着吕岩、白玉蟾、马钰等道家祖师茶诗的作品为点缀。再如，儒士风格的茶室，可命名为"读月斋"，主墙面挂轴："品茗日久香透骨，读月到老人如诗。开口便劝吃茶去！不怕世人笑我痴"。再配上一副与月有关的对联，如"依窗闲坐待明月，围炉烹茶酬知音"或"闲心闲情闲读月，品茶品酒品人生"。

茶室中的书画若能用主人自己的作品那就再好不过了。茶室主人可能未必精通书画，但随心抒怀，直达胸臆，信手挥毫，把自己的志趣喜好坦然展示出来，这样更加符合中国茶道的精神。

茶室中的挂画，还有一类是为了突出茶艺主题，为茶艺表演造势而专门张挂的，所以要根据茶艺表演的需要而不断变换。

在茶室挂画后，有时还要精选一两件艺术品作为陪衬。如奇石、盆景、古玩、乐器等，这样可以使茶室更加有内涵、有品位，但是切忌搞得太繁杂。"茶性俭，最宜精行俭德之人"，在茶事活动的任何环节都是以俭为贵，否则，过犹不及。

思考题

1. 什么是茶席布置？其中灯光照明有哪些功用？
2. 茶席铺垫的方法有哪几种类型？请举例说明。
3. 茶室插花有哪些主要特点？茶室插花有哪几种主要形式？应注意什么问题？
4. 在茶艺演示过程中，焚香有什么功效？请简述茶艺演示中品香的主要程序。
5. 自行命名一间主题茶室，并设计出挂画的内容和装裱方式。

第六章　茶艺演示前的准备

下篇 茶艺实操

第七章

泡茶的基本功

导读

古人讲"要有惊人艺，先练基本功"，修习中国茶艺也是这个理。泡茶的基本功主要包括了解各类茶的茶性和主要代表性品种，然后在此基础上选择冲泡器皿并艺术化组合后布置好茶席；掌握好冲泡的方式和投茶量，确定投茶的最佳水温及出汤时间等。本章分为绿茶、红茶、乌龙茶、黄茶、白茶、黑茶等六节进行讲述。课外导读《茶艺师培训教材》，江用文、童启庆主编，金盾出版社，2008年版。

第一节　冲泡绿茶的基本功

一、绿茶的茶性

绿茶是用茶树新梢的芽、叶、嫩茎，经过鲜叶摊放、杀青、揉捻、干燥等工艺制成的茶。绿茶是我国历史悠久，品种最多，产量最大，消费面最广的一种茶类，2008年我国绿毛茶产量达92.66万吨，约占全国茶叶总产量的3/4。从加工工艺上看绿茶不经过发酵；从外形上看高档绿茶都是以细嫩茶青为原料，属芽茶类；从香气上看绿茶的香气清鲜，以豆花香、板栗香、毫香、嫩香为主；从滋味上看绿茶鲜醇甘爽；从总体上看绿茶的茶性特点为一嫩三绿：茶芽嫩、外形绿、汤色绿、叶底绿。

苏东坡赞美茶的传世名诗云："戏作小诗君一笑，从来佳茗似佳人。"如果用佳人来喻茶，那么乌龙茶好比是风情万种、个性鲜明、成熟练达的大牌明星；红茶好比温顺妩媚、温柔体贴、温情脉脉的东方少妇；而绿茶则如清丽脱俗、清纯可爱、洋溢着青春活力的春妆处子。

二、绿茶的分类及代表性名茶

绿茶类名茶很多，仅收录进《中国名茶志》的就有800多种，为了便于经营管理，可按加工工艺或成品茶的外形分类，详见表七。

绿茶的代表性品种很多，最负盛名的有如下八款。

（一）西湖龙井

西湖龙井属于扁形细嫩炒青绿茶，为历史名茶，创制于明代。明代茶人高濂在《四时幽赏录》中写道："西湖之泉，以虎跑为最。两山之茶，以龙井为佳。"从此"龙井茶，虎跑水"成了杭州西湖的双绝，古往今来不知陶醉了多少游人。清代康熙皇帝在杭州创设"行宫"，把龙井茶列为"贡茶"。后来乾隆皇帝下江南时，曾到杭州狮峰山下胡公庙品饮龙井茶，饮后赞不绝口，兴之所至，将庙前十八棵茶树封为"御茶"。开国总理周恩来曾把茅台酒、中华烟、龙井茶作为招待外宾的三大国宝，从此龙井茶成了我国家喻户晓的名茶。

表七 绿茶一览表

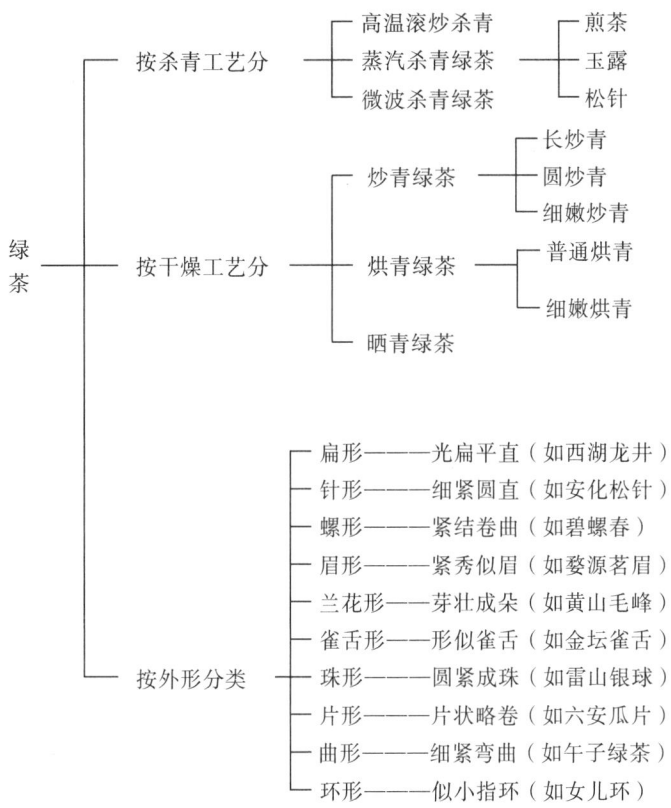

历史上，龙井茶按照产地的生态条件和炒制技术，分为"狮"、"龙"、"云"、"虎"、"梅"五个品类，狮字号为狮峰山一带所产；龙字号为龙井、翁家山一带所产；云字号为云栖一带所产；虎字号为虎跑、四眼井一带所产；梅字号为梅家坞一带所产。其中狮峰山龙井香气高锐而持久，滋味鲜醇，色泽呈"糙米色"，为龙井茶中的极品。目前实施的国家标准 GB/T18650《地理标志产品·龙井茶》中对龙井茶进行了新的界定。标准规定："在原产地域范围内采摘的茶树鲜叶，按照传统工艺技术在原产地域范围内加工而成，具有'色绿、香郁、味醇、形美'的扁形绿茶方可称为龙井茶。"并根据原产地域范围，把龙井茶分为西湖龙井、钱塘龙井和越州龙井等三个产区。现杭州市西湖区为西湖龙井产区。现杭州市萧山、滨江、余杭、富阳、临安、桐庐、建德、淳安等县（市、区）为钱塘龙井产区。现绍兴市绍兴、越城、新昌、嵊州、诸暨等县（市、区）以及上虞、磐安、东阳、天台等县（市）部分乡镇区域为越州龙井产区。

龙井茶鲜叶采摘细嫩，要求芽叶均匀成朵，炒工精细，成品茶外形扁平挺直似"碗钉"，匀齐光滑，色泽翠绿微带嫩黄，香气鲜嫩馥郁、清高持久，有"色绿、香郁、味醇、形美"四绝佳茗之誉，其中西湖龙井产区生产的龙井茶香郁味甘，品质最佳，是茶人公认的中国十大名茶之一。

（二）洞庭（山）碧螺春

洞庭（山）碧螺春属于螺形细嫩炒青绿茶，为历史名茶，创制于清朝早期，原产于江苏吴县太湖洞庭山。据清代《野史大观》记载："太湖洞庭东山碧螺峰石壁，产野茶数株，土人称曰：'吓煞人香'，康熙己卯年（1699年）抚臣宋荦购此茶以进，（帝）以其名不雅驯，题之曰碧螺春。"

我国于2003年4月1日对洞庭（山）碧螺春茶实行原产地域产品保护，同时实施国家标准（GB18957—2003）。按国家标准规定，只有在江苏省苏州市吴中区的东山镇和西山镇现辖行政区范围内，"采自传统茶树品种或选用适宜的良种进行繁育，栽培的茶树的幼嫩芽叶，经独特的工艺加工而成，具有'纤细多毫，卷曲呈螺，嫩香持久，滋味鲜醇，回味甘甜'为主要品质特征的绿茶"方可称为洞庭（山）碧螺春茶。

碧螺春的采制工艺要求十分严格。鲜叶采摘的时间为春分至谷雨，谷雨后采制的茶不得称为洞庭（山）碧螺春茶。故有"一嫩三鲜"之誉。一嫩指采摘的叶芽嫩，三鲜指色鲜、香鲜、味鲜。品饮碧螺春要细品慢啜它那独特的花香果味。头一泡时碧螺春汤色淡、香气幽、味鲜雅；第二泡汤翠绿、香馥郁、味醇厚；第三泡汤碧清、香气持久、回甘明显。三道茶后，人的五脏六腑得到滋润，令人血脉畅通，心旷神怡，飘然欲仙。碧螺春在1982年和1986年的全国名茶评比会上被为全国名茶，也是公认的中国十大名茶之一。

（三）六安瓜片

六安瓜片产于安徽省的六安、金寨、霍山三县之毗邻山区，分为内山瓜片和外山瓜片两个产区。产量以六安最多，品质以金寨为优。六安瓜片问世于1905年前后，它的采摘标准与其他细嫩绿茶不同，以对夹二三叶和一芽二三叶为主，加工成的成品茶外形似瓜子形的单片，自然平展，叶缘微翘，色泽宝绿，大小均匀，不含芽尖和茶梗。六安瓜片的香气清香高爽，滋味鲜醇回甘，汤色清澈透亮，叶底嫩绿明亮，1982年被商业部评为全国名茶。金寨县齐云山所产的"齐山名片"是六安瓜片中的极品，分为一级、二级、三级。其他地方产的分为四级八等。

（四）黄山毛峰

黄山毛峰产于安徽省黄山风景区境内海拔700~800米的桃花峰、紫云峰、

云谷寺、松谷庵、慈光阁等地，以及风景区外周的汤口、岗村、杨村、芳村一带。"天下名山，必产灵草"。黄山是我国风景名山，是世界自然、文化双遗产地，它以奇松、怪石、云海、温泉四绝闻名天下，素有"五岳归来不看山，黄山归来不看岳"之说。早在宋代，黄山已有产茶记载。黄山毛峰创制于清代光绪年间，目前黄山毛峰分特级和一级、二级、三级，特级黄山毛峰其形似雀舌，匀齐壮实，峰显毫露，色如象牙，鱼叶金黄，清香高长，汤色清澈，滋味鲜浓醇厚，叶底肥壮成朵。其中"金黄片"、"象牙色"是特级黄山毛峰的特色。黄山毛峰1986年被评为全国名茶，也有人把黄山毛峰列为中国十大名茶之一。

（五）都匀毛尖

都匀毛尖又名"鱼钩茶"，属螺形细嫩炒青绿茶，为恢复历史名茶，创制于明清年间，原产于贵州都匀团山、大定一带，1973年恢复生产，1982年在长沙全国名茶评比会上荣获全国名茶称号。

都匀毛尖采摘标准为一芽一叶初展，芽长不超过2厘米，通常炒制500克特级都匀毛尖需5.3万~5.6万个芽头，炒制出的成品色泽鲜绿、外形匀整、白毫显露、条索卷曲、香气清嫩、滋味鲜浓、回味甘甜、汤色清澈、叶底明亮、芽头肥壮。著名的茶学前辈庄晚芳教授品后题诗云："雪芽芳香都匀生，不亚龙井碧螺春。饮罢浮花清鲜味，心旷神怡功关灵！"都匀毛尖极细嫩，宜用75℃~80℃的开水，用上投法或中投法冲泡。也有不少茶人把都匀毛尖列入中国十大名茶。

（六）信阳毛尖

信阳毛尖为历史名茶，始创于清末，产于河南信阳市诸县，以产于"五云两潭一寨"（车云山、云雾山、集云山、天云山、连云山、黑龙潭、白龙潭、何家寨）的最为有名。

信阳茶区属高纬度茶区，所产茶叶中氨基酸、儿茶素、芳香物质等内含物质丰富，适制高档茶。1915年2月在巴拿马万国博览会上，信阳毛尖以外形美观，香气清高，滋味浓醇的独特品质，被授予世界茶叶金质奖。1959年，信阳毛尖在全国评茶会上被评为全国十大名茶。

目前信阳毛尖分为特级和一级、二级、三级、四级、五级，共六个等级。特级信阳毛尖一芽一叶初展占85%以上，条索紧细、光滑、白毫满披，色泽嫩绿，香气高爽持久，滋味鲜醇，汤色嫩绿明亮，叶底嫩绿匀齐。

（七）午子绿茶

午子绿茶是绿茶类的新秀，产于陕西省西乡县，1985年通过国家技术鉴定，

1991年荣获中国杭州国际茶文化节"中国文化名茶奖"。其后又荣获"中国国际博览会金奖"。他们十年磨一剑，坚持运用特劳特的"定位论"，努力打造中国第一真品牌绿茶，已开发出包括午子绿茶、午子仙茗、午子名眉三大类五十多个品种、规格和等级的系列产品，用于接待多位党和国家领导人及多位外国元首。

西乡县产茶历史十分悠久，相传汉高祖刘邦曾在该县一处小镇品茶论天下，后人为纪念他取名为茶镇。在我国众多产茶区中，西乡属于高纬度茶区，这里南有巴山，北有秦岭，群山四合，茂林被岗，具有"雨洗青山四季春"的宜茶环境，所产的绿茶以"纯绿色、全天然、无污染、富锌硒"而出名，其中午子仙毫选用清明前后不超过3厘米的一芽一叶初展的鲜叶，经过杀青，初干做形，烘焙，拣剔，复火焙香等五道工艺程序制成。成品茶朵形微扁，翠绿显毫，栗香高雅，茶汤亮绿，滋味醇和鲜爽，有"高山绿仙子"之美称，被评为"中国公认名牌产品"。

（八）凤冈锌硒茶

凤冈锌硒茶是创新名茶，产于列为中国地理标志保护的锌硒有机茶之乡贵州省凤冈县。凤冈县是"全国生态环境综合治理示范县"、"全国绿化造林百佳县"，素有"黔中乐土"之美称，这里北靠大娄山，南邻乌江水，属中亚热带温湿季风气候，年平均降雨量1257毫米，年均降雨日180天，占全年天数的49.3%，土壤团粒结构好，pH值4~6，土层深厚，茶区多数分布在海拔800~1200米的高度上，森林覆盖率高达85%，更难得的是凤冈的土壤中富含锌硒等人体必不可少的微量元素，这里的生态条件可以用"得天独厚"四个字来概括。

优越的生态环境，加上凤冈县政府早在1997年就提出了"建设生态家园，开发绿色产业"的发展战略，独创了猪、沼、林、茶可持续发展的生态模式，这里生产的茶不仅香高、味醇、形美，富含锌硒元素，而且有相当一部分通过了严格认证，达到了有机茶的标准。硒元素被誉为"月光元素"、"抗癌之王"、"长寿之星"，有延缓人体衰老的功效，锌是"生命的花火"、"夫妻和谐素"，能促进人体发育，有效提升人的生命活力，所以凤冈富锌富硒有机茶具有独特的保健功效。2009年，在贵州省名茶评比活动中，凤冈锌硒茶连中三元，在贵州全省评出的十大名茶中占了三席，成为引领保健消费新潮流的绿茶新秀。

另外，南京雨花茶、金奖惠民茶、休宁松萝茶、安化松针、古丈毛尖、桂平西山茶、婺源茗眉、太平猴魁、开化龙顶、敬亭绿雪、长兴紫笋、安吉白茶

等也都是绿茶中的驰名珍品。

三、冲泡绿茶的基本技巧

"诗写梅花月,茶煎谷雨春。"泡茶与写诗一样,都是一个艺术创作的过程。绿茶中的名茶细嫩娇贵,在冲泡时尤应百倍用心,循规蹈矩,如同写古典格律诗一般注重"平仄"和"韵律",才能冲泡出如"梅花月"一样清丽高雅的好茶。冲泡和品饮绿茶一般应掌握以下四个基本技巧。

(一)精茶杯饮,粗茶壶泡

名优绿茶,一般都兼备"色、香、味、形"四大优点,其中干茶外形在茶叶审评时占30%的分数。而汤色和叶底各占10%的分数。而为了便于充分欣赏名茶的茶相、汤色和叶底,并且防止水温过高闷坏了茶,通常宜选用精美的透明玻璃杯来冲泡。冲泡的程序为赏茶、温杯、置茶(分为上投法、中投法、下投法,一般每杯3克)、冲水(一般先用回旋手法,然后根据茶性特点用凤凰三点头手法或沿杯壁缓缓冲水)、奉茶、续水等程序。而大宗绿茶外形粗糙,观赏价值较低,且比较粗老耐冲泡,所以多选用瓷壶或盖杯冲泡。

(二)外形细嫩松展的可用"上投法",名优绿茶用"中投法"或"下投法"

碧螺春、都匀毛尖等细嫩松散的名优绿茶宜采取上投法。即先在洁净的玻璃杯中注入七分杯75℃~80℃的开水,然后用茶匙取茶3克投入杯中,芽叶即会以不同的优美姿态下沉。例如碧螺春一入水便会纷纷下沉,如"碧雪沉江"。沉入杯底后又会向上冒出一串串细小的气泡,如"白浪喷珠"。绿色茶芽吸水后在杯中充分舒展开来,晃动杯子时如绿衣仙女翩跹起舞;静置不动时如"有位佳人,在水中央",翘首企盼,楚楚动人。

龙井、金坛雀舌、黄山毛峰、午子仙毫、竹叶青等茶形比较紧结光滑或有鱼叶保护的名优绿茶宜选用中投法或下投法。中投法是指先在洁净的玻璃杯中投入3克干茶,然后注入约1/3容量85℃~90℃的热水并轻轻摇动后静置1~2分钟,待干茶吸水伸展开后,再用凤凰三点头手法冲入开水至七分杯,冲泡茸毛多的茶时,为了避免茶汤浑浊,应沿着杯壁缓缓注水。"下投法"是指先在每一个洁净的玻璃杯中投入3克绿茶,然后直接冲水至七分杯。这两种投茶法,因茶先入杯,在冲水时茶叶随水浪上下翻腾,徘徊飘舞,如游鱼戏水、绿蝶翻飞,也非常美观。

(三)泡茶的水温要因茶而异,切忌闷坏了茶

同样是名贵绿茶,但不同品种的绿茶因茶性不同,所以对水温要求差别很大。冲泡碧螺春水温75℃左右就足够了，龙井一般要80℃~85℃，而黄山毛峰因有鱼叶保护，所以要求用100℃的沸水冲泡。除了黄山毛峰、君山银针等少数品种之外，用玻璃杯冲泡绿茶一般不加盖。在日常生活中最忌用开水瓶、保温杯等器皿冲泡绿茶，这样极易闷坏了茶，使茶"熟汤失味"，即茶汤失去鲜爽度和嫩香，变得苦涩沉闷。

（四）应注意续水技巧和讲解引导

绿茶一般只冲泡三道。第一冲称为"头开茶"，品"头开茶"应引导客人目品"杯中茶舞"，并着重引导客人细啜慢品，去品味鲜嫩的茶香和鲜爽的茶味。"头开茶"饮至尚余1/3杯时，即要及时续水到七分满。太迟续水会使"二开茶"茶汤淡而无味。品"二开茶"时，滋味最浓醇，这时应注意引导客人去体会舌底涌泉、齿颊留香、满口回甘、身心舒畅的妙趣。"二开茶"饮剩小半杯时即应再次续水，一般绿茶到第三次冲水后基本上都淡薄无味了，这时可佐以茶点，以增茶兴。

四、绿茶的工夫泡法

绿茶的香气多为毫香、嫩香、豆花香、板栗香，香气鲜嫩清雅。用传统的冲泡方法，每杯投茶3克，因茶汤较淡，所以不易充分享受绿茶的嫩香。近年来，嗜饮浓茶爱闻茶香的茶人，借鉴工夫茶的泡法来冲泡绿茶，取得了独到的效果。

绿茶的工夫泡法宜选用水晶玻璃同心杯或盖碗，在杯中投入10~15克绿茶，然后冲入少许100℃的开水，浸润2~3秒钟即将开水倒入公道杯备用。被100℃开水激发后，同心杯中的绿茶即散发出浓郁的芬芳，这道程序称之为"高温开香"。在高温开香时要特别注意浸润的时间。浸润的时间不足，茶香不会充分挥发；浸润的时间太久，易"烫死"了茶，使后边几道泡出来的茶欠鲜爽而且有沉闷的熟汤味。在高温开香后，应马上传着闻香，以免茶香散失。

在闻过同心杯中的茶香后，即可向同心杯冲入80℃左右的开水，并根据各人的口味确定出汤的时间。出汤时把茶汤先倾入公道杯，让这一道茶汤与高温开香后存在杯中的浓汤混合均匀，然后斟入品茗杯中敬奉给客人细品。绿茶的工夫泡法可冲泡7~9道，泡出的茶汤香气浓郁、滋味浓醇、回甘强烈而持久，每一道茶汤的色、香、味都富有变化，比起常规泡法，别有一番情趣。

第二节 冲泡红茶的基本功

一、红茶的茶性

红茶是世界上消费量最大的一种茶类,创制于福建省崇安县(今武夷山市)星村镇桐木关一带。在清代,由于红茶的出口生意兴隆,福建、江西、湖南、广东、台湾等地也都大力发展红茶生产。后来红茶的制法传到了印度和锡兰(今斯里兰卡)等国,我国红茶在国际市场上的垄断地位逐步被打破。2008年我国红茶毛茶的产量为6.97万吨,仅占全国茶叶总产量的6%。

红茶属于全发酵茶类,其特点是:"红叶、红汤、红叶底"。红茶具有极好的兼容性,最适合加奶、加蜂蜜、加糖、加果汁、加柠檬、加香料甚至加酒,可调和成各种浪漫饮料。如果用乐器来比喻茶,绿茶如短笛,其音清丽悠扬,最宜用于表达田园牧歌情调;乌龙茶如古编钟,其音古雅而有力,自有矜持华贵的王公贵族之气;普洱茶如古琴,其音深沉、含蓄、温籍,时而志在高山,时而志在流水,引人遐思;而红茶则像是萨克斯,其音色深沉、丰满、缠绵而浪漫,最能撩动人对爱情的遐想。

二、红茶的分类及代表性名茶

红茶是一个庞大的家族,约占世界茶叶交易量的3/4,在我国红茶分为三类,详见表八。

(一)红茶的分类

红茶一般分为三大类。

1. 小种红茶

小种红茶是我国福建的特产,是世界红茶的始祖,初制工艺为鲜叶萎调、揉捻、充分发酵杀青(过红锅)、复揉、薰焙等六道工序。由于采用松柴明火干燥,干茶带有令人愉悦的松烟香。产于福建武夷山市星村镇桐木关一带高山区的小种红茶称为"正山小种红茶"或"星村小种";福安、松溪、政和、建阳等县(市)仿制的称为"外山小种"或"人工小种"。用劣质工夫红茶熏制的称为"烟小种"。

2. 工夫红茶

在小种红茶基础上改进生产工艺，加工生产出来的红茶称为工夫红茶。工夫红茶通常以地的简称冠名。因不同产地茶树品种不同，气候土壤等生态条件不同，其品质各有差异。

3. 红碎茶

红碎茶主要是为了适应现代人的快节奏生活而生产的红茶，由于在初制阶段茶叶经过充分揉切，细胞破碎率高，有利于多酚类物质的养护及冲泡时内含物的溶出，形成了香气高锐持久，滋味浓强鲜爽，加牛奶白糖后仍有浓强茶味的品质特点，深受欧美各国消费者的欢迎。

表八　红茶分类一览表

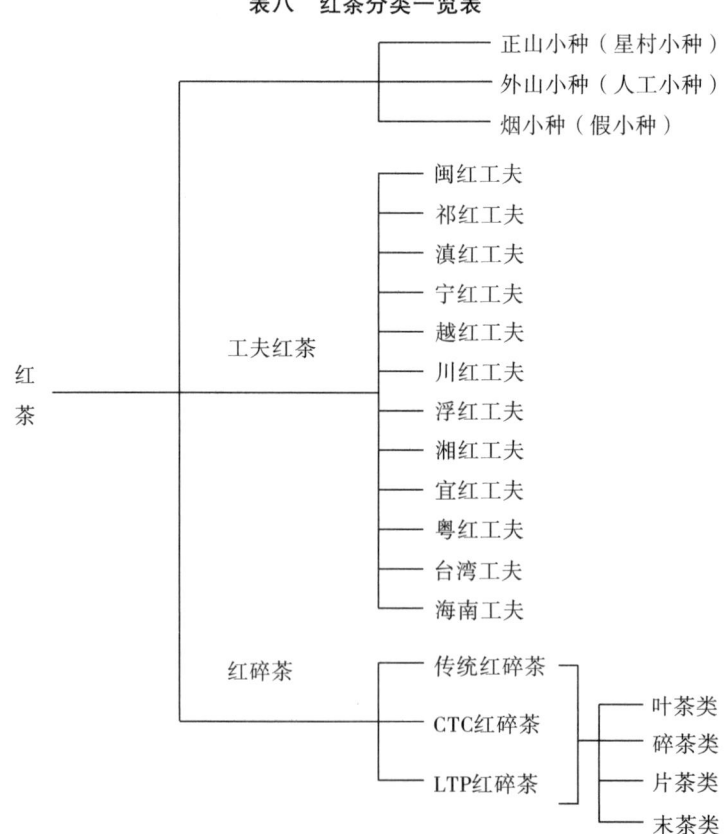

因揉切方法不同，红碎茶分为传统红碎茶、CTC 红碎茶、LTP 红碎茶等三小类。

①传统红碎茶　是指用传统揉捻机"打条"，然后再用转子机切碎的红茶。

②CTC 红碎茶　是一种彻底改变传统揉切方法，使萎调的茶叶通过两个不

锈钢轴,在不到一秒钟的时间即被充分轧碎成颗粒状,发酵均匀而快速的新工艺红碎茶。

③LTP 红碎茶 是指用劳瑞式锤击机破碎生产的红碎茶。

红碎茶的成品又可分为叶茶类、碎茶类、片茶类和末茶类等四类。叶茶类:色泽乌润、香气芬芳、汤色红亮、滋味醇厚、叶底红亮多嫩茎。碎茶类:外形颗粒重实匀齐、香气浓郁、汤色红艳、滋味浓强、叶底红匀。片茶类:外形为木耳形屑片、色泽乌褐、香气尚纯、汤色红亮、滋味尚浓略涩、叶底红匀。末茶类:外形全部为沙粒状或粉末状、色泽乌黑或灰褐、汤色深谙、香低、滋味粗涩、叶底红暗。

红茶是世界各国人民普遍喜爱的茶类,在国际上以四大高香型红茶最为著名。在国内,红茶有"十二金钗"之说。

(二) 世界四大高香型红茶

从世界范围讲,最著名的红茶包括中国祁门工夫红茶、印度大吉岭红茶、印度阿萨姆红茶及斯里兰卡乌瓦红茶等四大高香型红茶。

1. 中国祁门工夫红茶

祁门工夫红茶创制于清光绪元年(1875 年)。一说是当地茶商胡元龙研制成功的。另一说是清代官员余干臣从福建罢官还乡时,途经武夷山,他把当地正山小种红茶的生产工艺引到家乡,加以改良后开发了工夫红茶。因为这种红茶主产于安徽省祁门县,所以命名为"祁红"。后来与祁门县毗邻的石台、东至、黟县、贵池等地纷纷效仿生产。

祁红问世不久即开创了我国红茶的新辉煌,1915 年在巴拿马万国博览会上荣获金奖。祁红外形条索紧结,金毫显露,色泽乌黑泛"宝光"。香气浓郁高长,似蜜糖香,又蕴有兰花香,这种独特的地域香被国际茶业界人士称之为"祁门香"、"王子香"。祁红的汤色红亮艳丽如红宝石,滋味醇厚甘鲜,回味甜润隽永,加奶后汤色粉红,滋味更加鲜美爽滑,深得中外茶人的喜爱。1979 年 7 月 15 日,一代伟人邓小平在黄山视察时题词:"你们祁红,世界有名。"1987 年,在比利时布鲁塞尔第 26 届世界优质食品博览会上祁红再获国际金奖。1980 年、1985 年、1990 年、1995 年祁红连续四届荣获国家优质产品金奖。

2. 印度大吉岭红茶

大吉岭位于印度东北部喜马拉雅山南麓的高原地区,这里海拔高,有的茶园分布在 1830 米处,冬季寒冷,年平均气温仅 15℃。由于昼夜温差大,大吉岭所产的红茶,以其独特的麝香葡萄酒的芬芳(也有人称之为"核桃香"),深得消费者的喜爱，被认为是世界上品质最好的红茶之一，并誉之为"茶中蓝山"、"茶中香槟"。

大吉岭红茶分三次采摘。每年3月中旬至4月中旬生产的称为初摘茶，即春茶。大吉岭春茶清香柔和，口感细腻，汤色较淡，茶叶为精美的绿棕色并且有大量毫尖，极品茶具有麝香葡萄酒的芳香，在世界茶叶拍卖市场中，富商们为购买此茶，常常展开激烈的竞争，使之拍卖出令人难以置信的高价。

5～6月份，大吉岭风和日暖，这时采制的茶称为次摘茶或二茬茶，也称为夏茶。这茬茶风味更加醇厚，更具花果味，上品茶汤色红艳，且有显著的麝香葡萄酒的香味，特别适宜于清饮。吃过口味较重的盛餐之后品饮此茶，更是让人感到心旷神怡，妙不可言。

10～11月采制的称为秋茶或三茬茶，这季茶的茶叶为暗棕色，茶汤呈紫铜色，口味浓强、醇厚、气味芬芳，适于加奶调饮。大吉岭红茶的标识为一位印度采茶女手持一枝茶芽。

3. 印度阿萨姆红茶

阿萨姆是印度最大的红茶产区，茶树种植在布拉马普特拉山谷两侧，大约有2000个茶叶种植园。布拉马普特拉山谷位于大吉岭以东120千米处，与中国、缅甸、孟加拉国接壤。这里年降雨量为2010～3000毫米，雨季时日降雨量可达250～300毫米，温度达35℃，急风骤雨强日照及河谷中千百万年堆积出的肥沃土壤，造就了阿萨姆红茶浓郁刚烈的茶性。

阿萨姆红茶主要分两茬。第一茬茶采制于4～5月，茶汤鲜美浓郁，但产量少，很少在欧美市场上销售。第二茬茶6月份开始生产，7～9月是生产旺季，这茬茶有大量金色毫尖，芬芳浓烈，茶汤厚重黏稠，汤色红浓明亮，最宜加奶作为早餐浓茶或下午茶饮用。阿萨姆所产茶的标识是以生活在布拉马普特拉山谷的独角犀牛为图案。

4. 斯里兰卡乌瓦红茶

斯里兰卡原名锡兰，是个国土面积仅比日本九州岛稍微大一点的岛国，却是世界上红茶出口量最大的国家。斯里兰卡的红茶产地以岛的南部为中心，以茶园高度为区分标准。海拔600～1200米为中地茶，海拔1200米以上高地茶，生长于1200～2300米海拔的高地茶品质最优，其中又以产于乌瓦高地的最负盛名。

乌瓦位于锡兰山脉的东侧，所产红茶汤色橙红明亮，上品茶的汤面有绚丽的金黄色光圈，其香气强烈，滋味浓强，具有令人愉悦、兴奋的刺激性，以7～

9月所产的品质最优。斯里兰卡茶的标志为持剑雄狮。

（三）中国红茶名品

1. 正山小种

正山小种红茶产于福建省武夷山市、建阳市、光泽县三县市交界地带，以武夷山市星村镇的桐木关为中心，海拔800~1500米高山区（即目前国家级自然保护区内）所产的红茶均可称为"正山小种"。"正山"乃真正高山之意，国家级自然保护区之外毗邻山区所产的红茶称为外山小种。

正山小种产地重峦叠嶂，云蒸霞蔚，森林覆盖率高达98.6%，这里的表土为花岗岩风化土，土层厚达1米以上，pH值在5~6.5之间，腐殖质含量高，土中夹杂碎石，多空隙，透气性好，有利于茶树根系发育。而所产的红茶条索肥壮，紧结圆直，色泽乌黑油润，香气芬芳浓郁，汤色红艳明亮，叶底肥厚红亮，滋味浓醇且带有桂圆干的香气和蜜枣味，同时有令人愉悦的松烟香，在18世纪时就已出口欧美，尤其备受英国皇室青睐，被茶界人士尊为"世界红茶始祖"。

2. 坦洋工夫

坦洋工夫红茶为闽红"三大工夫"之一，相传清同治年间（1851—1874年）由福安县坦洋村胡福四（又名胡进四）创制，经广州运销西欧，备受欢迎，其中最盛时期1898年曾出口5万箱（约1500吨），引得大批茶商入山求市，以至坦洋村的产量供不应求，于是福安县及周边的寿宁、周宁、霞浦、柘荣等县竞相仿制，但产量仍以坦洋为最，品质亦以坦洋为佳。

坦洋村地处海拔1200米的白云山下，这里"晴天遍地雾，雨来满山云"，更有清溪环绕，飞泉漱玉，生态环境非常适宜茶树的生长，所产的坦洋工夫条索紧结秀丽，茶毫微显金黄，汤色红明，香气清雅，滋味甜和愉悦。

3. 政和工夫

政和工夫红茶创制于19世纪中叶。政和县地处福建省北部，属中亚热带季风湿润气候，年平均气温为18.6℃，年降雨量1543毫米，山岭多在海拔1000~1200米，茶树品种以小乔木大叶种无性系名茶政和大白茶为主，也生产小叶种红茶。政和大叶种工夫红茶是福建三大工夫红茶中最具有高山茶品质特征的一种条形茶，其条索肥壮紧实，毫心显露，香气甜纯并带有紫罗兰特有的芬芳，汤色红艳明亮，滋味醇厚鲜爽并富有收敛性。在生产政和工夫红茶时，还精选具有花香特色的小叶种红茶，按比例与大叶种茶拼配，所以风味极有特色。

4. 白琳工夫

白琳工夫创制于清光绪年间（1875—1908年），原产于福建省东北部与浙江

第七章　泡茶的基本功

省毗邻的福鼎县，境内太姥山是我国东南风景胜地。相传太姥山鸿雪洞中，野生一株仙茶，该茶的嫩芽遍披茸毛，毫色雪白，萌芽早且芽头肥壮，当地茶农称之为"绿雪芽"。"绿雪芽"于1984年被认定为国家级良种，并正式命名为福鼎大白茶。福鼎大白茶属小乔木型、中叶类、早芽种。白琳工夫即精选福鼎大白茶幼嫩芽叶加工而成，成品茶条索细长弯曲，披满橙黄色茸毛，香气高锐并具有令人愉悦的甘草香，汤色浅红明亮，叶底红亮，茶商也把白琳工夫称为"橘红茶"，即呈橘子一样吉祥红色的茶。白琳工夫的滋味鲜爽醇和，在国际市场享有盛誉，全盛时期，以白琳为集散地，每年运销国外的红茶就多达1500吨。

5. 滇红

滇红创制于1939年。1938年国民党经济部所属中国茶叶公司派冯绍裘、范和钧等人分别到顺宁（今凤庆）、佛海（今勐海）等茶区研究利用云南大叶种茶加工红茶的可行性，次年在顺宁实验茶厂（凤庆茶厂的前身）研制成功。当年生产工夫红茶17.4吨，取名为云红，首批出口500担，经香港销往伦敦，因其形美、色艳、香高、味厚以每磅800便士的最高价售出而一举成名。据说，当时英国女皇非常珍爱此茶，并将其置于玻璃器皿中以便随时观赏。1940年云南茶叶贸易公司采纳香港富华公司建议，将"云红"改名为"滇红"，沿用至今。

1939年9月，佛海实验茶厂（勐海茶厂前身）也试制成功大叶种红茶，后来亦命名为滇红。所以凤庆和勐海并列为滇红创始地。

6. 英德红茶

英德红茶创制于1959年，因产于英德市境内而得名。

英德市，古称英州，位于广东省中部，北江中游，处于热带向亚热带过渡地区，年平均温度20.7℃，年平均降雨量1876.3毫米，年均相对湿度79%，土壤pH值在4.5~6.5之间，土层深厚而肥沃，十分适于种茶。英德红茶品质优良还归功于茶树良种化。用于生产英德红茶的优良品种有引进的云南大叶种、凤凰水仙，也有当地选育的英红1号和英红9号。英红1号芽叶肥壮，茸毛较多，百芽重134克，一芽两叶含茶氨酸2.22%，茶多酚32.15%，儿茶素总量250.11毫克/克，制成红碎茶香气馥郁，汤色红艳，滋味浓强，鲜爽度特高，叶底红亮。英红9号，新梢肥壮，芽头硕大，茸毛特多，百芽重达205克，持嫩性强，一芽两叶含咖啡碱5.59%，氨基酸1.53%，茶多酚34.17%，儿茶素总量243.59毫克/克，用于制高档红茶金毫显露，香高持久，自然花香突出，滋味浓醇鲜爽，汤色红艳晶亮，形质兼美。

将上述品种的茶树合理搭配种植,精心加工后再科学拼配,使得英德红茶别具风味。1963年英国女皇在皇室盛宴上以英德红茶待客,受到普遍称赞和推崇,从此英德红茶名扬四海。1965年朱德委员长视察广东时强调:"一定要把英德的茶叶搞上去,要搞出大名堂来!'英红'被外国人称为红茶中的后起之秀,为我们的国家争了光。"我们著名的茶叶专家庄晚芳教授评价说:"英红是我国红茶中的一朵新葩,身骨结实,色泽乌润,外形匀整优美,金毫显露,具有香气浓郁,汤色红艳,滋味浓烈等特色,饮后甘美怡神,清鲜可口。"

7. 九曲红梅

九曲红梅属于越红工夫。越红工夫为浙江省出产的工夫红茶,主产于绍兴、诸暨、嵊县、温州下属六县(市)及杭州等地。

九曲红梅原产于福建武夷山九曲溪畔,以其色红香清如红梅而得名。太平天国期间,武夷山茶农北迁,把这种红茶的制作工艺传到杭州西湖区的湖埠、上堡、张余、冯家、社井、上阳、下阳、仁桥一带,后因其品质优良,生产范围不断扩大。九曲红梅的外形条索细若发丝,紧细而秀丽,抓一把时相互勾连,色泽乌润,香气芳馥,汤色红艳明亮,滋味醇厚,系内销的高级工夫茶,主要行销于上海、杭州、苏州等东南沿海城市。湖埠大坞山产的九曲红梅最为有名,为茶商争购的上品。

8. 修水龙须红茶

"修水龙须红茶"属于宁红系列。宁红工夫是我国最早的工夫红茶之一,主产于江西省修水、武宁、铜鼓等县。因为修水、武宁古属义宁州,所以所产的红茶称为"宁红"。宁红工夫以其优良的品质驰名中外,光绪十八至二十年(1892—1894年)出口量曾达30万箱(每箱25千克),其中"厚生隆"茶庄生产的"太子茶"卖给俄国茶商每箱售银100两,俄国赠送牌匾曰:"茶盖中华,价甲天下。"修水县漫江乡宁红村生产的龙须红茶更是一绝,此茶在清道光初年与宁红同时兴起。制作龙须茶选料特讲究,做工极精细,成品茶每一束干重7.8克,基部用丝线扎紧,90~100个茶条成为一束,形如红缨枪头,外披五彩花。冲泡时,整个龙须茶在茶汤中因基部紧结,成束下沉,而茶芽吸收水分后徐徐向外展开,宛如一朵鲜艳的菊花在水中绽放,故有"杯底菊花掌上枪"之说。

龙须茶不仅形美,而且汤色红艳明亮,边缘的光圈金黄绚丽,烁烁生辉,香气鲜爽馥郁,滋味甘醇爽口,多次被评为江西省优质名茶。以往在出口的"宁红"茶箱中,往往每一箱仅放几个龙须茶盖面,作为彩头和标记,从而使经销商倍感珍贵。

9. 竹海金茗

竹海金茗是创制于1996年的新创名茶,产于江苏省宜兴市。宜兴古称阳羡,在唐朝时阳羡茶与顾渚紫笋茶是名震朝野的贡茶。据史料记载,唐代宜兴已开发出"一山和数山弥谷盈岗"的大面积连片茶园,卢仝在传颂千古的《茶歌》中感叹道:"天子须尝阳羡茶,百草不敢先开花。"足见阳羡在中国茶史中的地位。

历史上宜兴以盛产绿茶闻名于世,近代为了顺应市场,也创制了名优红茶,竹海金茗即其中的代表性品种。竹海金茗色泽乌润,金毫披露,条索细紧,香气浓郁持久,汤色红艳明亮,滋味鲜醇浓厚,叶底嫩匀,曾获第二届"中茶杯"一等奖。

10. 贵州高原红

贵州省"天无三日晴,地无三里平"。"天无三日晴"造就了雨雾缭绕,光照柔和,空气湿润的宜茶气候。"地无三里平"造成了"一山分四季,十里不同天"的宜茶生态环境,加上贵州省多民族共聚,在种茶、制茶方面,各民族各有传统技艺,所以贵州名茶辈出,各具风采。如布依族的都匀毛尖,苗族的贵定云雾茶,水族的独山高寨茶,苗族的雷山银球茶,土家族的梵净雪峰茶,侗族的黎平古钱茶,汉族的凤冈锌硒有机茶、绿宝石、湄潭翠芽等。2008年,贵州茶人利用夏秋茶原料,创制成功了高档红茶——贵州高原红,为贵州茶苑万绿丛中增添了一朵红花。

11. 荔枝红茶

宋代大诗人苏轼被流放到广东后,不怨天、不怨命、不怨人,在当时的蛮荒之地,仍然洒脱地写下了赞美荔枝的传世名诗:"日啖荔枝三百颗,不辞长作岭南人。"这一方面表明苏东坡不愧是一个宠辱不惊、豁达大度的茶人,另一方面也可看出岭南珍果荔枝美味诱人。荔枝是果中皇后,茶是瑞草之魁,或许正是有人突发奇想地把这两种天生尤物组合在一起,这才创制出了风味独特的茶叶新产品——荔枝红茶。

荔枝红茶由广东省茶叶进出口公司创制于20世纪50年代,他们选用优良品种的荔枝果汁和上等广东条形红茶,采用科学方法和特殊工艺,促使茶条充分吸收荔枝果汁的香味,制成的产品外形条索紧结细直,色泽乌润,内质香气芬芳,汤色红亮,冲泡后滋味鲜爽甘甜,荔枝风味明显,很受国内外消费者欢迎。

12. 日月潭红茶

台湾产红茶的历史并不是很久。日本占据时期,在日本当局与茶商三井公

司的刻意推动下，台湾北部地区开始试制红茶，当时用于生产红茶的茶树品种主要是源于中国内地的小叶种，所制成的茶叶尽管香气浓郁，但滋味与浓度略显不足，所以在国际茶市场上并没有引起高度关注。1920—1930 年，中国台湾分别从印度引进阿萨姆茶苗和缅甸大叶种茶苗，在南投县试种成功，红茶生产才上了新台阶。1930—1940 年，红茶出口曾一度超过乌龙茶，成为台茶的支柱。后来几经波折兴衰，目前仅少量生产，厂家主要集中在南投县鱼池乡一带。

鱼池乡种植的适制红茶的茶树品种主要有台茶 18 号、台茶 7 号、台茶 8 号。台茶 18 号是以台湾野生茶与缅甸大叶种杂交育出的良种。台茶 7 号、台茶 8 号是以阿萨姆大叶种为基础培育成的良种。用上述茶树良种生产的红茶，汤色绚丽夺目如宝石红，香气洋溢着薄荷香、玫瑰香、果香、蜜香等多元化香型，滋味兼具阿萨姆红茶的醇厚浓郁和乌瓦红茶的强劲鲜锐，加上台湾红茶含有丰富的果胶质，故口感柔滑，喉韵温存，十分有特色。因为产区毗邻日月潭，所以南投县政府把这里生产的红茶命名为"日月潭红茶"。

另外，祁门红香螺，福建武夷山金俊眉、银俊眉，浙江龙游县的龙游玫瑰，广东英德金毫茶，广西汇珍金毫等都是 20 世纪末 21 世纪初新创高端红茶，其性价比正在接受消费者的检验。

三、冲泡红茶的基本技巧

"松雨声来乳花熟，咽入香喉爽红玉"。如果说品味绿茶如同品读田园诗、山水诗，需要多一些灵感，多一些想象力，那么品饮红茶就如同在品读爱情诗，需要多一点深情，多一点温柔。被日本红茶界专家誉为"冲泡红茶第一人"的高野健次先生在谈他冲泡红茶的心得时说："23 年来，每日不间断地与红茶朝夕相处，使我深深地体会到，不管你的大脑对红茶有多么了解，你仍然无法泡出一壶好红茶来。惟有不断地去尝试，用感觉去理解，才能真正踏入红茶的国度。"他强调要想泡好红茶，不仅要多尝试，而且要"与茶叶对话"。我国茶人冲泡红茶的经验十分丰富，主要应注意以下四个方面的问题。

（一）器皿的选择

饮热的纯红茶一般宜选用精美的圆型瓷壶和细瓷杯组合，这样的组合比较温馨并富有情趣。饮冰红茶，可用瓷壶泡后，冲入装有冰块的玻璃杯饮用。

（二）水的选择

冲泡红茶不宜选用硬水，应选用太空水、纯净水、蒸馏水等软水。水中含矿物质少，含新鲜空气多者为佳。隔夜的水、二度煮沸的水、保温瓶中的水一律不适合用来泡红茶。冲泡各种红茶的水温均以初沸为最宜。

（三）投茶量

150毫升的标准杯以2.5克为宜。用壶冲泡红茶时，茶人有一句格言："一匙给你，一匙给我，一匙喂茶壶。"每一小匙红茶约2.5克，即投茶量每一壶至少要有7.5克左右，如果茶叶太少，即使少冲水也无法充分发挥出红茶的香醇味。

（四）冲泡程序（以两杯为例）

1. 把新鲜纯净的水放进随手泡电茶壶加热。
2. 在烧水时，把茶杯、茶壶温热。
3. 用茶匙取7.5克红茶置入瓷壶。
4. 待水初沸30秒后，一气呵成地向茶壶中冲入约500毫升的开水。
5. 盖上壶盖后浸泡1～3分钟。
6. 打开壶盖用茶匙轻轻搅拌后，用过滤网把茶汤斟入茶杯。
7. 奉茶饮用。

四、红茶多姿多彩的冲泡方法

（一）冰红茶的泡法（二次处理法）

（1）茶壶预热后投入7.5克红茶。
（2）将500毫升初沸的开水一次性急剧地冲入茶壶，盖上壶盖后静置3分钟。
（3）待壶温降到70℃～80℃时把红茶滤到一个耐热玻璃壶内待用。
（4）在另一个玻璃壶内装上七成满的碎冰块。
（5）把红茶冲入装有冰块的玻璃壶内，轻轻顺时针搅动4～5秒即可出汤。
（6）把冷却过的红茶斟入盛有碎冰块的玻璃杯中，调入适量糖汁或方糖即可饮用。

（二）冰红茶的急速冷却法

将加倍浓度的热红茶，直接用过滤网冲入装有六分满碎冰块的耐热玻璃杯，然后一面轻轻搅拌使之冷却，一面不断加入冰块，待充分冷却后，再调入适量糖汁即可饮用。这种泡法因为是把泡好的浓红茶直接倒入饮用杯急速冷却，所以香气和滋味都不易逸散。

静品默赏冰红茶，香浓味永，凉爽沁心，最容易让人体会到红茶那无言的温柔。

（三）香料红茶的配制

食用香料一般都有开胃、养胃、健胃的功效，其中有不少香料适合与红茶匹配调制成香料茶。其中小豆蔻、丁香、肉桂、姜、肉豆蔻、黑胡椒、白胡椒、果仁等最常用。以小豆蔻奶茶的配制为例：

（1）在小锅内注入280毫升水，捣碎8~10粒小豆蔻，放入4匙红茶一起煎煮。

（2）煮沸1~3分钟后倒入500毫升鲜牛奶，煮到快要沸腾时迅速关闭火源。

（3）用茶滤把煮好的奶茶分别斟入预热过的茶杯。在每一杯奶茶面上轻轻放入1~2粒小豆蔻。

喜爱甜茶的可在煮茶时加入适量白砂糖。

小豆蔻被誉为"香料女王"，具有馥郁的芳香，可防止口臭并生津健胃。

（四）酒茶的配制

用红茶配制酒茶时除了常用到的六大基酒（白兰地、威士忌、金酒、朗姆酒、伏特加、特其拉）之外，还常用葡萄酒、青梅酒等。以居于喜马拉雅山下雪尔帕部族爱喝的雪尔帕茶的配制为例：

（1）取几粒玫瑰香葡萄压碎，与7.5克红茶一起放入茶壶，用500毫升开水冲泡。

（2）再取几粒玫瑰香葡萄对半切开，分别放入玻璃杯中，每杯淋上少许红葡萄酒。

（3）将泡好的红茶用茶滤斟入玻璃杯中，再取2粒连枝的葡萄点缀在杯缘即可饮用。

冲泡红茶是一种美的创作，同时也是高雅的自娱自乐。只要你掌握红茶的茶性并顺应茶性大胆实践，那么每一次成功都会令你惊喜，都会让你体会到宋代诗人黄庭坚在品茶词中描述的那种"恰似灯下故人，万里归来对影，口不能言，心下快活自省"的美妙境界。

第三节 冲泡乌龙茶的基本功

一、乌龙茶的茶性

乌龙茶也称为青茶，从外观上看它属于叶茶类，从加工工艺看属于半发酵茶。乌龙茶具有绿茶的鲜灵清纯，红茶的醇厚甘爽，花茶的浓郁芳香，集众美于一身，自成大家气度。若用画来比喻茶，红茶是水粉画，绿茶是写意水墨画，乌龙茶则是油画。因为乌龙茶最凝重，红茶最艳丽，而绿茶最淡雅，并且乌龙茶以其香型丰富多变，滋味浓酽有风骨，韵味无穷，令人一啜便刻骨铭心，无法忘怀的特质，正受到越来越多消费者的追捧和钟爱。2008 年我国乌龙茶（毛茶）的产量达到 14.41 万吨，比 2000 年的 6.76 万吨增长了 1 倍多。

二、乌龙茶的分类及代表性名茶

乌龙茶按产区可分为五类，详见表九。

表九　乌龙茶分类一览表

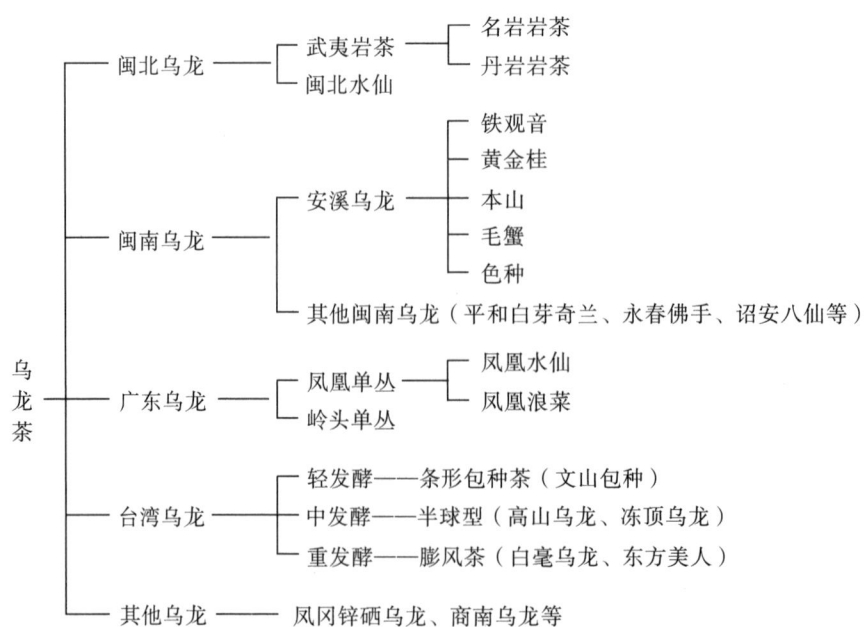

乌龙茶中的主要代表性品种有以下六款。

（一）大红袍

大红袍属闽北乌龙，为历史名茶，原产于福建省武夷山市风景区内九龙窠的悬崖峭壁上。大红袍母树所在地两旁岩壁高耸，太阳直射时间短，温湿的小气候特别宜茶，更难得的是从悬崖上终年有清泉滴下，滋润着茶树，随泉水落下的还有落叶、苔藓等有机物，从而可以不断地给茶树施天然有机肥。得天独厚的生态环境，使得大红袍"臻山川精英秀气之所钟，品俱岩骨花香之胜"，成为清代贡茶。乾隆皇帝在品评全国各地贡茶后赋诗曰："建城杂进土贡茶，一一有味须自领。就中武夷品最佳，气味清和兼骨鲠。"诗中所赞美的武夷茶即大红袍。如今大红袍原产地尚存六棵母树，母树所产的茶堪称国宝，在 2002 年广州市茶博会上，20 克母树大红袍拍卖人民币达 18 万元，被广州市南海渔村酒楼购得，创下中国茶叶拍卖史上的纪录。为了确保这 6 棵大红袍母树不受损害，当地政府已向人民保险公司投保了一个亿人民币。从 20 世纪 80 年代开始，陈德华先生带领崇安县（今武夷山市）茶科所的科研人员进行大红袍无性繁殖攻关，并取得了成功，现在纯种大红袍已经可以批量商品化生产。

2002 年 6 月 13 日国家质量监督检验检疫总局发布了大红袍茶叶的国家行业标准。大红袍是多数茶人公认的中国十大名茶之一，知名度极高，且极为名贵，所以假冒生产的现象十分突出，选购时一定要买贴有原产地域保护防伪标签的著名厂家的产品，否则极易上当受骗。

（二）铁观音

铁观音是茶树品种的名称，也是商品茶的名称，属闽南乌龙茶，为历史名茶，创制于清乾隆年间，原产于福建省安溪县西坪乡尧阳村，今已广泛引种到各地。安溪县地处福建沿海，这里群山环抱，峰峦绵延，属亚热带季风气候，民谣曰："四季有花长见雨，一冬无雪却闻雷"。相传这里所产的茶"饮山岚之气，沐日月之精，得烟霞之霭，食之能疗百病"。安溪是我国最主要的乌龙茶产区，主产铁观音、黄金桂、本山、毛蟹等四大品种，其中又以铁观音品质最优，产量最多。

优质铁观音茶外观卷曲、壮结、沉重，呈青蒂绿腹蜻蜓头状，色泽润绿，素有"美如观音重如铁"之说。开泡后汤色金黄或黄绿，艳丽清澈，叶底肥厚明亮，具有绸面光泽。据有关部门研究表明，安溪铁观音所含芳香类物质最为丰富，而且中、低沸点香气组成比重明显大于其他茶类，所以冲泡安溪铁观音时，开启杯盖立即芬芳扑鼻，满室生香。铁观音的香气馥郁持久，有兰花香、栀子花香、桂花香等不同的天然香型。其茶汤醇爽甘鲜，入口回甘带蜜味，并且带有一种令人心醉神迷的"观音韵"，此茶一经品尝，辄难释怀，于 1982 年被评为国优名茶。近年来,铁观音已风靡全国各地,在中外茶客眼里,铁观音几乎成为乌龙茶的代名词,不少茶人均把铁观音列入中国十大名茶。

(三)凤凰单丛

凤凰单丛为历史名茶,属于广东乌龙茶类,始创于明朝末年,因原产于广东潮州市潮安县凤凰镇,并经单株采摘,单独制作而得名。凤凰镇生产的乌龙茶以凤凰水仙种的鲜叶为原料,产品分为三个品级。最普通的称为"凤凰水仙",优质的称为"凤凰浪茶",用品质最优异的单株青叶,单采单制,生产出来的顶级茶才称为"凤凰单丛"。

与大红袍、铁观音等名茶不同,凤凰单丛实际上是众多品质各异的优良单株茶树所产乌龙茶的总称。已知的凤凰单丛至少有80多个品系(株系),不同品系凤凰单丛的香型各不相同,如黄栀香、桂花香、米兰香、芝兰香、茉莉香、玉兰香、杏仁香、肉桂香、夜来香、遏朴香等即所谓的"凤凰单丛十八香"。凤凰水仙茶树为小乔木型,树高可达5~8米,树冠可达6~8米,茎粗可达30厘米以上,因树越老,根越深,吸收的矿物质等养分越多,故凤凰单丛很讲究"老树出珍品"。最名贵的茶树称之为"宋种",相传已有数百年树龄。

优质凤凰单丛条索较挺直,肥硕油润,汤色橙黄清澈明亮,有优雅清高的自然花香气,滋味浓郁、甘醇、爽口,回甘有独特的山韵蜜味,于1982年被评为全国名茶,其后在各种评比中屡获殊荣。

(四)台湾包种茶

台湾包种茶为台湾历史上的三大名茶之一,属台湾乌龙茶类,因生产地在文山故称文山包种茶。文山是古地名,包括今台北县的坪林乡、石碇乡、深坑乡,台北市的木栅、景美两区以及新店市的双溪乡。在台湾,乌龙茶可按发酵程度分为三类。茶青萎凋后,发酵程度轻(8%~10%),经炒青→揉捻→干燥等程序生产出来的轻发酵乌龙茶称为"包种"。"包种"茶又可细分为条形包种茶和半球形包种茶。包种茶有"香、浓、醇、韵、美"等五大特色。优质文山包种茶外形深绿色,有油光,带有青蛙皮一般的灰白点,干茶条索紧结,自然弯曲,有淡雅的素兰花香。开汤后,汤色金黄,芳香扑鼻,香气持久,滋味纯和清爽,回甘力强,所以一百多年来盛誉不衰。因文山包种具有清香、清爽、清亮的风韵,所以又称"清茶"。

(五)冻顶乌龙

冻顶乌龙为台湾历史名茶,创制于清代嘉庆年间(1796—1820年),由柯朝氏将武夷山的茶种传入台湾,而后在南投县鹿谷乡得到发展。按台湾茶业界的

分类方法，茶青萎凋后，发酵度达 15%～25%，再经过炒青→揉捻→初干→包揉（热包揉）→干燥等工艺程序，生产出来的乌龙茶称为中发酵茶，冻顶乌龙、高山乌龙均属这类茶。

冻顶乌龙茶有传统风味与新口味之别。传统风味的冻顶乌龙发酵程度达 28% 左右，外观色泽墨绿，汤色金黄或蜜黄带橙红，香气以桂花香、糯米香为上乘，滋味甘醇韵浓。近十多年来，冻顶乌龙逐渐向轻发酵方向发展，一般平均发酵度仅 18% 左右，外形坚结、整齐、卷曲成球形、色泽墨绿、鲜丽带油光。茶汤颜色春茶为蜜黄色，冬茶为蜜绿色，澄清明丽有水底光。香气比传统做法更高，花香馥郁，茶汤入口富活性，过喉甘滑，喉韵明显，因为市场销路好，如今冻顶乌龙早已发展到南投县及周边的各个茶区，不再是冻顶山独有的特产。

（六）东方美人

东方美人是享誉海内外的名茶，因其发酵程度达 50%～60%，所以在台湾被称为是真正的乌龙茶，原产于台北县、新竹县、桃园县、苗栗县。台湾乌龙生产期从每年 4 月开始到 12 月才结束，分为五次采制，头一次称为"春茶"，第二次称为"夏茶"，第三次称"六月白"，第四次为"秋茶"，第五次为"冬茶"，各次的茶在品质上有较大差异，一般以"夏茶"或"六月白"为最优，特别是受"小绿叶蝉"（亦称浮尘子）危害过的茶香气奇高，茶味特醇，是台湾乌龙茶中的极品，卖价常高出人们的想象，所以当地客家人戏称之为"椪风茶"（亦可写为"膨风茶"），客家话"椪风"是吹牛皮之意。

台湾乌龙茶外形优美，披满白毫，故又称"白毫乌龙"。因为成品茶的外观有红、黄、白、青、褐五种颜色，所以也称为"五色茶"。台湾乌龙茶汤呈明澈艳丽、光彩照人的橙红色，滋味甘醇醉人，带有一股天然熟果的甜蜜香，入口浓厚圆柔，过喉爽滑生津，让人一啜三咏，赞叹不已，深受欧美等国上层人士的欢迎，据说英国女皇品饮后芳心大悦，赐名为"东方美人"。东方美人特别适于在茶艺馆用于茶艺表演，既可清饮，亦可做成调味茶，若在茶汤中加上几滴白兰地酒，这种素有香槟乌龙之称的名茶，就更加令人陶醉。

三、冲泡乌龙茶的基本技巧

（一）乌龙茶的沸水冲泡法

乌龙茶的原料采摘较迟，要等到茶树新发的嫩芽抽成枝条，长到顶端出现驻芽后，才将枝梢的驻芽连同 2～3 片嫩叶采回加工，所以干茶的外形条索粗壮肥厚紧实，茶叶内含有的各种营养成分较丰富，冲泡后香高而持久，味浓而鲜醇，回甘快而强烈。它的冲泡要领有四点。

1. 择器很讲究

要想领略乌龙茶的真香和妙韵,必须要有考究而配套的茶具。待客时冲泡器皿最好选用宜兴紫砂壶或小盖碗(三才杯)。杯具最好用极精巧的白瓷小杯(又称若琛杯)或用闻香杯和品茗杯组成对杯。选壶时要因人数多少来选择,一个人应选"得神壶",两个人应选"得趣壶",人多时则应选较大的"得慧壶"。壶以年代久远的宜兴老壶为佳。

2. 器温和水温要双高

这样才能使乌龙茶的内质美发挥得淋漓尽致。在开泡前先要用开水淋壶烫杯,以提高器皿的温度。

3. 冲泡用水要滚开(100℃),但也不可"过老"

唐代茶圣陆羽把开水分为三沸:"其沸如鱼目,微有声,为一沸;缘边如涌泉连珠,为二沸;腾波鼓浪,为三沸。"一沸之水还太嫩,用于冲泡乌龙茶劲力不足,泡出的茶香味不全。三沸的水已太老,水中溶解的氧气、二氧化碳气体已挥发殆尽,泡出的茶汤不够鲜爽。唯二沸的水称为"得一汤"。正如"天得一以清,地得一以宁"一样,只有用二沸的"得一汤"冲泡乌龙茶,才能使茶的内质之美发挥到极致。

4. 品乌龙茶应"旋冲旋啜"

"旋冲旋饮"即要边冲泡,边品饮。浸泡的时间过长(俗称座杯),茶必熟汤失味且苦涩;出汤太快则色浅味薄没有韵。冲泡乌龙茶应视其品种,室温,客人口感以及选用的壶具来掌握出汤时间。对于初次接触的乌龙茶,温润泡后的第一泡可先浸泡15秒钟左右,然后视其茶汤的浓淡,再确定是延时还是减时。当确定了出汤的最佳时间后,从第四泡开始,每一次冲泡均应比前一泡延时10秒左右。好的乌龙茶"七泡有余香,九泡不失茶真味"。

(二)乌龙茶的冰水泡法

按照传统观念,茶要热饮。陆羽在茶经中写道:"煮水一升,酌分五碗,乘热连饮之,以重浊凝其下,精英浮其上,如冷,则精英随气而竭。"大意是说如果煮一升水的茶,可分为五碗,要趁热喝下去,因为重浊的成分沉在下层而茶中精英都浮在水面上,如果没有趁热喝,茶的精英都会随热气而散去。民间还有一种说法是茶性寒,冷饮会伤脾胃。从现代科学角度来看,这些说法都是片面的。且不说在欧美等国,冷饮是他们的爱好,就是在我国,民间也素有喝冷茶的习惯。

乌龙茶中所含营养成分很多,有些要在较高的水温中才能大量溶出,而有些在很低的温度下即可溶解。泡冰茶所用的水温低,茶水中单宁等有苦涩味的物质溶解得很少,所以冷开水冲泡乌龙茶更加鲜爽清甘可口,只是香气和醇厚

度稍差一些。泡冰乌龙茶的程序很简单。

1. 备器

将一个可容一升水的白瓷茶壶洗净备用。

2. 投茶

冰茶一般用于消暑,茶宜淡一些,一升容量的壶投茶 10～15 克即可。

3. 冲水

先冲入少量温开水烫洗茶叶后把水倒掉,马上冲入冷开水,水温最好低于 20℃。

4. 冷藏

将冲满冷开水的茶壶放入冰箱的冷藏室中存放,4 个小时后即可倒出饮用。冰茶倒净后可再冲进冷开水,一般可泡 3 次。

冰乌龙茶的香气淡雅悠远。这种香是"暗香浮动月黄昏"般的暗香,它悄悄地沁入你的心田,可让你"衣带渐宽终不悔,为伊消得人憔悴"。这种香又是"红藕花香到槛频"式的清香,纯而又纯,由不得你不心动。这种香还是"零落成泥碾作尘,只有香如故"的恒久之香,一旦饮过,你便永难忘怀。

(三) 乌龙茶酒的泡制法

"酒入世,茶出世",酒的根本特性在于醉,而醉可以壮胆鼓气,激发傲气。人醉后敢于笑傲世俗,痛饮狂歌,展现自己伟岸狂狷的人格。茶的根本特性在于醒,而醒则必然能冷静处世,敛气约性,表现出温文儒雅的性情。所以在世人看来,茶与酒是截然不同的两种"尤物"。而这两个相互矛盾的尤物一旦相互融合,便可泡制出一种新型的销魂饮料——茶酒。下面介绍的是茶酒中的一种珍品——"观音醇"。

1. 备料

优质高度白酒 500 克,铁观音 15 克,冰糖适量(当然可根据自己的口味决定是否加冰糖)。

2. 泡法

将三样原料混合后摇动数下即封存,10 天后便可开封饮用。

用这种方法泡制的"观音醇",既消除了酒的燥性,又增添了茶的韵味,犹以香气称绝。铁观音与浓香型白酒混合酿出的香是无法形容的,这种香是"香盖法云起,花灯慧火明"式的天香,开瓶后无所不在地弥散于整个空间;这种香又是"暖香惹梦鸳鸯锦"式的艳香,馥郁而销魂,所以有人形容喝了观音醇是"舌本留甘尽日,齿颊隔夜犹香"。

四、乌龙茶的品饮要领

乌龙茶不仅要注意冲泡技巧,而且要掌握品饮要领,才能领略到它那妙不可言的真趣。品饮乌龙茶的心得体会以清代大才子袁枚写得最深刻、最具体。他写道:"余向不喜武夷茶,嫌其浓苦如饮药。然丙午秋,余游武夷,到曼亭峰天游寺诸处,僧道争以茶献。杯小如胡桃,壶小如香橼,每斟无一两,上口不忍遽咽,先嗅其香,再试其味,徐徐咀嚼而体贴之,果然清芳扑鼻,舌有余甘。一杯之后,再试一二杯令人释躁平矜,怡情悦性。"袁枚是浙江人,他原本最喜欢饮家乡的龙井茶而不喜武夷茶。上述这段话不仅描述了他从不爱饮武夷岩茶到饮后怡情悦性的过程,同时也反映出了品饮乌龙茶的要领。

其一是乌龙茶一般讲究热饮,即民间所谓的"喝烧茶"。要随泡随喝才有味,稍迟喝则色香味韵均大为逊色。

其二是要"先嗅其香,再试其味"。乌龙茶是各大茶类中芳香族物质含量最丰富的一类,品饮乌龙茶特别注重闻香。俗语说:"女大十八变,越变越好看"。乌龙茶则是"茶香十八变,越变越好闻"。品乌龙茶闻香至少要闻三次。第一泡闻"火香"及茶香的纯度。第二泡闻显露出的茶的本香,不仅要热闻,还要冷闻,不仅要闻汤面香,还要在品了茶后闻杯底留香,只有这样才能充分领略茶香的变化。第三泡以后则是闻茶香的持久性。闻茶香是一种极雅致的享受,且有益于身心健康,在品乌龙茶时千万不可忽视了这个环节。

其三是品茶要"徐徐咀嚼而体贴之"。"体贴"一词用得最妙,"咀嚼"一词用得最准。"体贴"一般是对至亲的亲人而言,品茶要"体贴之",可见他对茶有多么深挚的感情。"咀嚼"即咬茶,品乌龙茶时嘴中要像含着一朵小花一样,慢慢咀嚼,细细品味,才能品出茶的真味。

其四是"释躁平矜,怡情悦性",这是精神上的升华。

只要按照袁枚的方法去实践,我们就一定会从怕饮乌龙茶,到爱之如饮醍醐甘露。

第四节 冲泡黄茶的基本功

一、黄茶的茶性

黄茶属于轻微发酵茶,有的茶书把它归到绿茶类。黄茶的生产加工工艺与绿茶很相似,只是比绿茶多了一道"闷黄"的工艺,使得黄茶具有黄汤黄叶、香气清悦、滋味醇爽的品质特点。如果用矿石来比喻茶,那么绿茶如水晶般晶莹剔透;红茶如玛瑙般艳丽醉人;乌龙茶如玉石般神秘有韵味;而黄茶则像田黄石般温润可人。黄茶依据原料的嫩度细分为黄芽茶、黄小茶和黄大茶三类。茶艺馆中常用的是黄芽茶,其茶性与绿茶相似,具有"清六经之火,通七窍之灵"的保健功效。

二、黄茶的分类及代表性名茶

黄茶按茶青的老嫩程度和加工工艺可作如下分类,详见表十。

表十 黄茶分类一览表

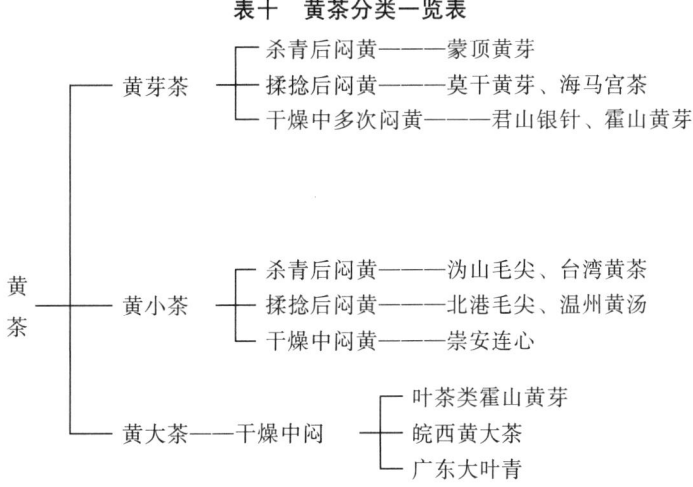

(一)君山银针

君山银针为历史名茶,属黄芽茶类,由古代名茶"岳州黄翎毛"发展而成,原产于湖南省岳阳市洞庭湖中的君山岛。君山,古称小蓬瀛,面积虽然仅0.96平方千米，但却小巧玲珑，秀美而神奇。在八百里洞庭湖的浩渺烟波中，她时而揽一湖浩气，似幻似真，使人感到如临蓬莱仙境；时而披楚云湘雨，宛若一幅水墨丹青，让人觉得如品诗赏画。洞庭湖"气蒸云梦泽，波撼岳阳城"，蒸发的水汽使君山常年云蒸雾蔚，年平均轻雾日达 270 天。君山由 72 座山峰聚成，峰峰奇景灵秀，翠色连云。满山的松树、枫树、楮树、杜英、香樟等高大的乔木浓荫蔽日，桃李、枇杷等果树与茶树交相掩映，正是这样良好的生态环境才孕育出了品质奇特的君山银针。

君山银针以单一芽头的茶青为原料，对采青要求极严，为了防止擦伤芽头和茸毛，盛茶芽的竹篮内要衬上白布或牛皮纸，采摘的最佳季节为清明前七天至清明后十天。当地的茶农有"九不采"之说：雨天不采，露水芽不采，紫色芽不采，冻伤芽不采，空心芽不采，开口芽不采，风伤芽、虫伤芽不采，瘦弱芽不采，过长过短的芽不采。不可用指甲掐采，只可拣肥壮的芽头轻轻折下。经这样一限制，一名熟练的采茶女工，辛苦一整天最多也只能采到做 500 克茶的原料，足见生产君山银针之不易。

君山银针的制法极精细且别具一格，茶芽采回后先要摊青 4～6 小时，然后再经过杀青、摊凉、初烘、摊凉、初包闷黄、复烘、摊凉、复包闷黄、足火、拣选等十道工序，历时三昼夜才能制成。君山银针每千克约 5 万个芽头，条索苗壮挺直，大小长短均匀，白毫完整鲜亮，芽头金黄，故享有"金镶玉"的美称。君山银针的茶汤杏黄明澈，香气含蓄清雅，口感鲜爽甘醇，品饮后能令人感到心灵空明、四体通泰。1955 年，君山银针在德国莱比锡国际博览会上以"茶身黄似金，茸毛白如玉"被称为"金镶玉"，荣获金奖，同时赢得了"茶盖中华，价压天下"的美誉，1982 年被评为全国名茶，并被不少茶人列为中国十大名茶之一。

（二）蒙顶黄芽

蒙顶黄芽为恢复的历史名茶，并于 1963—1965 年开始恢复批量生产，产于四川省蒙山。蒙山横跨名山、雅安两县，有上清、玉女、甘露、灵泉、菱角等五座山峰，主峰上清峰海拔 1440 米，山势巍峨，高耸入云，景色壮丽。相传西汉末年，道士吴理真种七棵仙茶于上清峰，这七棵仙茶"高不盈尺，不生不灭，能治百病"。这是我国人工种茶的最早文字记载，从此蒙山之茶名扬天下。我国历代茶人中一直流传着"扬子江心水，蒙顶山上茶"之说。唐代诗人白居易《琴茶》诗云："琴里知闻惟渌水，茶中故旧是蒙山。"宋代诗人文同诗云："蜀土茶称圣，蒙山味独珍"。可见早在唐宋时期，蒙山茶已享誉神州。

蒙顶黄芽是在蒙山绿茶工艺基础上发展而成的创新名茶。采单芽或一芽一

叶初展（俗称"鸦鹊嘴"）、大小匀齐而肥壮的芽头为原料，然后再经过杀青、初包、二炒、复包、三炒、摊放、整形提毫、烘焙等八道程序精心制作而成。成品茶外形扁平挺直、嫩黄油润、全芽披毫，内质甜香浓郁，汤黄明亮，味甘而醇，叶底全芽黄亮。于1993年举办的曼谷——中国优质农产品展览会上获国际金奖。

（三）鹿苑毛尖

鹿苑毛尖为历史名茶，属环状黄茶，是黄小茶中最具代表性的品种之一。创制于南宋宝庆年间（1225—1227年），由湖北省远安县鹿苑寺寺僧栽植，因茶香味浓，当地农民争相引种仿制，逐渐发展成为远安县名产。

鹿苑寺位于远安县西北云门山麓，这里有青狮、白象两山拱卫，有锦屏峰为古寺的天然屏障，龙泉河清波荡漾犹如玉带般地从寺前潺潺流过，寺院一带芳兰盈谷，山花烂漫，茶园便分布在这青山秀水之间。

鹿苑毛尖在清明前后15天采摘，采摘一芽一叶或一芽二叶。采后经摊放、杀青、炒青、闷堆、拣剔、炒干等工艺程序制成。清代乾隆年间，鹿苑毛尖被选为"贡茶"，乾隆皇帝品饮后顿觉清香扑鼻、身轻气爽、精神倍增，即封为"好淫茶"。清代高僧金田品后称鹿苑毛尖为"绝品茶"。他题诗赞曰："山精石液品超群，一种馨香满面熏。不但清心明目好，参禅能伏睡魔军。"

近代鹿苑茶外形色泽金黄、白毫显露，呈条索环状（俗称环子脚），内质清香持久，滋味醇厚甘爽，汤色绿黄明亮，叶底嫩黄匀整。于1982年和1986年先后参加商业部全国名茶评比，均被评为全国名茶。

三、冲泡黄茶的基本技巧

"一瓯细啜天真味，此意难与他人言。"黄茶与绿茶的茶性相似，所以在冲泡品饮时，可参照绿茶的方法。君山银针、蒙顶黄芽、霍山黄芽等均由单芽加工制成，属于黄芽茶类，最宜用玻璃杯泡饮。沩山白毛尖、鹿苑毛尖、北港毛尖等是用一芽一二叶的茶青加工而成的，属于黄小茶类，亦可用玻璃杯泡饮。而广东大叶青、霍山黄大茶、皖西黄大茶等均由一芽三四叶，甚至是一芽五叶的粗大新梢加工而成，其茶形外观不雅，且冲泡时要求水温较高，保温时间也较长，所以宜用瓷壶冲泡后，然后斟入茶杯再饮。

在冲泡黄芽茶时，蒙顶黄芽、霍山黄芽可用75℃~85℃的开水冲泡。君山银针虽然也是黄芽茶，但是冲泡的方法却不相同。君山银针是最具观赏价值的名茶之一，为了观赏它在玻璃杯中冲泡后的美妙茶相，在冲泡时要用

95℃以上的开水冲泡，并且在冲入开水后要立即盖上一片玻璃片。因为君山银针茶芽肥壮、茸毛厚密，如果冲泡时水温低于95℃，则茶芽很难迅速吸水竖立并下沉，而是较长时间卧浮于水面，既不美观，又影响茶艺表演的节奏。只有用95℃以上的开水冲泡并加上玻璃盖，茶芽才会在3分钟左右均匀吸水，先是竖立着悬浮在水面上层，随波晃动，如同"万笔书天"。而后徐徐下沉，但仍然直立于杯底，好似"春笋破土"。茶芽在开水冲泡后，芽尖会产生晶莹的小气泡，如"雀舌含珠"，在气泡浮力的作用下，茶芽会三浮三沉，蔚为奇观。最后开启玻璃杯盖时，可以看到一缕白雾从杯中冉冉升起，缓缓飘散消失，会使人产生"仙鹤飞天"的联想。君山银针在杯中的奇妙变幻，以及她那清悠淡雅的茶香和清醇鲜爽的茶韵都会给人带来一种空灵、清新、平和的美感，使人的精神为之升华。

第五节 冲泡白茶的基本功

一、白茶的茶性

白茶是我国的特产，主产于福建，属于轻微发酵茶类，其品质特征往往是在干茶的表面密布白色茸毫，而形成这种特征的原因有二。其一是以茶芽多毫的茶树品种（如福鼎大白茶、政和大白茶、水仙等）的幼嫩芽叶制成。其二是加工时不炒、不揉，而是用晾晒或烘干的特殊加工工艺。白茶茶性清凉降火，汤色杏黄清澈明亮，香气清悠鲜嫩高雅，滋味醇爽清甜，故有"清茶"之称。我国中医界认为白茶"功同犀角"，是清热解毒，防治小儿麻疹的圣药。

二、白茶的分类及代表性名茶

白茶是我国特有的珍稀茶类，产于福建的福鼎、政和、松溪、建阳、建瓯等县市和台湾省。江西上饶也有少量生产，其中福鼎和政和是最著名的主产地。按照白茶原料的嫩度和加工工艺可作如下分类，详见表十一。

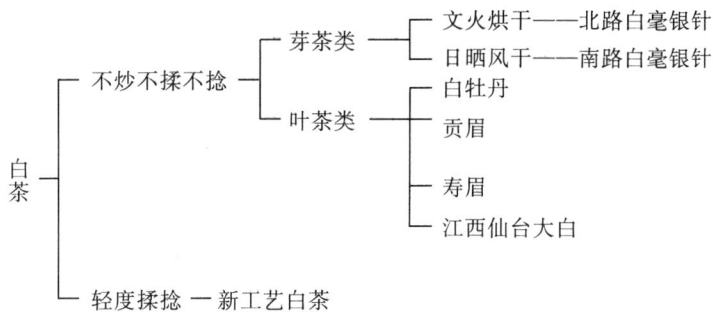

表十一　白茶分类一览表

（一）白毫银针

白毫银针简称"银针"或"白毫"，也可称为"银针白毫"，属白芽茶类，主产于福建省福鼎、政和、建阳等县（市）。产于福鼎的银针汤色淡杏黄，味清甘鲜爽，称为"北路银针"，创制于清代嘉庆初年（1796年）。产于政和的银针汤味醇厚，香气清芬，称为"南路银针"，创制于19世纪初。

现代白毫银针选用政和大白茶或福鼎大白茶等优良茶树品种肥壮的春芽为原料，采其单芽或一芽一叶加工而成。加工的方法有先剥后晒和先晒后剥两种。

"先剥后晒"是指采回肥壮茶芽后，要进行"剥针"。即一手持芽梢基部，另一手将芽梢中的鱼叶和一片真叶轻轻剥去，留下长梗与肥芽，称为"鲜针"。"鲜针"再经过萎凋、干燥（晒干或烘干）后即为成品。

"先晒后剥"是指将采回的芽梢摊在竹筛内，置弱阳光下晒，称为"晒毛针"，晒至八九成干时，移入室内用手剥去鱼叶和真叶，称为"抽针"。将抽出的银针用文火烘至足干，即为成品。

白毫银针芽壮肥硕显毫，挺直似针，茸毛银白，色泽银灰，开汤后，汤色杏黄，茶芽芽尖向上，先是竖立地悬浮在杯中，然后徐徐沉至杯底，下沉时有快有慢，茶芽上下交错、熠熠闪光，酷似钟乳石笋，蔚为奇观。因为白毫银针在杯中或浮或沉，一根根茶芽均挺立水中，被世人称为"正直之心"。白毫银针毫香嫩爽、滋味醇厚、味甘性寒，有明显的降火退热、清凉解毒之功效，被视为治疗麻疹的良药。白毫银针于1891年开始外销，1912—1916年达到鼎盛，1982年被评为全国名茶。

（二）白牡丹

白牡丹原产于福建建阳市水吉乡，始创于1922年，现在主要分布于政和县、建阳市、松溪县、福鼎县。制造白牡丹的原料主要为政和大白茶和福鼎大白茶等良种茶树的芽叶，有时也采用少量水仙茶芽叶供拼和之用。采青要求采嫩梢的一芽二叶，芽与叶的长度要求相等并且要披满白色茸毛。白牡丹的生产只有萎凋及焙干两道工序，但火温很难掌握，若火温过高香气欠鲜爽，不足则香味平淡。成品白牡丹两叶抱一芽，芽叶连枝，叶绿垂卷，叶态自然，叶色灰绿，夹以银白毫心，称为"抱心形"，冲泡后绿叶映衬绿芽，宛如蓓蕾初绽，绚丽秀美，汤色杏黄明亮，毫香鲜嫩持久，汤味清醇微甜，叶底嫩匀完整，叶脉微红，布于绿叶之中，有"红装素裹"之誉。白茶有退热祛暑之功效，为夏日佳饮。

（三）贡眉（寿眉）

贡眉产于福建省建阳、建瓯、浦城等县（市），以菜茶的芽叶为原料，俗称"小白"，以区别于用福鼎大白茶、政和大白茶芽叶生产的"大白"。制造贡眉采青标准为一芽二叶至一芽二三叶，优质贡眉毫心显而多，色泽翠绿，汤色橙黄或深黄，叶底匀整、柔软、鲜亮，叶顶主脉迎光透视呈红色，味醇爽，香鲜纯。主销香港、澳门地区，贡眉为上品，寿眉稍次之。

（四）新工艺白茶

新工艺白茶是1968年为适应香港市场开拓的新产品，所用原料同于贡眉，采自小叶种茶树，初制时，在萎凋后轻度揉捻。成品茶汤色橙红滋味浓醇清甘，似红茶而无发酵感，深受消费者欢迎。

三、冲泡白茶的基本技巧

白茶冲泡方法与绿茶基本相同，但因其未经揉捻，且白毫披身，茶汁不易浸出，冲泡的水温应较高，冲泡时间宜较长，冲水后一般过5~6分钟茶芽才会慢慢沉底，过8分钟左右饮用，才能尝到白茶的本色、真香和全味。

第六节　冲泡黑茶的基本功

一、黑茶的茶性

黑茶属于后发酵茶。黑茶的基本工艺流程是杀青、揉捻、渥堆发酵、干燥。因为多数黑茶所用原料较粗老且渥堆发酵时间较长，所以成品茶呈油黑或黑褐色，故称黑茶。黑茶较耐冲泡，宜煎熬煮饮。因为黑茶在渥堆发酵过程中温湿度较高且有微生物参与，促使多酚类充分氧化，使得黑茶汤色橙黄带红，陈香醇正，滋味醇和，既适宜清饮，也适宜调饮。

二、黑茶的分类及代表性名茶

我国黑茶尚无统一的分类法，本书中把普洱茶独立于黑茶之外，其他黑茶以产地为主分类，详见表十二。

表十二 黑茶分类一览表

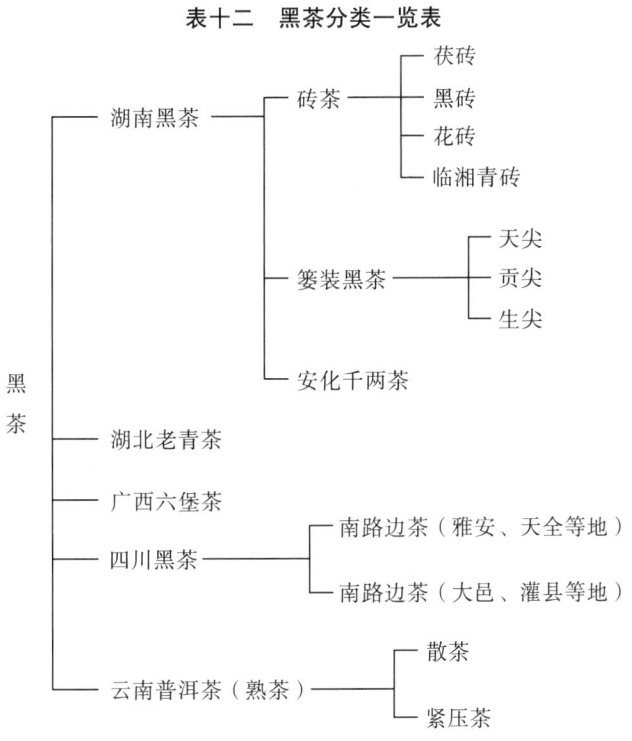

（一）黑砖茶

黑砖茶为现代名茶，创制于 1939 年 5 月，原产于湖南省安化县白沙溪茶厂。以安化三级黑毛茶为主要原料，拼入少量四级黑毛茶后经过毛茶处理，蒸压定型和包装刷唛等工艺程序制成。产品呈长方形，有 2 千克、0.5 千克和 0.45 千克三种规格，砖面色泽黑褐，外形平整，四角分明；内质香气纯正，滋味浓厚微涩，汤色红黄微暗，叶底匀齐暗褐。白沙溪茶厂的黑砖于 1988 年获全国首届食品博览会银奖，主销山西、陕西、宁夏、甘肃、内蒙古等地，特别深受边疆兄弟民族人民的欢迎。

（二）花砖茶

花砖茶为历史名茶，其前身为"花卷茶"，始创于清代道光年间（1821—

1850 年）。清同治年间（1862—1874 年）晋商在"花卷茶"的基础上，选用优质黑茶原料，用棕片和竹篾捆压成圆柱形花卷。柱长 1.66 米，圆周长 0.56 米，每支净重 1000 两（16 两老秤），故又称为"千两茶"。"千两茶"做工精细，技术性强，工艺技巧十分保密，旧有传儿传媳不传女儿和女婿的陈规陋习。曾有茶商将千两茶整支浸泡水中，历经 7 年茶心不湿，从而使千两茶的品质闻名遐迩。1958 年，白沙溪茶厂进行工艺改革，用机械压制"花卷茶"。他们选用三级安化黑毛茶为原料，拼入少量二级黑毛茶，然后经过毛茶处理、蒸压定型、包装刷唛，制成长方砖块形的"花卷茶"，更名为花砖。现在花砖的净重有 2 千克、0.5 千克、0.45 千克 3 种规模。产品外形色泽黑褐，内质香气纯正，滋味纯和尚浓，汤色红黄明亮，叶底黄褐匀称。该茶于 1983 年、1987 年连续两届获得商业部优质产品证书，畅销于西北、华北的边远省份，深受兄弟民族人民欢迎。

（三）茯砖茶

茯砖茶为现代名茶，产于湖南省益阳茶厂。该茶选用三级黑毛茶为原料，经过原料处理、汽蒸渥堆、压制定型、发花干燥、检验包装等程序加工而成。其中发花干燥是生产茯砖特殊而又关键的程序。这个程序要在特殊的烘房中进行，整个过程分两个阶段。第一阶段是把茯砖推入烘房，使烘房内的温度保持在 28℃，湿度保持在 75% ~ 85%，从而让有益霉菌大量繁殖，达到发花茂盛。这个阶段历时 12 ~ 15 天。第二阶段为干燥阶段，历时 5 ~ 7 天，温度保持在 45℃，待砖内水分含量降到低于 12% 时即可退火出烘房。

茯砖有 2000 克、1800 克、900 克、400 克及 5 克小圆片等多种规格，成品色泽褐润、内质香气浓郁、滋味纯和、汤色橙黄、叶底褐亮。益阳茶厂的茯砖于 1988 年荣获首届中国名品博览会金奖，主销新疆、甘肃、青海、西藏等省区。新疆维吾尔自治区成立 30 周年时，中央代表团在益阳茶厂定制了精装的"特制茯砖"作为馈赠礼品，备受新疆人民珍爱。

（四）苍梧六堡茶

苍梧六堡茶为历史名茶，早在清代嘉庆年间就以其独特的槟榔香味而列为全国 24 个名茶之一，原产于广西苍梧县六堡乡一带。该茶以当地所产的茶青叶为原料，经过杀青、揉捻、渥堆、复揉、干燥等程序制成毛茶，然后再经过过筛整形、拣梗拣片、拼堆、冷发酵、烘干、上蒸、踩篓、凉置陈化等复杂工序而制成。六堡茶的品质要陈，所以凉置陈化是制作过程中的重要环节，不可或缺。一般以篓装堆，贮放于阴凉的泥土库房，待来年再运销，从而形成六堡茶

"红、浓、醇、陈"的品质风格。成品六堡茶有的制成块状,有的制成砖状,有的制成金钱状,也有的散装。其品质特点是:色泽黑褐光润,特耐冲泡,汤色红浓亮丽如琥珀,滋味醇和甘爽,滑润可口,有槟榔香味,越陈越好。港商常以"陈六堡""不计年"作商标。在两广及港、澳、台等地区的酒楼,六堡茶特别受欢迎,南洋各国的茶人也多酷爱六堡茶。

(五)普洱茶(熟茶)散茶

普洱散茶是用云南一定区域内的大叶种晒青毛茶经过后发酵制成的历史名茶,主产于西双版纳和普洱市。西双版纳州勐海茶厂生产的"宫廷普洱茶"、"大益牌"高级普洱茶于1994年曾获商业部全国优质产品称号。云南大理下关茶厂生产的"中华牌"普洱茶,云南进出口公司生产的陈香普洱茶等,也都是普洱散茶中的传统名茶。近年来,一大批现代化的普洱茶生产企业正在兴起,并相继打响了自己的品牌。

普洱散茶按品质分为特级和一至十级,共十一个等级。特级普洱散茶的外形条索紧细、匀整、湿毫、匀净。内质陈香浓郁,汤色红浓明亮,滋味浓醇,叶底褐红细嫩。

(六)普洱茶(熟茶)紧压茶

普洱紧压茶是指以普洱毛茶为原料,经过筛分、拼配、渥堆、蒸压等工艺程序所生产的块状普洱茶。此外,普洱紧压茶外形有圆饼形、沱形、砖形等多种形状和规格。

1. 普洱圆茶

普洱圆茶又名七子饼茶,为大圆饼形,直径20厘米,中心厚2.5厘米,边缘厚1厘米,每块重357.15克。因为每7块饼装为一筒,故名"七子饼"。每12筒为一件,净重30千克,用内衬笋叶的篾箩包装,是云南的传统出口产品,畅销港、澳地区和东南亚等国。

2. 普洱沱茶

普洱沱茶为历史名茶,创制于1902年前后,是以云南大叶种的晒青毛茶为原料蒸压而成的,并因为历史上曾集中在大理下关加工和集散,故有下关沱茶之称。普洱沱茶外形如碗状,碗口直径76~83毫米,高43±2毫米,净重100克,色泽褐红,陈香明显,汤色红浓,滋味醇和,叶底呈猪肝色。下关茶厂生产的普洱沱茶,于1986年在西班牙的巴塞罗那第九届世界食品评选会上获汉白玉金奖;并于1987年在德国第十届世界食品评选会上蝉联金奖。在1996年10

月荣获中国首届食品博览会金奖。2002年12月3日国家质量监督检疫总局正式通过了"严松鹤"牌下关沱茶申报国家原产地标记产品的注册申请。

3. 普洱紧茶

普洱紧茶包括砖形、带柄的心脏形、钱币形、梅花饼茶、金瓜贡茶等。这些普洱茶无论其外形如何变化，但均保持了普洱茶的内在品质特点，主要销往港、澳地区和新加坡、马来西亚等国。近年来日本、韩国和法国普洱茶的市场以及国内的普洱茶市场销路也都被看好。

（七）其他黑茶类

除了上述几种黑茶之外，四川雅安、天全、乐山等地生产的康砖和金尖称为"南路边茶"，主销川西和西藏。灌县、崇庆、大邑等地生产的方包黑茶称为"西路边茶"，主销四川阿坝藏族自治州和甘孜藏族自治州等地。湖北咸宁地区生产的老青茶也属于黑茶类，主要运销到我国北方。

三、冲泡品饮黑茶的基本技巧

黑茶是最讲究冲泡（烹煮）技巧和品饮艺术的茶类。冲泡品饮绿茶、黄茶、白茶主要讲究"色、香、味、形"；冲泡品饮乌龙茶主要讲究"色、香、味、韵"，其中韵是重点；而冲泡（烹煮）黑茶过程中除了同样要注意展示茶的色、香、味、韵之外，还特别追求新鲜自然和陈香滋气。新鲜自然是指要选用在干仓条件下自然陈化的优质黑茶，以及符合国家卫生标准，用泼水渥堆快速后发酵方法生产的黑茶。优质黑茶外形结实有光泽，香气陈香浓郁或陈香纯正，汤色栗黄明亮或栗红明亮，叶底活性柔软。而劣质黑茶外形暗淡松脆，香气混浊有霉味或土腥味，汤色暗栗色或发黑，叶底暗栗发黑。

优质黑茶的陈香清悠淡雅而多变，主要表现为荷香、兰香、樟香和青香。有两种情况的黑茶可能保留有荷香，一是比较嫩的黑茶散茶；一是大叶种老茶树的晒青毛茶经过适当条件陈化。荷香清幽淡雅，若冲泡不得法会稍纵即逝，宜用滚沸的开水快速冲泡，快速出汤。品饮时应将茶汤含入口中，稍事停留并轻轻用口吸气，使茶香进入鼻腔，并用心去感受，这时你一定会觉得如临月夜荷塘，有一股清新幽雅，淡然无极的嫩荷之香向你缠绵耳语，娓娓细述她那芳洁的情怀。

兰香是王者之香。用次嫩的三、四、五等优质黑茶茶菁，在适当条件下经过陈化后熟，一般都会产生兰香。为了能充分享受美妙而含蓄的兰香，在冲泡时也应用滚沸的开水快速冲泡，快速出汤，以免兰香散失。兰香清雅鲜灵，提神醒脑，

闻后能使人身心舒畅，五体通泰，从而让人充满了青春活力。在黑茶中普洱茶是最有魅力的一类。而樟香是普洱茶独有的香气，分为青樟香、野樟香、淡樟香三种不同的类型。青樟香高锐鲜爽，充满青春活力；野樟香浓郁强烈，有成熟、丰腴之美；淡樟香飘逸脱俗，禅意绵绵，既是天香，又是心香，在空灵缥缈中会唤起人们无限的遐想。普洱茶的香形还有青香，这也是陈化的结果。荷香、兰香、樟香、青香这几种香气变化多端，往往既耐人寻味，又令人着迷。

在品饮普洱茶时，我们还要特别注意茶气和水性的变化。中国传统文化艺术讲究"精、气、神"，不少普洱茶专家都把茶气视为评价普洱茶品质优劣的重要指标。但是"茶气"却是看不见，摸不着，也讲不清的，我们只能在亲身品饮的过程中去体会。为了感受普洱茶之气，我们提倡普洱茶最宜温喝静品。温喝是指茶汤不宜太热，也不宜太冷。如果太热则热气盖过茶气，喝得满身大汗，根本无心去感受茶气。如果茶汤太冷，茶气已荡然无存，冷冰冰的茶水喝到口中唯觉凉爽而已，无论如何也找不到那种腋下生风、飘然欲仙的气感。静品慢饮也很重要。就如中国气功讲"以意行气"，品普洱茶也是如此。可以说，如果没有"气的意念"，你永远也找不到气的感觉。有经验的普洱茶品饮者都善于"以意行气"。在静心品饮温热的普洱茶后，很快会感到一股热气在胃肠中鼓荡，接着毛孔因之而舒张，全身微微出汗。这时你可用意念引导茶气在经络中运行，并继续从容不迫地喝茶，这样你一定能体会到卢仝在《茶歌》中所描写的那种"七碗吃不得也，唯觉两腋习习轻风生"的美妙意境。

思考题

1. 绿茶的茶性有哪些基本特点？有哪些代表性品种？分别列举出最适宜用上投法、中投法和下投法冲泡的主要名茶。

2. 红茶的茶性有哪些基本特点？有哪些代表性品种？冰红茶的基本冲泡方法有哪些主要程序？

3. 乌龙茶的茶性有哪些基本特点？有哪些代表性品种？在什么情况下适合用紫砂壶冲泡？在什么情况下适合盖碗冲泡？

4. 黄茶的茶性有哪些基本特点？如何分类？简述冲泡黄茶的基本技巧。

5. 白茶的茶性有哪些基本特点？有哪些代表性品种？简述冲泡白茶的基本技巧。

6. 黑茶的茶性有哪些基本特点？有哪些代表性品种？简述冲泡黑茶的基本技巧。

第八章

待客型茶艺

导读

待客型茶艺也称为生活型茶艺,它是把泡茶饮茶的生活琐事升华为诗意的、时尚的生活艺术的一类茶艺。待客型茶艺宾主围桌而坐,亲如一家人,由主人(或茶艺师)来冲泡、讲解,客人也参与茶事活动的整个过程,可以自由提问,宾主相互交流,相互切磋泡茶技艺,十分富有情趣。本章以案例的写法分七节分别介绍绿茶、红茶、乌龙茶、黄茶、黑茶、花茶等不同茶类经典的代表性茶艺,读者可以借鉴这些茶艺,加以改造,创编出自己所钟爱的待客型茶艺。本章主要导读《中国茶艺集锦》,中国茶艺师培训丛书,林治著,中国人口出版社,2004年版。

第一节 绿茶待客型茶艺

绿茶的名茶有上千种,外形千姿百态,细嫩程度各不相同,所以泡法也各不相同。同时品饮绿茶时特别看重茶相之美,一般外形占评分总分数的30%,所以,绿茶待客型茶艺可以花样百出,但必须展现出绿茶的色翠、香清、味醇、形美。本节介绍凤冈锌硒有机绿茶的待客型茶艺。

一、茶具组合

水晶玻璃杯四只,酒精炉具一套,竹制茶盘一个,竹制茶道具一套,白瓷茶叶罐一个,茶巾一条,插花一组。

二、基本程序

1. 目品——初展仙姿
2. 烫杯——洗净凡尘
3. 投茶——落花庭院
4. 润茶——贵妃出浴
5. 鼻品——喜闻天香
6. 冲水——空山鸣泉
7. 奉茶——麻姑祝寿
8. 赏茶——细探芳容
9. 口品——品啜玉露
10. 谢茶——拥抱明天

三、解说词

凤冈是贵州高原北部的一颗明珠,地处乌江北岸,大娄山南麓,这里山清水秀,风光旖旎,人杰地灵,物产丰饶,素有"黔中乐土"、"高原仙境"之称。进入21世纪后,凤冈人民发挥青山绿水的生态优势,大力发展绿色产业,开发研制成功了引领绿茶保健新潮流的富锌富硒有机茶,而产自"仙人岭"的凤冈翠芽更是其中的珍品,现在,就请大家品饮这令人陶醉的仙山奇茗。

第一道程序:初展仙姿

凤冈翠芽平直匀整,油润光滑,色泽翠绿,茶形秀美,有"高原绿仙子"之美誉。初展仙姿即请嘉宾鉴赏凤冈翠芽的茶相。

第二道程序：洗净凡尘

茶是至清至洁的灵物，冲泡凤冈翠芽宜选用晶莹剔透的玻璃杯，在开泡前用开水精心地烫洗玻璃杯，称之为洗净凡尘。

第三道程序：落花庭院

抗日战争期间李政道、李四光、贝时璋、苏步青等一大批后来成为世界级科学泰斗的热血青年，曾在遵义地区学习。苏步青教授当年在品茶时赋诗云："冰心好试玉壶春，落花庭院茶醒人。"从此以后，我们便把投茶入杯称之为"落花庭院"。

第四道程序：贵妃出浴

这道程序是润茶，也称之为"高温开香"。我们把少量沸水冲入茶杯，润茶3~5秒钟即倒出。像贵妃出浴一样，凤冈翠芽在热水的激发下，会散发出袭人的奇香，让您感受到大自然蓬勃的生机活力，给您带来黔北高原春天的气息。

第五道程序：喜闻天香

这道程序是闻香。凤冈翠芽产于海拔750~1200米的高山，这里昼夜温差大，散射光线多，有利于茶叶中芳香物质的形成和积聚，所以在高温润茶后，杯中热香四溢，请您细细地闻，在这鲜嫩细腻的毫香中，透出优雅的兰花香，闻之沁人肺腑，令人陶醉。

第六道程序：空山鸣泉

即用凤凰三点头的手法向杯中冲水至七分满。在闻了茶之后，聆听冲水入杯时的声音，如空山鸣泉，扣人心弦，引人遐想。

第七道程序：麻姑祝寿

即奉茶敬客。麻姑是我国神话中的仙女，传说她曾在凤冈仙人岭用仙泉煮茶待客。据说喝了麻姑的茶，凡人可以延年增寿，神仙可以增加道行。所以王母娘娘每逢生日都要请麻姑去泡茶祝寿。

第八道程序：细探芳容

这道程序是请客人用心去体贴茶，细细欣赏茶之美。在赏茶时，一是要观色，苏步青教授形容其是"一瓯绿泛细烟浮"。二是要闻茶汤的水面香，苏教授称之为"清香逾玉露"。三是杯中观茶舞。您看，这杯中的茶芽匀齐完整、嫩绿明亮、栩栩如生。有的如兰花含苞欲放，有的一根根垂直地悬浮在水中，我们称之为"正直之心"，绿芽与碧波交相辉映，美不胜收。

第九道程序：品啜玉露

凤冈翠芽的茶汤嫩绿清亮、甘醇爽口，素有"凤冈翠芽香胜酒，品啜玉露气如春"的美誉。来！请大家尽情地品啜这芬芳甘美的琼浆玉液。

第十道程序：拥抱明天

在凤冈，品一次茶被视为圆了一次幸福的梦。在品了凤冈翠芽后，让我们用这里群众中流传的一首民谣来结束这次茶会。

品一杯凤冈翠芽，

圆一回甜蜜春梦。

梦中带着茶乡的芬芳，

飞向希望的明天！

茶友们，愿我们在品了凤冈翠芽之后，更加热爱生活，共同去拥抱美好的生活！共同飞向希望的明天！

第二节　红茶待客型茶艺

红茶是世界消费量最大的茶类，它既适合清饮，也适合调饮，在国际上一般以调饮为主流。本节介绍用武夷山正山小种红茶调制祝福茶，这种调饮法同样也适合于其他品种红茶。

一、茶具组合

木制茶盘一个，白瓷茶壶一个，水晶玻璃碗一个，茶荷一个，盖杯若干套，丹桂一罐，小金橘一罐，茶巾一条，汤杓一把。

二、基本程序

1. 玉壶春潮连海平　　2. 丹桂金橘报福音
3. 红雨随心翻作浪　　4. 一点一滴总关情

三、解说词

第一道程序：玉壶春潮连海平

在冲泡《祝福茶》时，我们要用白瓷壶预先泡好一壶正山小种红茶，把开水冲入白瓷壶时水要冲满，这称之为"玉壶春潮连海平"。

第二道程序：丹桂金橘报福音

我国有民谣曰："桂花开放幸福来"，桂花代表着幸福；金橘的橘和吉谐音，所以金橘代表吉祥如意。把白糖、桂花和小金橘等配料投放到水晶玻璃碗中，称之为"丹桂金橘报福音"。

第三道程序：红雨随心翻作浪

我们把预先泡好的红茶汤冲入水晶玻璃碗中。请看，这艳红绚丽的茶汤和丹桂、金橘一起在水晶碗中翻腾，这道程序称之为"红雨随心翻作浪"。

第四道程序：一点一滴总关情

把调制好的茶汤分别舀到三才杯中并敬奉给嘉宾，称之为"一点一滴总关情"。

现在请大家数一数自己杯中有几粒小金橘？我们这有一套说法：舀到一粒，代表一定高升或一生平安；两粒为双喜临门；三粒为福禄寿三星高照；四粒为四季发财或事事如意；五粒为五福齐享；六粒为六六大顺；七粒为七耀当头，即金、木、水、火、土五颗星再加上日、月，前程一片光明；八粒为逢八大发；九粒为红运长久；十粒为十全十美。万一有的客人杯中一粒小金橘都没有，我们也有个说法，说是让他留点遗憾，希望他下次再来。或是说一粒都没有即是"无"。"无"代表无限美好。总之，无论客人杯中有没有舀到小金橘，也无论舀到几粒小金橘，都会得到一句祝福吉言，这正是我国传统民风民俗在茶艺中的体现。喝了这道甜茶，希望大家留下甜蜜的回忆，带走我们的衷心祝福，所以称之为《祝福茶》。

另外，桂花养颜顺气，小金橘生津止咳化痰。《祝福茶》还是一道极佳的美容养颜茶。

第三节　乌龙茶待客型茶艺

当前我国都市中流传的乌龙茶待客型茶艺主要有四大流派：武夷岩茶茶艺、安溪铁观音茶艺、潮汕工夫茶茶艺和台湾工夫茶茶艺。本节介绍武夷岩茶待客型茶艺。

一、茶具组合

木制茶盘一个，宜兴紫砂壶一对，闻香杯、品茗杯若干对，茶道具一套，茶巾两条，开水壶一个，酒精炉一套，香炉一个，香一支，茶荷一个。

二、基本程序

1. 焚香静气，活煮甘泉　　2. 孔雀开屏，叶嘉酬宾
3. 大彬沐淋，乌龙入宫　　4. 高山流水，春风拂面
5. 乌龙入海，重洗仙颜　　6. 母子相哺，再注甘露
7. 祥龙行雨，凤凰点头　　8. 夫妻和合，鲤鱼翻身
9. 捧杯敬茶，众手传盅　　10. 鉴赏汤色，喜闻高香
11. 三龙护鼎，初品奇茗　　12. 再斟流霞，二探兰芷
13. 二品云腴，喉底留甘　　14. 三斟石乳，荡气回肠
15. 含英咀华，领悟茶韵　　16. 君子之交，水清味美
17. 名茶探趣，游龙戏水　　18. 宾主起立，尽杯谢茶

三、解说词

各位嘉宾，大家好！欢迎来到我们温馨的茶室品茗赏艺。现在由我为大家表演武夷山待客型茶艺，这套茶艺共有18道程序，前9道由我为大家演示，后9道则请大家与我密切配合，共同完成。

第一道程序：焚香静气，活煮甘泉

焚香静气就是通过点燃这支香来营造一个祥和肃穆，无比温馨的气氛。希望这沁人心脾的幽香，能使大家心旷神怡，也但愿大家的心会伴随着这悠悠袅袅的香烟，升华到一个无比高雅而神奇的境界。

宋代大文豪苏东坡是一个精通茶道的茶人，他总结泡茶的经验说："活水还须活火烹"。活煮甘泉，即用旺火煮沸这壶中的山泉水。

第二道程序：孔雀开屏，叶嘉酬宾

孔雀开屏是向同伴展示自己美丽的羽毛，我们借助孔雀开屏这道程序，向嘉宾们介绍今天我们冲泡乌龙茶所用的精美茶具。

"叶嘉"是苏东坡对茶叶的美称。叶嘉酬宾，就是请大家鉴赏我们今天所泡之茶的外观形状。

第三道程序：大彬沐淋，乌龙入宫

时大彬是明代制作紫砂壶的一代宗师，他所制作的紫砂壶令后人叹为观止，视为至宝，所以后代茶人常把名贵的紫砂壶称之为大彬壶。大彬沐淋即用开水烫洗茶壶，其目的是提高壶温。武夷岩茶属于乌龙茶类，投茶入壶称之为乌龙入宫。

第四道程序：高山流水，春风拂面

武夷茶艺讲究"高冲水，底斟茶"。高山流水即悬壶高冲，使壶内的茶叶随水浪翻滚，达到用开水润茶的目的。

"春风拂面"是用茶壶盖轻轻地刮去茶汤表面的白色泡沫，使壶内的茶汤更加清澈、洁净。

第五道程序：乌龙入海，重洗仙颜

品饮武夷岩茶讲究"头泡汤，二泡茶，三泡四泡是精华"。头泡茶汤我们一般不喝，用于烫杯或直接注入茶海。因为茶汤呈琥珀色，从壶口流出时好像蛟龙入海，所以称之为乌龙入海。

"重洗仙颜"本是武夷九曲溪畔的一处摩崖石刻，在这里意喻为第二次冲水。第二次冲水不仅要将开水注满紫砂壶，而且在加盖后还要用开水浇淋壶的外部，这样内外加温更有利于茶香的散发。

第六道程序：母子相哺，再注甘露

冲泡武夷岩茶时要备有两把壶，一把紫砂壶专门用于泡茶，称为"泡壶"或母壶；另一把容积相等的壶用于储存泡好的茶汤，称之为"海壶"或子壶。把母壶中泡好的茶水注入子壶，称之为"母子相哺"。母壶中的茶水倒干净后，乘着壶热再冲入开水，称之为"再注甘露"。

第七道程序：祥龙行雨，凤凰点头

将海壶中的茶汤快速而均匀地依次注入闻香杯，称之为"祥龙行雨"，取其"甘霖普降"的吉祥之意。

当壶中的茶汤所剩不多时，改为点斟，这时茶艺师的手势一高一低有节奏地点斟茶水，被形象地称之为"凤凰点头"，象征着向各位嘉宾行礼致敬。

第八道程序：龙凤呈祥，鲤鱼翻身

在闻香杯中斟上七分满的茶水后，将品茗杯扣在闻香杯上，称之为"龙凤呈祥"。

把扣合好的杯子翻转过来，称之为"鲤鱼翻身"。中国古代神话传说，鲤鱼翻身，越过龙门，可化龙升天而去。我们借助这道程序祝福在座的各位嘉宾家庭和睦，事业发达。

第九道程序：捧杯敬茶，众手传盅

捧杯敬茶是茶艺师用双手把杯捧到齐眉高，然后恭恭敬敬地向右侧的第一位客人行注目点头礼后把茶传给他。客人接到茶向茶艺师回礼，并按照茶艺师的示范依次将茶传给下一位客人，直到传到坐得离茶艺师最远的一位客人为止。

第八章 待客型茶艺

然后再从左侧同样依次传茶。通过捧杯敬茶众手传盅，可使在座的宾主们心贴得更紧，感情更亲近，气氛更融洽。

第十道程序：鉴赏汤色，喜闻高香

鉴赏汤色是指请客人用左手把茶杯端稳，用右手将闻香杯慢慢旋转提起，并注意观察杯中的茶汤是否呈清亮艳丽的琥珀色。

喜闻高香是品武夷茶三闻中的头一闻。第一闻主要是闻茶香的纯度，看是否香高辛锐无异味。

第十一道程序：三龙护鼎，初品奇茗

三龙护鼎是请客人用拇指、食指扶杯，用中指托住杯底，这样拿杯既稳当又雅观。三根手指头喻为三龙，茶杯如鼎，故称三龙护鼎。

初品奇茗是品头道茶。茶汤入口时不要马上咽下，而是吸气，使茶汤在口腔中翻滚流动，与舌根、舌尖、舌面、舌侧的味蕾充分接触，以便精确地品悟出奇妙的茶味。头一品主要是品火功水平，看有没有老火或生青。

第十二道程序：再斟流霞，二探兰芷

再斟流霞是为客人斟第二道茶。

二探兰芷是第二次闻香。宋代范仲淹有诗云："斗茶味兮轻醍醐，斗茶香兮薄兰芷"。兰花之香是世人公认的王者之香，现在请大家细细对比，看这清幽淡雅、甜润悠远、捉摸不定的茶香是否比单纯的兰花之香更胜一筹。

第十三道程序：二品云腴，喉底留甘

即请大家品第二道茶，这次主要是品茶汤的滋味，看茶汤过喉是鲜爽甘醇还是生涩平淡。

第十四道程序：三斟石乳，荡气回肠

石乳是元代武夷山贡茶中的珍品，后来成了武夷岩茶的代名词。三斟石乳是为大家斟第三道茶。

荡气回肠是第三次闻香。这次闻香与前两次不同，是用口腔大口吸入香气，然后从鼻腔呼出，就像吸烟一样，我们称这种闻香的方法为荡气回肠。

第十五道程序：含英咀华，领悟茶韵

即把茶汤含在嘴里慢慢地咀嚼，细细地回味。清代大才子袁枚在品饮武夷岩茶时说："品茶应含英咀华，并徐徐咀嚼而体贴之"。其中的英和华都是花的意思，只有这样，才能领悟到无比美妙的岩韵。

第十六道程序：君子之交，水清味美

古人讲"君子之交淡如水"，而那淡中之味恰似在品饮了三道浓茶之后，再

喝一口白开水。喝这口白开水千万不可急急咽下，而应像含英咀华一样细细玩味，直到含不住时再吞下。咽下白开水后，再张口吸气，这时您一定会满口生津，回味无穷。多数人都会有"此时无茶胜有茶"的感觉，这道程序反映了人生的一个哲理——平平淡淡才是真。

第十七道程序：名茶探趣，游龙戏水

好的武夷岩茶七泡有余香，九泡不失茶真味。名茶探趣是请客人自己动手泡茶，看一看今天这壶茶能泡几泡。

"游龙戏水"是把泡后的茶叶放到清水杯中，请客人观赏，行话称为"看叶底"。武夷岩茶是半发酵茶，叶底三分红，七分绿，称之为"绿叶红镶边"。由于乌龙茶的叶片在清水中晃动，很像龙在玩水，故名"游龙戏水"。

第十八道程序：宾主起立，尽杯谢茶

孙中山先生倡导以茶为国饮，鲁迅先生也说："有好茶喝，会喝好茶是清福"。自古以来，人们视茶为健身的良药，生活的享受，修身的途径，友谊的纽带。现在让我们共同起立干了杯中之茶，用相互祝福来结束这次茶会。谢谢！

第四节　白茶待客型茶艺

白茶分为白芽茶和白叶茶两类，其中白芽茶有较高的艺术观赏价值。本节介绍的是福鼎白毫银针的待客型茶艺。

一、茶具组合

水晶玻璃杯四只，酒精炉一套，茶道具一套，青花茶荷一个，茶盘一个，香炉一个，香一支，茶巾一条。

二、基本程序

不知是谁把唐代诗人钱起的名句"阳羡春茶瑶草碧"和李白的名句"兰陵美酒郁金香"联系在一起，组成了一副茶联，从而在茶人中传为美谈。而本茶艺是我们将八位著名诗人的名句串在一起，组成一首《品白毫银针》的五言古诗，这首诗的八句话就是品饮白毫银针的八道程序。

1. 焚香——天香生虚空（唐·李白）
2. 鉴茶——万有一何小（南朝·江总）
3. 涤器——空山新雨后（唐·王维）
4. 投茶——花落知多少（唐·孟浩然）
5. 冲水——泉声满空谷（宋·欧阳修）
6. 赏茶——池塘生春草（东晋·谢灵运）
7. 闻香——谁解助茶香（唐·皎然）
8. 品茶——努力自研考（唐·王梵志）

三、解说词

白毫银针，白如云，绿如梦，洁如雪，香如兰，其性寒凉，是清心涤性的最佳饮品。品饮白毫银针尤应摒弃功利之心，以闲适无为的情怀，细细地去品味白毫银针的本味、真香、妙韵，同时把品茶视为修身养性的途径，用心去体贴茶，让心灵与茶对话，努力使自己达到醍醐灌顶的境界，品出白毫银针中的物外高意。

第一道程序：焚香

我们称之为"天香生虚空"。这是唐代诗仙李白在《庐山东林寺夜怀》中的一句诗。一缕青烟，悠悠袅袅，一瓣心香，直达天庭。香烟能把我们的心带到空灵虚静，涤除玄鉴的境界，这是品茶的理想境界。

第二道程序：鉴茶

我们称之为"万有一何小"。这是南朝诗人江总在《游摄山栖霞寺并序》中的一句诗。"三空豁已悟，万有一何小"。这句诗充满了禅机。所谓"三空"，乃佛家所说的言空、无相、无愿之三种解脱，因三者共明空理，所以称为三空。修习茶道也正是要豁悟三空。有了这种境界，那么世界的万事万物（万有）都可纳入须弥芥子之中。反过来，一花一世界，一叶一菩提，从小中又可以见大，用这种心境鉴茶，看重的不是茶的色、香、味、形，而是重在探求茶中包含的大自然信息。

第三道程序：涤器

我们称之为"空山新雨后"。这道程序依旧是小中见大。杯如空山，水如新雨，意味深远。

第四道程序：投茶

用茶导把茶荷中的茶叶拨入茶杯，茶叶如闲庭落花，飘然而下，故曰"花

落知多少"。

第五道程序：冲水

我们称之为"泉声满空谷"。这是宋代文学家欧阳修咏《蛤蟆碚》中的一句诗，在此借用来形容冲水时如空谷鸣泉，水声悦耳。

第六道程序：赏茶

我们称之为"池塘生春草"。这是晋代大诗人谢灵运在其代表作《登池上楼》中的名句，这句诗语出自然，不加雕饰，看似脱口而出，但却生机盎然，恰恰可以借用来形容冲泡白毫银针。在冲泡白毫银针时，开始茶芽浮于水面，在热水的浸润下，茶芽逐渐舒展开来，吸收了水分后纷纷沉入杯底。此时茶芽条条挺立，像水底春草刚刚萌发的嫩芽一样，在碧波中婆娑起舞，准备冲出水面去迎接阳光，这种趣景恰似"池塘生春草"，使人观之尘俗尽去，意趣盎然。

第七道程序：闻香

我们称之为"谁解助茶香"。这是陆羽的好友、著名的诗僧皎然和尚的一句名诗。一千多年来，万千茶人都爱闻茶香，但又有几个人能说得清，解得透茶那神秘的生命之香——大自然之香呢！

第八道程序：品茶

我们称之为"努力自研考"。这是唐代诗人王梵志在《若欲觅佛道》一诗中的结束语。品茶重在探求茶道奥义，重在品味人生，拥抱自然，契悟大道，这正像王梵志欲觅佛道一样，应当"明识生死因，努力自研考"。

我们的茶艺到此告一段落，接下来请各位嘉宾自由品茶。谢谢！

第五节　黄茶待客型茶艺

目前黄茶类名茶很少，本节介绍君山银针的待客型茶艺。

一、茶具组合

水晶玻璃杯四只，酒精炉具一套，茶道具一套，青花茶荷一个，茶盘一个，茶池一个，香炉一个，香一支，茶巾一条。

二、基本程序

1. 焚香——焚香静气可通灵
2. 涤器——涤尽凡尘心自清
3. 鉴茶——娥皇女英展仙姿
4. 投茶——帝子投湖千古情
5. 润茶——洞庭波涌连天雪
6. 冲水——碧涛再撼岳阳城
7. 闻香——楚云香染楚王梦
8. 赏茶——湘水浓溶湘女情
9. 品茶——人生三味一杯里
10. 谢茶——品罢寸心逐白云

三、解说词

很高兴能和各位嘉宾一同品饮黄茶中的极品——君山银针。君山银针产于洞庭湖中的君山岛。"洞庭天下水",八百里洞庭"气蒸云梦泽,波撼岳阳城",每一朵浪荼都在诉说着中华文化的无垠。"君山神仙岛",小小的君山岛上更堆满了中华民族的故事。这里有舜帝的两个爱妃娥皇、女英之墓,这里有至今仍在流淌着爱情传说的柳毅井,这里还有李白、杜甫、白居易、范仲淹、陆游等中华民族精英留下的足迹。这里所产的茶吸收了湘楚大地的精华,尽得云梦七泽的灵气,所以风味奇特,极耐品味。好茶还要配好的茶艺,现在请欣赏"君山银针"茶艺。

第一道程序:"焚香静气可通灵"

品饮君山银针这样文化沉积厚重的茶,需要点上一支香,静下心来,才能从茶中品味出我们中华民族的传统精神。

第二道程序:"涤尽凡尘心自清"

品茶的过程是茶人澡雪自身心灵的过程,烹茶涤器,不仅是洗净茶具上的尘埃,更重要的是在澡雪茶人的灵魂。

第三道程序:"娥皇女英展仙姿"

这道程序是赏茶。相传四千多年前舜帝南巡,不幸驾崩于九嶷山下,他的两个爱妃娥皇和女英望着烟波浩渺的洞庭湖放声痛哭,她们的泪水洒到竹子上,使竹竿染上永不消退的斑斑泪痕,成为湘妃竹。她们的泪水滴到君山的土地上,君山上便长出了象征忠贞爱情的植物——茶。茶是娥皇和女英真情的化身,所

以请各位传看君山银针,称之为"娥皇女英展仙姿"。

第四道程序:"帝子沉湖千古情"

娥皇、女英是尧帝的女儿,所以称之为"帝子"。她们为奔夫丧,乘船到洞庭湖,不幸船被风浪打翻而沉入水中。所以我们把投茶称为"帝子沉湖千古情"。

第五道程序:"洞庭波涌连天雪"

这道程序是润茶。洞庭湖一带的老百姓把湖中不起白花的小浪称之为"波",把起白花的浪称之为"涌"。在洗茶时,通过悬壶高冲,玻璃杯中会泛起一层白色泡沫,所以形象地称为"洞庭波涌连天雪"。冲茶后,杯中的水应尽快倒进茶池,以免泡久了造成茶中的养分流失。

第六道程序:"碧涛再撼岳阳城"

这次冲水是第二次冲水。冲入的开水应是二沸的泉水,但是冲水只可冲到七分满。

第七道程序:"楚云香染楚王梦"

冲入开水后,君山银针的茶香即随着热气而散发。洞庭湖古属楚国,杯中的水汽伴着茶香氤氲上升,如香云缭绕,故称为楚云。"楚王梦"是套用楚王巫山梦见神女后,朝为云暮为雨的典故,形容茶香如梦如幻,时而清悠淡雅,时而馥郁醉人。

第八道程序:"湘水浓溶湘女情"

这道程序也称为"看茶舞"。闻过香后即在杯上盖一片玻璃,君山银针的茶芽在热水的浸泡下慢慢舒展开来,芽尖朝上,蒂头下垂,在水中忽升忽降,时浮时沉,经过"三浮三沉"后,最后竖立于杯底,随水波晃动,像是娥皇、女英落水后苏醒过来,在水下舞蹈,水光茶色,浑然一体,碧波绿芽,相映成趣。在湖南素有"湘女多情"之说,您看杯中的湘灵正在为您献舞。这浓浓的茶水恰似湘灵浓浓的深情,所以这道程序称之为"湘水浓溶湘女情"。

第九道程序:"人生三味一杯里"

品君山银针讲究从一杯茶中品出三种滋味:从第一道茶中品出湘妃芬芳的清泪之味;从第二道茶中品出柳毅为小龙女传书之后,在碧云宫中尝到的甘露之味;第三道则要品出君山银针这潇湘灵物所携带的大自然的无穷妙味。好!现在请大家慢慢地细品这杯中的三种滋味。

第十道程序:"品罢寸心逐白云"

"品罢寸心逐白云",是精神的升华,也是我们茶人的追求。品了三道茶之

第八章 待客型茶艺

后，既要像吕洞宾游君山一样"明心见性，浪游世外我为真"，还要像诗人陈大纲一样"四面湖山归眼底，万家忧乐到心头。"我相信各位嘉宾品饮了君山银针之后心中自有良多感悟。

谢谢大家的光临！欢迎下次再来品茗赏艺。

第六节 黑茶待客型茶艺

黑茶包括广西六堡茶、湖南三砖三尖、千两茶、湖北老青茶、四川边茶和普洱茶（熟茶）等，本节介绍湖南茯砖的待客型茶艺。

一、茶具组合

茶盘一个，电随手泡一套，大号三才杯一套，玻璃公道杯一个，滤茶器一个，茶道具一套，白瓷小茶杯若干个，水盂一个，茶巾一条，白丝巾一条，茶荷一个，观察茶叶的放大镜一个，香炉一个，线香一支。

二、基本程序

1. 调息——焚香静气
2. 烧水——活煮甘泉
3. 赏茶——鉴赏金花
4. 投茶——菩萨入狱
5. 洗茶——洗净沧桑
6. 泡茶——调出陈韵
7. 出汤——彩虹流霞
8. 目品——瞬间烟云
9. 闻香——品味历史
10. 口品——时光倒流
11. 心品——神游古今
12. 谢茶——见好就收

三、解说词

安化茯砖是富有传奇色彩的名茶，冲泡或煮饮的方法很多，这里介绍的是该茶的待客型茶艺。这是融入了茶人对生活的感悟，深蕴人生哲理，非常有特色的茶艺，希望大家能够喜欢。这套茶艺共十二道程序。

第一道程序：调息——焚香静气

品茶，是从茶的滴水微香中去领略大自然的真趣，去感悟人生的真谛。因

此，在品茶之前首先应当通过调息，营造一个虚静空灵的心境。点燃这支香，目的是让这悠悠袅袅的香烟像一只温柔的手，牵引着我们的心升华到高雅而神奇的境界。

第二道程序：烧水——活煮甘泉

宋代茶道高手苏东坡有诗云："活水还需活火烹"。活火即旺火，今天我们使用的是电随手泡，用它可以快速煮沸纯净水。

第三道程序：赏茶——鉴赏金花

安化茯砖是以优质黑毛茶为原料，经渥堆、压制、发花等程序精制而成的。其中"发花"是最具特色的工艺。"发花"，即在一定的温湿条件下，使冠突散囊菌在茶砖中大量繁殖，成为优势菌种。所发出的花俗称为"金花"。金花中含有大量对人体健康有益的物质，如脂肪分解酶、蛋白降解酶、淀粉酶等，这些物质有降血脂、促健康的显著效果，因此消费者通常根据"金花"的数量和质量来评定茯砖品质的优劣。好，现在请各位嘉宾用放大镜来观察美丽的金花。

第四道程序：投茶——菩萨入狱

即用茶刀小心地从茯砖上，顺着纹理撬下适量的茶块投入三才杯中。撬茶之前，应用白丝巾托住茯砖。

第五道程序：醒茶——洗净沧桑

决定茯砖质量的因素很多，其中原料是基础，发花是关键，存放是升华。这块茯砖已存放了多年，茶中积淀了时间的重量，积淀了岁月的沧桑，所以把开泡前的洗茶称为洗净沧桑。洗茶不仅代表着对客人的高度尊重，而且起到醒茶、润茶的作用。

第六道程序：泡茶——调出陈韵

在润茶之后，再冲入100℃滚沸的开水，盖上杯盖后静置半分钟，这样可以使茶中的内含物质充分溶解，调出这泡老茶的陈香陈韵。

第七道程序：出汤——彩虹流霞

把泡好的茶汤注入公道杯，请看！这倾泻而出的茶汤在灯光的照射下如彩虹般绚丽夺目。请再看！在公道杯中，优质茯砖的茶汤又像红艳艳的流霞一样光彩照人，令人赏心悦目。

第八道程序：目品——瞬间烟云

当把茶汤分别斟入品茗杯时，请大家仔细观察，在红亮艳丽的茶汤表面有一层淡淡的、薄薄的烟云。世间的很多美，都像这茶烟一样仅仅存在于一瞬间。希望大家都能把握机遇、活在当下，珍惜稍纵即逝的美丽。

第九道程序：闻香——品味历史

鉴赏过汤色之后开始闻香。这道程序称之为"鼻品"。陈年茯砖的香气馥郁多变，令人感到禅悦。细闻茯砖的陈香，你仿佛听到历史老人在诉说，让我们在生命的过程中，不要为青春易逝而悲哀。时间的流逝，带走了青春，同时也带走了生涩，积淀下的是淡定从容之美，是朴实厚重之美，是无比宝贵的成熟之美。

第十道程序：口品——时光倒流

优质陈年茯砖只要冲泡得法，可冲泡十道以上，并且每一道的茶香、滋气、水性都各有特点，在品饮过程中你会感到似是时光在倒流，以致让人爱不释手。

第十一道程序：心品——神游古今

品茶，不仅要用目品、鼻品、口品，更要用心品。在品饮了几道茯砖茶后，让我们用心来回味，你一定会从这泡普普通通、其貌不扬的茶中，产生许多联想，得到许多人生的启迪。现在让我们一边静静地品茶，一边心驰宏宇，神游古今吧！

第十二道程序：谢茶——见好就收

本来这泡茯砖还可以再泡许多道，但是，泡茶是修身养性，品茶是品味人生。茶人应当是一个精行俭德之人。人们常说："荆棘丛中下脚易，明月窗前回头难"。当茶还热、兴正浓、意未尽的时候，让我们顶住美好的诱惑，见好就收吧！最后我用这杯茶祝大家万事如意。今天的茶艺到此告一段落。谢谢！

第七节　花茶待客型茶艺

花茶属于再加工茶类，现代花茶包括窨花花茶、工艺造型花茶和时尚花草花果茶等三类，本节介绍最常见的茉莉花茶的待客型茶艺。

一、茶具组合

三才杯（即小盖碗）若干只，白瓷茶壶一把，木制茶盘一个，开水壶两把（或电随手泡一套），青花茶荷一个，花茶（每人2~3克），茶道具一套，茶巾一条。

二、基本程序

1. 烫杯——春江水暖鸭先知
2. 赏茶——香花绿叶相扶持
3. 投茶——落英缤纷玉杯里
4. 冲水——春潮带雨晚来急
5. 闷茶——三才化育甘露美
6. 敬茶——一盏香茗奉知己
7. 闻香——杯里清香浮清趣
8. 品茶——舌端甘苦入心底
9. 回味——茶味人生细品悟
10. 谢茶——饮罢两腋清风起

三、解说词

花茶是诗一样的茶,她融茶之韵与花之香于一体,通过"引花香,增茶味"使花香茶味珠联璧合,相得益彰。从花茶中我们可以品出春天的气息。

花茶是诗一般的茶,所以在冲泡和品饮花茶时也要求有诗一样美的程序,茉莉花茶茶艺共有十道程序。

第一道程序:烫杯——春江水暖鸭先知

"竹外桃花三两枝,春江水暖鸭先知。"这是苏东坡的一句名诗,我们借助这句诗来描述烫杯。请大家充分发挥自己的想象力,看一看经过开水烫洗之后,冒着热气、洁白如玉的茶杯像不像一只只在春江水中游泳的小鸭子?

第二道程序:赏茶——香花绿叶相扶持

赏茶也称为目品,即请大家观赏我们今天要冲泡的茉莉花茶。

第三道程序:投茶——落英缤纷玉杯里

落英缤纷是晋代文学家陶渊明在《桃花源记》中描述的美景,当我们用茶导把花茶从茶荷拨进洁白如玉的茶杯时,花干和茶芽飘然而下,恰似落英缤纷。

第四道程序:冲水——春潮带雨晚来急

冲泡花茶也讲究高冲水,90℃左右的开水从壶中直泻而下,杯中的花茶随水波上下翻滚,恰似春潮带雨晚来急。

第五道程序:闷茶——三才化育甘露美

冲泡花茶一般选用三才杯,这杯盖代表天,杯托代表地,中间的茶杯代表人。茶人们认为茶是"天涵之、地载之、人育之"的灵物,闷茶的过程象征着"天、地、人"三才合一,共同化育出茶的精华。

第六道程序:敬茶——一盏香茗奉知己

请大家拿到杯后,先注意持杯的手势,我们用左手持杯。女士用食指中指托杯，拇指扣住杯托，并舒展开兰花指，这种手法称为"彩凤双飞翼"。而男士则用三指托杯并收好小指，这种持杯手法称为"桃园三结义"。

第七道程序：闻香——杯里清香浮清趣

闻香称为鼻品。现在请大家将杯盖的前沿翘起，后沿下压，从开缝中去闻香，闻香时主要看三项指标：一闻香气的纯度；二闻香气的浓郁度；三闻香气的鲜灵度。请大家根据这三项指标细细地闻一闻这花茶的茶香，您一定会感到这茶香沁人心脾，使人陶醉。

第八道程序：品茶——舌端甘苦入心底

这是三品花茶的最后一品——口品。品茶时请大家注意将杯盖前沿下压，后沿翘起，从开缝中去品茶。品茶时应该轻轻用口吸气，使茶汤在舌面缓缓流动，让茶汤与味蕾充分接触，然后闭紧嘴巴，用鼻腔呼气，使茶香直灌脑门，只有这样才能充分领略到花茶所特有的"味轻醍醐，香薄兰芷"的花香与茶韵。

第九道程序：回味——茶味人生细品悟

茶人们认为，一杯茶中有人生百味。有的人"啜苦可励志"，有的人"咽甘思报国"。无论茶是苦涩、甘鲜还是平和、醇厚，从一杯茶中茶人们都会有很多的感悟和联想，所以品茶重在回味。

第十道程序：谢茶——饮罢两腋清风起

唐代诗人卢仝在《茶歌》中写出了品茶的绝妙感受，他写道："一碗喉吻润，二碗破孤闷，三碗搜枯肠，惟有文字五千卷。四碗发轻汗，平生不平事，尽向毛孔散。五碗肌骨轻，六碗通仙灵，七碗吃不得也，惟觉两腋习习轻风生。"茶能祛襟涤滞，致清导和，使人神清气爽，延年益寿的灵物。现在让我们再品一品杯中的花茶，一同去寻找卢仝七碗茶后两腋习习清风生的绝妙感受。

最后祝大家多福多寿、长健长乐。谢谢！

思考题

1. 在广泛阅读的基础上向同学推荐两种名茶的待客型茶艺。
2. 熟练掌握两种以上本章中介绍的待客型茶艺。
3. 根据你所生活地区的历史、文化、民俗，创编出一套你所钟爱之茶的待客型茶艺。

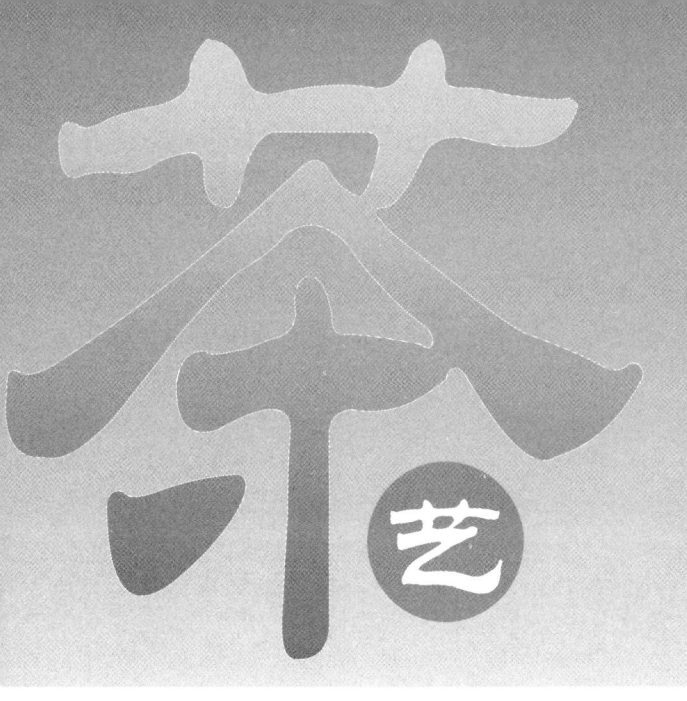

第九章

表演型茶艺

导读

表演型茶艺源于生活,高于生活,深受广大茶文化爱好者的欢迎,目前已发展成为重大茶事活动中一道亮丽的风景线。本章分七节,用案例的方式介绍大红袍、铁观音、碧螺春、西湖龙井、台湾东方美人、茉莉花茶等中国名茶的表演型茶艺。为了拓展读者的视野,本章还介绍了清代宫廷茶艺。表演型茶艺要特别注意主题音乐的选择,并注意通过服饰、茶具、布席、插花、挂画等艺术手段来营造气氛,彰显主题,深化主题,取得良好的宣传效果。本章重点导读《大音希声》,易存国著,浙江大学出版社,2005年版。

第一节 大红袍茶艺

一、茶具组合

茶盘一个，紫砂壶一对，茶道具一套，锡茶叶罐一个，日月星烧水用具一套，闻香杯六个，品茗杯六个，茶巾一条，茶荷一个。

二、基本程序

1. 恭迎茶王
2. 焚香静气
3. 喜遇知己
4. 大彬沐淋
5. 茶王入宫
6. 高山流水
7. 春风拂面
8. 乌龙入海
9. 一帘幽梦
10. 玉液移壶
11. 祥龙行雨
12. 凤凰点头
13. 龙凤呈祥
14. 芙蓉出水
15. 敬奉香茗
16. 喜闻天香
17. 三龙护鼎
18. 鉴赏双色
19. 初品奇茗
20. 再斟流霞
21. 白鹤展翅
22. 敬杯谢茶

三、解说词

世界自然文化双遗产地武夷山，不仅是风景名山、文化名山，而且是茶叶名山，这里所产的大红袍是贡茶中的极品，清代乾隆皇帝在品饮了各地贡茶后曾题诗评价说："就中武夷品最佳，气味清和兼骨鲠。"现在我们就请各位嘉宾当回"皇帝"过把瘾，品啜茶王大红袍！

第一道程序：恭迎茶王

"千载儒释道，万古山水茶。"在武夷山碧水丹山的良好生态环境中，所生产的大红袍"臻山川精英秀气之所钟，品俱岩骨花香之胜"。现在我们请出名满天下的茶王——大红袍。

第二道程序：焚香静气

茶须静品，香可通灵。冲泡和品饮茶王，要营造祥和肃穆的气氛。我们焚香，一敬天地，感谢上苍赐给我们延年益寿的灵芽；二敬祖先，是他们用智慧和汗水，把灵芽变成了珍饮；三敬茶神，茶那赴汤蹈火、以身济世的精神我们一定会薪火相传。

第三道程序：喜遇知己

清代乾隆皇帝在品饮了大红袍之后曾赋诗说："武夷应喜添知己，清苦原来是一家。"这位嗜茶皇帝在品饮大红袍之后，悟透了人生先苦后甜的哲理，不愧为大红袍的千古知音。现在就请大家细细地观赏名满天下的大红袍，希望各位嘉宾也能像乾隆皇帝一样，成为大红袍的知己。

第四道程序：大彬沐淋

时大彬是明代制作紫砂壶的一代宗师，他制作的大彬壶令后人叹为观止，视为至宝。并且在茶人眼里，"水是茶之母，壶为茶之父"，冲泡大红袍这样的茶王，只有用大彬壶才能相配。

第五道程序：茶王入宫

即把大红袍请入茶壶。

第六道程序：高山流水

武夷茶艺讲究"高冲水，低斟茶"。高山流水有知音，这倾泻而下的开水，如瀑布在鸣奏着大自然的乐章。请大家静心聆听，希望这高山流水能激发您心中的共鸣。

第七道程序：春风拂面

即用壶盖轻轻刮去茶汤表面的白色泡沫，使茶汤更加清澈亮丽。

第八道程序：乌龙入海

我们品茶讲究"头泡汤，二泡茶，三泡四泡是精华"。把头一泡的茶汤用于烫杯或直接注入茶盘，称之为"乌龙入海"。

第九道程序：一帘幽梦

第二次冲入开水后，茶与水在壶中相依偎、相融合。这时，还要继续在壶的外部浇淋开水，以便让茶在滚烫的壶中，孕育出香，孕育出味，孕育出妙不可言的岩韵。这种神秘的感觉恰似那一帘幽梦。

第十道程序：玉液移壶

冲泡大红袍，最忌讳在壶中长久积汤，因此要准备两把壶，其中一把用于泡茶，称为母壶，另一把用于储存茶汤，称为子壶，而把泡好的茶汤从母壶倒入子壶称之为"玉液移壶"。

第九章 表演型茶艺

第十一道程序：祥龙行雨

将子壶中的茶汤快速而均匀地注入闻香杯，称之为"祥龙行雨"，取其"甘霖普降"的吉祥之意。

第十二道程序：凤凰点头

壶中的茶汤所剩不多时，改为点斟的手法，称为凤凰点头，象征向各位嘉宾行礼致敬。

第十三道程序：龙凤呈祥

把品茗杯扣合在闻香杯上称龙凤呈祥，意在祝福天下有情人终成眷属，祝所有的家庭幸福、美满、和睦。

第十四道程序：芙蓉出水

用双手把扣合好的杯子翻转过来称为芙蓉出水。荷花出淤泥而不染，这正是茶道所倡导的精神。

第十五道程序：敬奉香茗

即把冲泡好的大红袍敬献给各位嘉宾。

第十六道程序：三龙护鼎

这是持杯的手势，三个手指喻为"三龙"，茶杯如鼎故名"三龙护鼎"，这样持杯既稳当又雅观。

第十七道程序：喜闻天香

大红袍的茶香锐则浓长，清则悠远，如梅之清逸，如兰之高雅，如熟果之甜润，如乳香之温馨。来！请大家细闻这妙不可言的天香。

第十八道程序：鉴赏双色

大红袍的茶汤清澈艳丽，呈深橙黄色，在观赏时要注意茶水在杯沿和杯底都会呈现出明亮的金色光圈，所以称为鉴赏双色。

第十九道程序：初品奇茗

即品头道茶。品茶时我们啜入一小口茶汤但不要急于咽下，而是用口吸气，让茶汤在口腔中流动并冲击舌面、舌尖和舌侧的味蕾，以便精确地品出这一泡茶的火功水平。

第二十道程序：再斟流霞

"流霞"是清亮艳丽的茶汤的代名词。再斟流霞，即为大家斟第二杯茶（斟茶时应斟入闻香杯）。

第二十一道程序：白鹤展翅

现在请大家像茶艺师那样，把品茗杯扣在闻香杯上，然后用单手大幅度地

把对扣的杯子翻转过来,这样的手势称为"白鹤展翅"。

"白鹤展翅"一飞冲天,直上青云,这道程序是让我们共同祝愿我们的祖国飞跃发展,展翅腾飞!

第二十二道程序:敬杯谢茶

最后请大家干了这杯中之茶。这第三道茶是茶中的精华,希望大家品了这道茶后,生活像大红袍一样芳香持久,回甘无穷!

第二节　铁观音茶艺

安溪县地处福建东南沿海,素有"中国乌龙茶都"之称,所产的铁观音、黄金桂、本山、毛蟹等四大品种名茶驰名中外。其中铁观音"饮山岚之气,沐日月之精,得烟霞之蔼,食之能疗百病",被懂行的茶人誉为"甘露"。现在就请各位嘉宾品饮茶中奇葩铁观音。

一、茶具组合

圆型白瓷茶盘一个,三才杯一个,竹制茶道具一套,品茗杯(茗琛杯)四个,茶巾一条,茶荷一个,红泥木炭炉一个,陶水壶一把。

二、基本程序

1. 涤净心源　　　　　　2. 恭迎观音
3. 仙鹤沐淋　　　　　　4. 观音入宫
5. 振瓯摇香　　　　　　6. 慈行普度
7. 银河飞瀑　　　　　　8. 法海听潮
9. 观音出海　　　　　　10. 滴水流香
11. 敬奉香茗　　　　　　12. 三龙护鼎
13. 鉴赏汤色　　　　　　14. 喜闻天香
15. 细品音韵　　　　　　16. 感恩谢茶

三、解说词

各位嘉宾,大家好!欢迎到我们的茶室来品茗赏艺,今天为大家冲泡的是产于福建安溪的名茶——铁观音。冲泡名茶必须有好的茶艺，这套茶艺共16道程序。

第一道程序：涤净心源

铁观音是圣洁的灵物，在冲泡铁观音之前，我们要涤心洗手，用这清清的泉水，洗净世俗的凡尘和心中的烦恼，让躁动的心变得祥和而安宁。

第二道程序：恭迎观音

即把铁观音从锡罐中请到茶荷备用。

第三道程序：仙鹤沐淋

即烫洗瓯杯，使器皿升温。

第四道程序：观音入宫

即把铁观音投入三才杯中。

第五道程序：振瓯摇香

趁着三才杯还很烫的时候，用力摇动茶杯，使铁观音在杯中均匀地受热并挥发出香气。

第六道程序：慈航普度

现在请嘉宾们观看铁观音的外观形状，并闻铁观音干茶的热香。优质铁观音应当外观蜷曲、壮结，色泽润绿，呈青蒂绿腹蜻蜓头状，干茶的热香清纯高雅，沁人心脾，使人愉悦。

第七道程序：银河飞瀑

即用悬壶高冲的手法向三才杯中冲入开水，然后用杯盖刮去冲起的白色泡沫，随即冲干净杯盖。

第八道程序：法海听潮

是指再次向三才杯中冲入开水，冲水时的水声像天籁一样启人心智，引人遐想，故名法海听潮。

第九道程序：观音出海

"观音出海"民间称它为"关公巡城"，就是把茶水依次巡回均匀地斟入茗琛杯。

第十道程序：滴水流香

就是将茶汤均匀地一点一滴注到各茶杯里，达到茶汤浓淡均匀，香醇一致。民间把这道程序称为"韩信点兵"。

第十一道程序：敬奉香茗

即将泡好的铁观音敬奉给大家。

第十二道程序：三龙护鼎

这是持杯的手法。三根手指为三龙，若琛杯如鼎，故名三龙护鼎。

第十三道程序：鉴赏汤色

品饮铁观音，首先要观其色。优质铁观音的汤色清澈、金黄、明亮，看了让人赏心悦目。

第十四道程序：喜闻天香

铁观音的香气由熟果香和鲜花香巧妙地混合在一起，缥缈不定，变化无穷。这得自于天地日月精华的奇香，茶人称之为"天香"。闻香时要尽可能做深呼吸，让铁观音馥郁悠远的芳香沁入我们的肺腑，带给我们愉悦和健康。

第十五道程序：细品音韵

铁观音的茶汤醇爽甘鲜，在品饮时会感到水中透香，品饮后感到齿颊留香。茶汤过喉时，你会觉得舌底鸣泉，神清气爽。茶汤入胃后，你会感到有一股太和之气，让你五体通泰，血脉舒张，这就是观音韵。安溪有句俗话这样说道："谁人寻得观音韵，不愧是个品茶人"。希望大家细品观音韵，做一个真正的品茶人。

第十六道程序：感恩谢茶

茶人要有感恩之心。在品饮了铁观音之后，让我们一起默默地感谢上苍赐给我们这快乐之杯，健康之液，灵魂之饮。同时，也感谢各位嘉宾与我们一起伴着铁观音的茶香共度了一段美好的时光。今天的茶会就要结束了，我们真诚地期待着各位茶友再次光临！谢谢！

第三节　碧螺春茶艺

一、茶具组合

玻璃杯四只，电随手泡一套，木茶盘一个，茶荷一个，茶道具一套，茶池一个，茶巾一条，香炉一个，香一支。

二、基本程序

1. 点香——焚香通灵　　　2. 涤器——仙子沐浴
3. 凉水——玉壶含烟　　　4. 赏茶——碧螺亮相
5. 注水——雨涨秋池　　　6. 投茶——飞雪沉江
7. 观色——春染碧水　　　8. 闻香——绿云飘香

9. 品茶——初尝玉液　　10. 再品——再啜琼浆
11. 三品——三品醍醐　　12. 回味——神游三山

三、解说词

"洞庭无处不飞翠，碧螺春香万里醉。"烟波浩渺的太湖包孕吴越，而太湖洞庭山所产的碧螺春又集吴越山水的灵气和精华于一身，是我国历史上有名的贡茶。新中国成立之后，该茶被评为我国的十大名茶之一。接下来就请各位嘉宾来品啜这难得的茶中瑰宝——碧螺春。

第一道程序：焚香通灵

"茶须静品，香能通灵"。在品茶之前，首先点燃这支香，让我们的心平静下来，以便以空明虚静之心，去体悟碧螺春中所蕴含的大自然的信息。

第二道程序：仙子沐浴

今天我们选用玻璃杯来泡茶。晶莹剔透的杯子好比冰清玉洁的仙子。"仙子沐浴"即是烫洗茶杯，以表示我们对各位来宾的尊敬。

第三道程序：玉壶含烟

冲泡碧螺春，只能用70℃~75℃的开水。打开壶盖，我们让壶中的开水随着水汽的蒸发而降温。请看这壶口蒸汽氤氲，烟笼雾绕，所以我们称这道程序为"玉壶含烟"。

第四道程序：碧螺亮相

"碧螺亮相"即请大家传着鉴赏干茶。碧螺春有"四绝"——"形美、色艳、香浓、味醇"。赏茶是欣赏她的第一绝"形美"。您看，碧螺春条索纤细，卷曲成螺，白毫隐翠，多像民间传说中娇羞的田螺姑娘。

第五道程序：雨涨秋池

唐代李商隐的名句"巴山夜雨涨秋池"是个很美的意境。"雨涨秋池"即向玻璃杯中注水，一般水只宜注到七分满，留下三分装情。

第六道程序：飞雪沉江

即用茶导将茶荷里的碧螺春拨到玻璃杯中。碧螺春如雪花纷纷扬扬飘落而下，瞬时间杯中白云翻滚，雪花翻飞，生机无限。

第七道程序：春染碧水

碧螺春入水中后，杯中的热水溶解了茶里的营养物质，逐渐变为绿色，整个茶杯好像盛满了春天的气息。

第八道程序：绿云飘香

碧绿的茶芽，碧绿的茶水，摇动茶杯，杯中绿云翻滚，氤氲的蒸汽带着浓

烈的茶香四处飘逸,芬芳袭人。

第九道程序:初尝玉液

品饮碧螺春应趁热连续细品,头一口如品玄玉之膏,云华之液,感到清香甘醇,鲜爽生津,回味绵长。

第十道程序:再啜琼浆

这是品第二口茶,二品时感到茶汤更绿,茶香更浓,茶味更醇,并开始舌体回甘,舌下生津。

第十一道程序:三品醍醐

醍醐直译是奶酪,在佛教典籍中用醍醐来形容最玄妙的"法味"。品第三口的时候,我们所品到的已不再是茶,而是品太湖春天的气息,品洞庭山盎然的生机,品人生的百味。

第十二道程序:神游三山

古人品茶重在回味。在品了三口茶后,碧螺春那鲜绿的色泽,鲜灵的香气,鲜爽的滋味,一定令您回味无穷,飘然欲仙。茶友们,让我们展开联想的翅膀,把自己置身于包孕吴越的太湖,置身于洞庭山的茶园果圃之中,让自己融入大自然,去领略"洞庭无处不飞翠,碧螺春香万里醉"的意境吧!

第四节　西湖龙井茶艺

一、茶具组合

水晶玻璃杯四个,酒精灯炉具一套,茶道具一套,茶叶罐、茶荷、玻璃水盂各一个,香一支,香炉一个,茶巾一条,木茶盘一个。

二、基本程序

1. 点香——焚香除妄念　　　2. 洗杯——冰心去凡尘

3. 凉汤——玉壶养太和　　　4. 投茶——清宫迎佳人

5. 润茶——甘露润莲心　　　6. 冲水——凤凰三点头

7. 奉茶——观音捧玉瓶
8. 赏茶——春波展旗枪
9. 闻香——慧心悟茶香
10. 品茶——淡中品至味

三、解说词

"天下西湖三十六，杭州西湖最明秀"。杭州西湖三面云山一面城，水光潋滟百媚生，这里受钱塘江朝云暮雨的滋润，得吴越灵山秀水的精华，所产的龙井茶集"色绿、香郁、味甘、形美"四绝于一身，曾被清代乾隆皇帝赐封为"御茶"。新中国成立之后开国总理周恩来把西湖龙井和茅台酒、中华烟并列，称为招待贵宾的"三大国宝"。今天我们就请各位嘉宾品一品驰名中外的西湖龙井茶。

第一道程序：焚香除妄念

自古文人认为龙井茶是润泽心灵的琼浆，澡雪心性的甘露，所以在品茶前要点上一支香，可使人心平气和，妄念不生。

第二道程序：冰心去凡尘

龙井茶是至清至洁，天涵地育的灵物，泡茶时要求所用的器皿也必须至清至洁。冰心去凡尘，就是把本来就很干净的玻璃杯再烫洗一遍，以示对嘉宾的尊敬。

第三道程序：玉壶养太和

因为我们所冲泡的西湖龙井茶极其细嫩，若直接用开水冲泡易烫熟了茶芽，会造成熟汤失味。所以要打开壶盖，让水温降到85℃左右，这样冲泡龙井才可达到色绿、香郁、茶汤鲜爽甘美的要求。

第四道程序：清宫迎佳人

苏东坡有诗云："戏作小诗君一笑，从来佳茗似佳人。"他把优质名茶比喻成让人一见倾心的绝代佳人。"清宫迎佳人"即用茶导轻柔地把茶叶投入到玻璃杯中。

第五道程序：甘露润莲心

乾隆皇帝把细嫩的龙井称为"润心莲"。冲泡特级龙井宜用中投法，即在投茶后要先向杯中注入少许热水，待润茶闻香后再正式冲泡。

第六道程序：凤凰三点头

即冲水时手持水壶有节奏地三起三落而水流不间断。这种冲水的手法形象地称之为凤凰三点头，表示向嘉宾点头致意。

第七道程序：观音捧玉瓶

即向客人奉茶，祝好人一生平安。

第八道程序：春波展旗枪

也称为"杯中看茶舞"，这是龙井茶茶艺的特色程序。请看，杯中的热水染上了生命的绿色，茶芽在热水中逐渐苏醒，舒展开它美妙的身姿，尖尖的茶芽如枪，展开的叶片如旗。一芽一叶的称为旗枪，两叶抱一芽的称为雀舌。有的茶芽簇立在杯底，像有位佳人立在水中央。有的茶芽斜依在杯底，如春兰初绽。杯中动静相宜，十分生动有趣。

第九道程序：慧心悟茶香

品饮龙井要一看，二闻，三品味。观赏了杯中的茶舞之后，我们在品甘露味之前，要先闻圣妙香。龙井茶的香为豆花香，香气清幽淡雅。乾隆皇帝闻香后曾诗兴大发说："古梅对我吹幽芳"。来，让我们用心去感悟龙井茶这来自天堂，可以启人心智、通人心窍的圣妙香。

第十道程序：淡中品至味

品龙井茶，"一漱如饮甘露液，啜之泠泠馨齿牙。"清代著名茶人陆次云形容说："龙井茶，甘香而不洌，啜之淡然，似乎无味，饮过之后，似有一股太和之气弥散于齿颊之间。此无味之味，乃至味也！"现在请大家慢慢啜，细细品，让龙井茶的太和之气，沁入我们的肺腑，使我们益寿延年。让龙井茶无味的至味，启迪我们的心灵，使我们对生活有更深刻的感悟！

我们的龙井茶茶艺到此告一段落，接下来请大家继续细品慢啜，用闲适的心情，去怡然自得地感悟品茶的至美天乐。谢谢！

第五节 东方美人茶艺

台湾在三国时期称为夷洲，隋唐时期称琉球，清代康熙二十二年设台湾府，隶属于福建省。自古以来闽台两地在茶叶生产和茶文化方面都有密切的联系。据连横《台湾通史》记载，柯朝氏曾于嘉庆十五年（1810 年）从福建武夷山引进茶种，在文山枫子林试种成功，以后广为传植，促进了台湾乌龙茶产业的发展。在台湾，乌龙茶可分为包种、乌龙和东方美人等三类。东方美人也称为白毫乌龙或香槟乌龙，很适用于调饮。

一、茶具组合

荷花型茶具一套，朱泥壶一把，小玻璃杯六只，玻璃托盘六个，玻璃水盂一个，水瓢一把，茶道具一套，台湾日月星炉具一套，细瓷茶罐一个，细瓷茶荷一个，托盘一个，方糖少许，鲜玫瑰花六朵，白兰地酒一小瓶。

二、基本程序

1. 静心净手
2. 一睹芳颜
3. 美人入宫
4. 雨润仙草
5. 春泉飞瀑
6. 飞燕衔泥
7. 彩虹映日
8. 花好月圆
9. 再滴甘露
10. 敬奉香茗
11. 六根共识
12. 醍醐灌顶

三、解说词

在祖国神奇而美丽的宝岛台湾，出产一种美丽而神奇的名茶。这种茶的外观五彩斑斓，美得像飞天仙女；这种茶的汤色红亮艳丽，美得像醉酒的贵妃；这种茶的香气高雅而诱人，香得像纯情少女的芳唇；这种茶的滋味温柔而销魂，凡是品饮过的人无不为之倾倒。这种茶便是享誉五洲四海的"东方美人"。

第一道程序：静心净手

"东方美人"是台湾乌龙茶中的极品，它极为名贵，也极为娇贵。在冲泡前，必须静心息虑，并用清泉洗手，只有这样才能泡好这种名茶。

第二道程序：一睹芳颜

东方美人条索紧秀，白毫显露，细看呈红、黄、白、青、褐五色，所以也称之为"五色茶"。现在我们请出东方美人，请大家一睹芳颜。

第三道程序：美人入宫

即用茶导把东方美人拨入朱砂壶。

第四道程序：雨润仙草

冲泡乌龙茶时，第一次冲水称为温润泡。冲入开水后茶芽即在壶中吸水舒

展，这时应轻轻摇动几下茶壶，很快倾出茶汤，以免闷坏了茶。

第五道程序：春泉飞瀑

即用悬壶高冲的手法，一气呵成地向壶中冲入95℃的开水。冲水时热气氤氲，茶香四溢，很像春泉飞瀑，夺人心魂。

第六道程序：飞燕衔泥

冲入开水后要闷茶2分钟，利用这短暂的时间，用茶镊轻盈而迅速地把方糖分别投入杯中，我们将此形象地称之为飞燕衔泥。

第七道程序：彩虹映日

出汤时，清亮艳丽的茶汤划成弧形，注入杯中，在灯光的照射下，像一道道映日彩虹，美丽而眩目。

第八道程序：花好月圆

斟好茶后，再在每一个茶杯旁边点缀一朵玫瑰花，配制成一杯"花好月圆"，让东方美人平添几缕温馨，几分浪漫，也让我们的心中多一份祝福，多一些期盼。

第九道程序：再滴甘露

即在每一杯茶中滴入两滴白兰地酒，这样，东方美人的风味会更醇美、更醉人。

第十道程序：敬奉香茗

来了，向你们走来的是东方美人；来了，向你们走来的是阿里山的仙女。她们献上的是一颗颗滚烫的心，献上的是真诚的祝福。祝大家的生活像这杯热茶一样甘醇，祝我们的世界，像盛开的玫瑰花一样美丽。

第十一道程序：六根共识

茶是"灵魂之饮"。品茶要五官并用，六根共识，调动眼、鼻、喉、舌、身、意，用全身心去体贴她。请细细闻，这茶香如花蜜、如熟果，她为我们带来了祖国宝岛浓烈的春天的气息。

请用心品。这茶汤入口醇爽圆柔，甘鲜无比，令人回味无穷。

第十二道程序：醍醐灌顶

茶要用心去品，更要用心去悟。品的是茶的色、香、味、韵，而悟出的才是茶那令人醍醐灌顶的无上法味。东方美人的美，昭示着佛家"色即是空，空即是色"的深刻哲理。品完茶，请看一看这空杯，刚才那妙不可言、令人陶醉的茶汤哪里去了？请细细回味，回味，再回味！

到此,我们的东方美人茶艺告一段落了。赵州和尚曾有法语——"吃茶去!"各位嘉宾,各位茶友,走,让我们一起"吃茶去"!

第六节 茉莉花茶茶艺

一、茶具组合

石英玻璃壶一个,电随手泡一套,茶盘一个,白瓷三才杯四套,白瓷茶荷一个,白瓷水盂一个,茶道具一套,托盘一个,茶巾一条。

二、基本程序

1. 河塘听雨
2. 芳丛探花
3. 落英缤纷
4. 空山鸣泉
5. 天人合一
6. 敬奉香茗
7. 感悟心香
8. 品悟茶韵

三、解说词

茉莉名佳花更佳,远从佛国传中华。

仙姿洁白玉无瑕,清香高远人人夸。

据传,茉莉花自汉代从西域传入我国,北宋时开始广为种植。茉莉花香气浓郁、鲜灵、隽永而沁心,被誉为"人间第一香",现在就请大家欣赏茉莉花茶茶艺。

第一道程序:荷塘听雨

茉莉花是西域佛国天香,茶叶是中华瑞草之魁,它们都是圣洁的灵物,所以要求冲泡者的身心和所用的器皿,都要如荷花般纯洁。看,这清清的山泉如法雨;听,这哗哗的水声如雨声。涤器,如雨打碧荷。荡杯,如芙蓉出水。通过这道程序,杯更干净了,心更宁静了,整个世界仿佛变得明澈空灵。只有怀着雨后荷花一样的心情,才能品出茉莉花茶那芳洁沁心的雅韵。

第二道程序:芳丛探花

美在于探索,美重在发现。芳丛探花是三品花茶的头一品——目品。请各

位嘉宾细细地鉴赏一下今天将冲泡的茉莉花茶。

"一花一世界，一叶一菩提"。不知大家是否从这小小的茶荷里感悟到了大自然气象万千、无穷无尽的美来？

第三道程序：落英缤纷

落英缤纷即投茶。花开花落本是大自然的规律，面对落花，有人发出"红消香断有谁怜"的悲泣，有人发出"无可奈何花落去"的叹息。然而，在我们茶人眼里，落英缤纷则是一道亮丽的美景。

第四道程序：空山鸣泉

茶杯如山谷般空旷，那是茶人的襟怀。流水像山泉在鸣唱，那是大自然的心声。冲泡花茶要用90℃左右的开水，并讲究高冲水。请看，壶中的热水直泻而下，如空山鸣泉，启人心智，使人警醒。

第五道程序：天人合一

"天人合一"是中国茶道的基本概念。我们冲泡茉莉花茶一般选用"三才杯"。这杯盖代表"天"，杯托代表"地"，而中间的茶杯则代表"人"。只有乾坤交泰，三才合一，才能共同化育出茶的精华。

第六道程序：敬奉香茗

走来了，向你们走来的是茉莉仙子；走来了，向你们走来的是爱茶爱花的姑娘。她们像茉莉一样芳洁，她们像茶一样高雅，她们奉上的不仅仅是一杯香茗，同时也为您奉上了人世间最真最美的茶人之情。

请拿到茶杯的嘉宾注意观察主泡小姐的手势。我们用左手持杯，女士用食指和中指托杯，拇指扣住杯托，并舒展开兰花指，这种持杯手法称为"彩凤双飞翼"。而男士则用三指托杯，并收好小指，这种持杯手法称为"桃园三结义"。

第七道程序：感悟心香

这是三品花茶的第二品，称之为"鼻品"。来，让我们再细细闻一闻，从茶杯中飘出的是花香，是茶香，是天香，也是茶人的心香。

第八道程序：品悟茶韵

这是三品花茶的最后一品——口品。品茶时应小口喝入茶汤，并使茶汤在口腔中稍事停留，然后闭紧嘴巴使茶香从鼻腔呼出，只有这样才能品出花茶所独有的"味轻醍醐，香薄兰芷"的花香与茶韵。

人们常说茶味人生细品悟，希望大家能从这杯茶品悟出生活的芬芳，品悟出人间的至美，品悟出人生的百味。

茉莉花茶茶艺表演到此结束！谢谢！

第九章 表演型茶艺

第七节　清代宫廷茶艺（乾隆三清茶）

"三清茶"是以绿茶为主，佐以梅花干、松子仁、佛手柑冲泡而成的香茶。清代的乾隆皇帝很喜爱"三清茶"，并常用三清茶恩赐群臣品饮，意在训导臣下，为官要清廉，为政要清明，为人要清白。如今，我们抛开封建王朝的政治色彩不谈，本着"古为今用"的原则来发掘整理三清茶茶艺，不仅有趣味，而且对反腐倡廉具有一定的现实意义。

一、原料辅料

龙井茶、梅花干、松子仁、佛手柑。

二、茶具组合

九龙三才杯一套（皇帝专用），景德镇粉彩描金三才杯六套（群臣用），镀金小匙一把，小银匙六把，锡茶罐一个（内装龙井茶），小银罐（或精细小瓷碗）三个，漆托盘两个（其中一个向皇帝献茶用），炭火炉（竹炉）一个，陶水壶一把。

三、基本程序

1. 调茶——武文火候斟酌间　　2. 敬茶——三清香茗奉君前
3. 赐茶——赐茶愿臣心似水　　4. 品茶——清茶味中悟清廉

"三清茶"茶艺，可以参考历史文献编排成话剧的形式，用于舞台演出。也可以在基本保留古风要义的基础上进行再创作，使之适用于普通茶艺馆待客。本套茶艺比较适用于茶艺馆。

四、解说词

第一道程序：调茶——武文火候斟酌间

调茶由专职宫女进行，三清茶是用乾隆皇帝爱喝的狮峰龙井为主料，佐以梅花干、松子仁和佛手柑（切丝）冲泡而成。梅花香清形美性高洁，它的五个花瓣象征五福，也预示着当年五谷丰登。松子仁洁白如玉，清香爽口，松树长

寿，不怕严寒，象征着事业永远兴旺。佛手与"福寿"谐音，象征着福寿双全。现在由一位宫女将佛手切成丝投入细瓷壶中，冲入沸水至1/3壶时停5分钟，再投入龙井茶，然后冲水至满壶。与此同时，另一位宫女用银匙将松子仁、梅花分到各个盖碗中。最后把泡好的佛手柑龙井茶冲入各个杯中。这道程序要特别注意掌握火候，乾隆皇帝在《竹炉精舍烹茶作》一诗中强调："武文火候斟酌间"。

第二道程序：敬茶——三清香茗奉君前

宫女调好茶后，应由主管太监把皇帝专用的九龙杯放入托盘，双手托过头顶，以跪姿敬奉给皇帝。

第三道程序：赐茶——赐茶愿臣心似水

皇帝接过所奉的香茗之后，自己首先掀盖小啜一口，然后宣喻宫女赐茶。乾隆在《三清茶联句》的序言中对赐茶的目的讲得很明白，他是希望众大臣饮茶后能"心清似水"，做一个清正廉明的好官。

第四道程序：品茶——清茶味中悟清廉

品饮三清茶主要目的不仅仅是祈求"五福齐享""福寿双全"，而是重在从龙井的清醇，梅花的清韵，松子和佛手的清香中，去细细品悟一个"清"字。在日常生活中时时注意澡雪自己清纯的心性，培养自己清高的人格，精行俭德处世，清清白白做人。

思考题

1. 选择并熟练掌握本章中你所喜爱的一套茶艺。
2. 向同学、朋友推荐一套你所喜欢的表演型茶艺。
3. 选择一款你最钟爱的名茶，并根据这款名茶创编或改编一套舞台表演型茶艺。

第十章

民俗茶艺

导读

中国是五十六个民族友好共处的和睦大家庭。虽然各个民族的历史文化背景不同，宗教信仰不同，生活环境和生活习惯也各不相同，但是大家有一个共同的爱好——爱茶。各个民族的饮茶方式『千里不同风，百里不同俗』，可谓千姿百态，异彩纷呈，把各民族、各地区的饮茶传统风俗升华为艺术，便是民俗茶艺。本章主要介绍流传较广，影响面较大的白族三道茶、客家擂茶、苗族侗族土家族的油茶、蒙古族和维吾尔族的奶茶、藏族的酥油茶以及傣族竹筒茶。本章重点导读《中华茶艺》第十五章，丁以寿主编，安徽教育出版社，2008年版。

第一节　白族三道茶

"三道茶"是白族的非物质文化遗产，早在南昭时期（649—902 年）即作为款待各国使臣的一种礼遇。"三道茶"表演程序可浓缩提炼为"烤、调、烹"三个字。即烤出生活的芳香，调出事业的主旋律，烹出历史的积淀。白族三道茶还用茶艺昭示了"一苦、二甜、三回味"的人生哲理，让我们在浓郁的白族传统文化氛围中，获得心灵的启迪，得到美的享受。

一、基本程序及操作

第一道程序：苦茶

在火盆上支三脚架，用铜壶煨开水，将小土陶罐底部预热，待发白时投下茶叶，抖动陶罐使茶叶均匀受热，待茶叶烤至焦黄发香时，冲入少量开水，这时罐中会发出噼啪声。稍后再冲进开水，煮沸一会儿即斟到预备好的牛眼盅内，至半盅，按辈分长者为先，然后依次一一敬献。按白族"主人不喝，客人不饮"的规矩，主人双手举杯齐眉道声"请"，并先一口饮尽后，客人方可品茗，道谢意。头道茶经烘烤后才冲泡，汤色如琥珀，香气浓郁，但入口很苦，寓意要想立业，先学做人，而要想做人，必先吃苦。吃得苦中苦，方为人上人。

第二道程序：甜茶

在冲泡好的茶汤中，加上切细的乳扇（白族特制的一种奶制品）、核桃仁、芝麻、红糖等配料，调和后斟入小碗或大茶杯内，八分满为宜。二道茶香甜可口，浓淡适中，寓意苦尽甜来。

第三道程序：回味茶

在茶杯中先放入花椒数粒，生姜几片，肉桂、蜂蜜和红糖少许，然后用沸茶冲至半杯为宜。客人接过茶时旋转晃动，使茶水与佐料均匀混合，趁热品茶。第三道茶的茶味甘甜中透出肉桂的香、生姜的辛、花椒的麻。寓意着人生酸甜苦辣，百味俱全。

二、解说词

彩云之南，苍山叠翠，洱海含烟，三塔巍峨，蝴蝶蹁跹。大理有"风花雪

月"四大美景。有热情的歌舞和醉人的香茶期盼着您的到来。首先请您欣赏白族歌舞——"阿达约"。"阿达约"在白族语言中的意思是,欢迎你到这里来!

看!为了欢迎您的到来,巧手的金花阿鹏们正在精心准备,为您献上白族人迎宾的隆重礼仪——白族三道茶。

第一道程序:备茶

银盆净手,文火焚香,木桶汲水,金壶插花,土生茶树,现在舞台上呈示出的是金、木、水、火、土五行。接下来金花、阿鹏们要敬天、敬地、敬本祖。"本祖"是白族民间世代敬奉的保护神。

第二道程序:品茶

苦茶的原料为感通毛茶,属绿茶类,经百抖炙烤,使茶叶由墨绿转金黄,当发出啪啪之声,清香扑鼻时,即注水烹茶。

茶桌上摆放的杯式为"碧溪三迭"。

"清碧溪"隐于感通山间,飞流瀑布,层层叠叠,清溪碧水,蜿蜒淙淙。乘坐大理感通旅游索道飞跃峡谷,登至"清碧溪"可采撷天地之灵气,领略大自然的奇秀壮美。

奉茶!

头道茶——苦茶

举案齐眉,敬奉嘉宾。

头道茶汤酽味苦,寓意人生道路必有艰难曲折。不要怕苦,要一饮而尽,你会觉得香气浓郁,苦有所值。

奉茶!

第二道茶——甜茶

甜茶摆放的杯式为"三塔倒影"。

大理三塔寺是大理的象征,有着几千年的历史,清朝末年发生大地震,主塔斜而未倒。

甜茶是将切好的红糖、核桃仁、乳扇按一定比例置于杯中,然后用感通绿茶冲泡而成。品时要搅匀,边饮边嚼,味甜而不腻。

这道茶把甜、香、沁、润体现得妙趣横生。寓意生活有滋有味,苦尽甘来。

奉茶!

第三道茶——回味茶

回味茶重于煎,用感通雪茶加花椒、桂皮、生姜煎煮,出汤时加蜂蜜搅匀,使五味均衡。

第十章 民俗茶艺

回味茶摆放的杯式为"彩蝶纷飞"。

每年三月三，成千上万只蝴蝶飞聚蝴蝶泉边，相互咬着尾翼，形成串串蝶帘，蝴蝶泉因此得名。

品饮此道茶犹如品味人生，"麻、辣、辛、苦"，百感交集，回味无穷！

大理白族三道茶烤出了生活的芳香，调出了事业的主旋律，烹出了历史的积淀，体现出"一苦、二甜、三回味"的人生哲理。希望三道茶能给您带来无穷无尽的回味。愿三道茶伴您、伴我共度美好的时光！

第二节 客家擂茶

"擂茶"，是我国客家人最普通，也是最隆重的待客礼仪，同时还是居住湘、川、黔、鄂四省交界的武陵山区土家族人最珍爱的保健饮料。

擂茶也称为"三生汤"，此名的由来有不同说法。说法之一是：擂茶在初创时所用的主要原料是生叶（嫩茶叶）、生姜、生米混合研捣成糊状物，然后加水煮熟而成的，因为三种主要原料都是生的，故名"三生汤"。说法之二是：在三国时，张飞带兵进攻武陵壶头山（今湖南省常德县境内），当时正值炎夏酷暑，那一带瘟疫蔓延，张飞军队的多数人都染疾病倒，连张飞本人也未能幸免。正在危难之时，附近的一位老中医有感于张飞部属军纪严明，对老百姓秋毫无犯，所以献上擂茶的祖传秘方，并为张飞和他的部下治好了病。张飞感激万分，称老汉为"神医下凡"，并说能得到他的帮助"实是三生有幸！"从此以后，人们也就把擂茶称为"三生汤"。擂茶的制法和饮用习俗，随着客家人的南迁，逐步传到了闽、粤、赣、台等地区，并得到改进和发展，形成了不同的风格。

一、茶具组合

擂钵一个（内壁有辐射波纹，直径约45厘米的厚壁硬质陶盆），油茶树或山苍子树的木材为原料制的约67厘米长的擂棍一根。竹篾编制的"捞瓢"一把，以上称为"擂茶三宝"。另配小桶、铜壶、青花碗、开水壶等。

二、基本程序

1. 涤器——洗钵迎宾　　　2. 备料——群星拱月

3. 打底——投入配料   4. 初擂——小试锋芒
5. 加料——锦上添花   6. 细擂——各显身手
7. 冲水——水乳交融   8. 过筛——去粗取精
9. 敬茶——敬奉琼浆   10. 品饮——如品醍醐

三、解说词

"莫道醉人惟美酒，擂茶一碗更深情。美酒只能喝醉人，擂茶却能醉透心。"客家擂茶在古朴醇厚中见真情，在品饮之乐中使人健体强身，延年益寿，所以被称为茶中奇葩、中华一绝。俗话说"百闻不如一见"，今天就请各位来尝一尝我们的擂茶，当一回我们的贵客。

第一道程序：涤器——洗钵迎宾

客家人的热情好客是举世闻名的，每当贵宾临门，我们要做的第一件事就是招呼客人落座后即清洗"擂茶三宝"，准备擂茶迎宾。这是擂钵，是用硬陶烧制的，内有齿纹，能使钵内的各种原料很容易地被擂碾成糊。这是擂棍，擂棍必须用山茶树或山苍子树的木棒来做，用这样的木质擂出的茶有一种独特的清香。这是用竹篾编的"笊篱"，是用来过滤茶渣的。

第二道程序：备料——群星拱月

山里人有一个非常好的传统，就是一家的客人也就是大家的客人，邻里的朋友，就是自己的朋友。所以，一家来了客人，邻居们见到都会拿出自己家里最好吃的糕点和小吃，主动来参加招待。在这里，你一定会感到如群星拱月一样，随时随地都被一群热情好客的主人"包围"者。

第三道程序：打底——投入配料

我们也称之为"打底"。这是茶叶，它能提神悦志，去滞消食，清火明目；这是甘草，它能润肺解毒；这是陈皮，它能理气调中，止咳化痰；这是凤尾草，它能清热解毒，防治细菌性痢疾和黄疸型肝炎。"打底"就是把这些配料放在擂钵中擂成粉状，以利于冲泡。

第四道程序：初擂——小试锋芒

一般是由主人表现自己的擂茶技艺，所以称为"小试锋芒"。"擂茶"本身就是很好的艺术表演，技艺精湛的人在擂茶时无论是动作，还是擂钵发出的声音都极有韵律。请听，现在擂钵发出的声音时轻时重，时缓时急，像一首诗，像一首歌，这代表着我们对各位的光临表示最热烈的欢迎！

第五道程序：加料——锦上添花

即将芝麻倒进擂钵与基本擂好的配料混合。芝麻含有大量的优质蛋白质、不饱和脂肪酸、维生素 E 等营养物质，可美容养颜抗衰老，加入芝麻后，擂茶的营养保健功效更加显著，所以称之为"锦上添花"。

第六道程序：细擂——各显身手

这一道程序重在参与，每个人都可以一展自己的擂茶技艺，所以称为"各显身手"。等一会儿喝自己亲手擂出的茶，您一定会觉得更香。

第七道程序：冲水——水乳交融

在细擂过程中要不断加点水，使混合物能擂成糊状，当擂到足够细时，要冲入热开水。开水的水温不能太高，也不可太低。水温太高，易造成混合物的蛋白质过快凝固，冲出的擂茶清淡而不成乳状。水温太低则冲不熟擂茶，喝的时候不但不香，而且有生草味。一般水温控制在 90℃～95℃冲出的擂茶才能"水乳交融"。

第八道程序：过筛——去粗取精

其目的是"去粗取精"，滤去茶渣，使擂茶更好喝。

第九道程序：敬茶——敬奉琼浆

擂茶斟到茶碗后，应按照长幼顺序依次敬奉给客人。我们视"擂茶"为琼浆玉液，故称"敬奉琼浆"。

第十道程序：品饮——如品醍醐

擂茶一般不加任何调味品，所以保持了原辅料的本味，所以第一次喝擂茶的人，品第一口时常感到有一股青涩味，细品后才能渐渐感到擂茶甘鲜爽口、清香宜人之处。这种苦涩之后的甘美，正如醍醐的法味，它不假雕饰，不事炫耀，只如生活本身，永远带着那清淡和自然，却让人品后无法忘怀。正因为这样，所以饮过擂茶的人几乎都会迷上它，使擂茶成为自己生活的一部分。

喝擂茶一般要开怀畅饮，请各位来宾千万别客气，让我们来痛痛快快地喝个够！

第三节　油　茶

油茶是生活在桂北、湘南交界地区和贵州遵义地区的苗族、侗族，以及生活在鄂西地区土家族同胞最珍爱的饮料。油茶始于何时已无法考证，连当地的

老寿星也只知道有一首代代相传的民谣："香油芝麻加葱花,美酒蜜糖不如它。一天油茶喝三碗,养精蓄力劲头大。"喝油茶能除邪祛湿,抖擞精神,预防感冒,所以当地的老百姓把油茶称为"干劲汤",把打油茶看得和做饭一样重要,家家户户常年都喝。在本节中,我们推荐两种美味可口、百喝不厌的油茶。

一、侗族八宝油茶

(一)配料

茶叶、米花、猪肝(或肉、鸡块、鱼、虾)、花生、葱、姜、茶油、盐等。

(二)基本程序

1. 点茶备料　　2. 煮茶
3. 配茶　　　　4. 敬茶
5. 吃茶　　　　6. 谢茶

(三)解说词

第一道程序:点茶备料

侗乡人热情好客,有贵宾登门必定要"打油茶"款待。打油茶,首先要点茶备料,点茶即选择要用的茶。通常有干茶或嫩茶叶两种选择。备料就是把各种配料进行初加工,例如炸鸡块、炒猪肝、油爆虾等。

第二道程序:煮茶

煮茶时应在铁锅中倒进茶油,然后烧到冒青烟,此时倒入茶叶并不断翻炒至香气四溢,再倒入芝麻、花生米、生姜丝等炒几下,即可放水加盖煎煮。煮到茶汤滚开,起锅前再撒上适量的盐、葱花和姜丝,油茶汤即煮好了。

第三道程序:配茶

即把预制好的炸鸡块或炒猪肝、爆河虾、米花、糯米饭等分到客人的碗中,然后冲入滚烫的油茶汤,即成了美味可口、营养丰富的侗族油茶。

第四道程序:敬茶

侗家向客人敬茶是先敬长者或上宾,然后再依次敬茶。敬茶时要连同筷子一并双手递给客人,并连声说:"记协、记协。"(请用茶、请用茶)客人也必须双手接碗,并欠身含笑,点头称谢。

第五道程序:吃茶

在侗族同胞家吃油茶千万不能客气,吃油茶一般不得少于三碗,称之为

"三碗不见外",否则就有看不起主人之嫌。吃完一碗后应大大方方地把空碗递给主人,主人会马上再为你添上,三碗以后你若吃饱了,则只要把筷子架在碗上或将筷子连同碗一起递给主人,主人就不再为你斟茶了。

第六道程序:谢茶

在侗家吃油茶,一般从一开始吃,就要边吃边啜,边赞美。吃完后更要向热忱好客的主人表示感谢。若是喝了新娘煮的茶,喝完最后一碗时,应在碗中放些喜钱(也称为"针线钱"),双手递给新娘以示贺喜。

二、土家族"毕兹卡"油茶

在我国鄂、湘、川三省交界的巍巍群山中,有一个传说中曾引来凤凰的美丽地方,这就是土家族、苗族自治州的来凤县。来凤县山川秀丽,民风古朴,令人神往。土家人的"毕兹卡"油茶更是千里飘香。"毕兹卡"是土家族语言,即本地人的意思。来凤县的"毕兹卡"一日三餐都离不开油茶,他们说:"一日不喝油茶汤,满桌酒菜都不香。"尤其是宾客来临时,热情朴实的毕兹卡,首先就是以油茶招待来宾。

(一)配料

茶叶、花椒、姜丝、黄豆、花生米、核桃仁、豆腐干、粉丝、阴苞谷(把玉米粒烫煮后晾干)、阴米子(把糯米蒸熟后晾干)、团散(阴米子黏成薄饼)。

(二)基本程序

1. 放阴米　　　　　　　2. 炸配料
3. 煮茶汤　　　　　　　4. 冲油茶
5. 敬茶　　　　　　　　6. 喝茶

(三)解说词

如果有人问来凤县的"毕兹卡",为什么这里的小伙特别剽悍精神,走起路来健步如飞?为什么这里的姑娘特别健美漂亮,皮肤白里透红?为什么这里的老人特别长寿,年过古稀还能上山劳动?他们一定会异口同声地回答:"这是因为我们常年喝油茶"。

好,现在就请各位嘉宾尝一尝来凤县正宗的"毕兹卡"油茶。

第一道程序:放阴米

把苞谷、糯米蒸熟晾干,我们土家人称之为"阴包谷"、"阴米"。在打油茶时,首先把阴米、阴包谷分别放进热油锅中炸成米花,这称之为"放阴米"。"放"是放大的意思。

第二道程序：炸配料

即把事先准备好的黄豆、花生米、核桃仁、豆腐干（切成丁）、粉条等依次放进油锅或炒或炸，炒到色泽金黄或炸到又香又酥时捞起备用。

第三道程序：煮茶汤

我们也称为"打汤"。打汤的关键是掌握炸茶叶的火候。一般的做法是在热铁锅中放入适量的茶油，等油冒青烟时放进适量茶叶和一小撮花椒并不断炒动，待茶叶焦黄并茶香四溢时倒进冷水，再放入姜丝等，在烧水时，要用锅铲不断拍打挤压茶叶和姜丝，以充分榨出茶汁和姜汁，等水滚开后再徐徐添一次水，到需要的量为止，水再开后即可加入盐、大蒜和胡椒，这样茶汤就熬好了。

第四道程序：冲油茶

在准备好的碗中依次放进配料后冲入滚烫的油茶汤，芳香扑鼻，具有土家族风味的来凤县"毕兹卡"油茶就打好了。

第五道程序：敬茶

即按照长辈、上宾的顺序向客人敬油茶。

第六道程序：喝茶

来凤县土家族同胞在喝油茶时有一个独特的习俗，即不使用筷子或汤勺等工具，而是双手捧着茶碗，嘴巴沿碗边顺时针转着边吸边喝，不一会儿一碗滚烫的油茶就被吸得一干二净，决不会在碗中留下花生米、粉丝或其他任何配料。这种喝法是土家族同胞的特殊技能，也是他们的特殊享受。来！让我们也学着土家人的习俗，来体验一下这独特的喝法。

喝正宗的毕兹卡油茶，既解渴，又饱肚，喝了后肚饱心暖，满口余香。毕兹卡油茶中凝聚着土家族同胞浓浓的真情，同时也溶解了土家人生活艺术中浓浓的诗意。如果你们喜欢，欢迎到土家山寨来，让我们一同敲起锣鼓，唱起山歌，跳起摆手舞，一同把毕兹卡油茶喝个够！

第四节　奶　茶

奶茶是我国很多少数民族，特别是北方游牧民族同胞所酷爱的饮品。从天山南北到大青山下，从"风吹草低见牛羊"的内蒙古大草原，到神奇的

"世界屋脊"西藏,处处都可闻到奶茶诱人的浓香。蒙古族、哈萨克族、维吾尔族、乌兹别克族、塔塔尔族、柯尔克孜族及藏族的同胞们都非常喜欢喝奶茶,但他们的喝法却各有不同,本节主要介绍蒙古族阿巴嘎奶茶和维吾尔族咸奶茶。

一、蒙古族阿巴嘎奶茶

内蒙古大草原好像绿色的大海,星星点点的蒙古包好像是大海中的风帆。在内蒙古草原,无论走进哪一座蒙古包,你都会受到热情的招待,无论走进哪位蒙古同胞的家,你都一定能喝到喷香的奶茶。在内蒙古的千万种奶茶中,最好喝的是阿巴嘎奶茶。

(一) 配料

砖茶、纯碱、小米、牛奶、奶皮子、黄油渣、绵羊尾巴油、稀奶油、盐巴。

(二) 基本程序

捣茶、洗锅、熬茶、过滤、再烧茶、搅拌配料、加料、敬茶。

(三) 解说词

阿巴嘎奶茶是风情迷人的内蒙古锡林郭勒草原牧民们最爱喝的奶茶,同时也是他们招待贵宾时必不可少的饮品。奶茶的馥郁和魅力都源于原料和制作。熬制阿巴嘎奶茶要有超群的煮茶技艺,并要按如下基本程序操作。

1. 捣茶

煮优质奶茶要选优质茶砖,在煮茶前,应把茶砖研碎备用。

2. 洗锅

煮奶茶最好备两口锅,锅一定要清洗干净,并要用新打来的清水熬茶,否则茶会褪色变质。两口锅都洗净后,一口专门用于烧开水,另一口用于煮茶。

3. 熬茶

熬茶时应先把水烧开,然后倒入研碎的砖茶熬3分钟左右即可。熬茶时火候和时间都要掌握好,要用硬火熬。时间太短,茶不出味,时间太长则会破坏维生素并使茶香散失。

4. 过滤

即把熬好的茶汁滤去茶渣备用。

5. 再烧茶

把锅烧热后,用切碎的羊尾巴油炝锅,倒入少量茶汁,再放入一勺小米,将其煮到开花,然后倒入全部茶汁并放入炒米、黄油、盐巴。

6. 搅拌配料

把牛奶、稀奶油、奶皮子、黄油渣、黄油等配料按比例混合后放入一个专门的搅茶桶中不断搅拌，直到混合物中分离出一层油为止。

7. 加料

待到锅中的茶汁烧到滚开时，加入搅拌好的配料，并再搅拌片刻，一锅热香四溢、美味可口的阿巴嘎奶茶就算熬好了。

8. 敬茶

奶茶是蒙古族饮食文化中动人的诗篇，奶茶养育了体魄强健的蒙古族人民。在内蒙古喝奶茶既是一日不可或缺的生活小事，同时又是十分注重礼节的大事。在敬奶茶时应根据蒙古人"崇老尚德"的优良传统，把第一碗奶茶先奉给在场年纪最大的人，然后再依次敬茶。敬茶时每碗茶都不可倒得太满（不应超过八分碗），敬茶要躬身双手托举茶碗高过头顶，再献给客人。客人也应双手接碗，接过碗后即在嘴边呷一口，以示回敬。头一碗礼过，客人落座后即可自由喝茶了。

二、维吾尔族咸奶茶

在新疆，无论是在北疆辽阔的草原，还是在南疆的绿洲，无论是哈萨克的毡房，还是维吾尔族的农舍，处处都可以感受到新疆各民族同胞对饮茶的嗜好。在这里流传着一句俗话："宁可一日无米，不可一日无茶"。他们把相互赠茶看成高尚的情操、真诚的祝愿和纯洁的友谊。把"客来敬茶"视为最基本的礼仪。在新疆，我们可以喝到清茶、香茶、奶油茶、油茶、核桃茶、奶茶以及一种称为维吾尔茶的传统保健茶。在本节中，我们仅介绍维吾尔族咸奶茶。

（一）配料

茯砖茶、鲜牛奶（或羊奶）、盐。

（二）基本程序

煮维吾尔族咸奶茶的程序较简单，一般仅敲茶、熬茶、加奶和盐三道程序。但品饮的礼仪却十分周全。

（三）解说词

新疆维吾尔自治区地处我国西北边陲，是一个以维吾尔族为主的多民族聚居地区，维吾尔族人口约占全区的2/3。由于天山山脉横亘于新疆中部，把新疆分为南疆和北疆，因地域不同，南疆与北疆的维吾尔族同胞在饮茶习俗上有较大差别。这里介绍的是北疆维吾尔族人一日三餐不可缺少的咸奶茶。

煮咸奶茶一般要先将茯砖茶敲成小块，然后抓一把放到装有八分水的茶壶中,放在火上煮,煮沸4~5分钟后,即可加入鲜奶或几个奶疙瘩和适量盐巴,再沸腾5分钟左右,一壶热乎乎、香喷喷的咸奶茶就算是煮好了。

维吾尔族的风俗是有客人来可以不招待吃饭,但不能不敬茶,敬茶是表示主人对客人到来的由衷喜悦和真诚欢迎。维吾尔族迎接客人,先请长者入内,并让他坐在首席,然后其他的客人依次就座。宾主互相问候后,主人会右手持阿甫土瓦(洗手壶),左手持其拉甫恰(接水盆)进来,从长者开始,依次给客人倒水,请客人洗手。一般要冲洗三下,洗完后绝不能甩手,而应等主人递上洁白的毛巾,用毛巾擦干手。甩手上的水是对主人极不礼貌的行为。洗过手之后,即可开始喝茶并吃主人摆上的馕、果酱、糖果和各种瓜果、点心。在维吾尔族人家,喝奶茶一般用大海碗,这样可以多放奶皮和鲜奶。在喝奶茶时宾主边喝边聊天,茶也浓浓,情也浓浓。客人若喝够了,吃饱了,可用右手分开五指,轻轻在茶碗上盖一下,并表示谢谢!主人即心领神会,不再为你添奶茶。

第五节　藏族酥油茶

一、基本程序

1. 尼玛东升
2. 宝瓶聚羽
3. 汞嘎泉水
4. 松文相会
5. 卓玛祝福
6. 度姆甘露
7. 强巴卓玛
8. 珠姆献艺
9. 八宝吉祥
10. 金瓶迎露
11. 天女沐露
12. 金康三宝

二、解说词

酥油茶始于何时已无法考证。但是,我相信一个美好而动人的故事。据说唐代文成公主进藏时,带去了茶叶,经过藏民反复调制,终于打出了如今这种喝起来香喷喷、油滋滋,使人心中暖洋洋的酥油茶。朋友,无论你喝过还是没有喝过酥油茶,你对它都丝毫也不陌生。因为藏族姑娘们那甜美清纯的歌声,早已把酥油茶灌输进了你的心灵。也可以说,你的心早已飞向了远离烦嚣的乐

土，飞上了离天堂最近的青藏高原，你在梦境中早已品味过这藏民的珍饮。但是，梦境毕竟是梦境，现实毕竟是现实。在现实生活中，你不喝酥油茶，就不知藏民生活的温馨。不饮青稞酒，就不知藏胞情谊的浓烈。好！朋友们，今天就为你献上由孙前先生主创的雅安茶马古道酥油茶茶艺，让热情奔放的藏族姑娘们敬你一碗酥油茶！

第一道程序：尼玛东升

将装有各种配料的碗、碟置于托盘摆上桌子，并将盖着的黄绸由东向西缓缓揭开，叠好黄绸放在茶盘下。

尼玛，是藏语太阳的意思。清晨，当太阳从东方冉冉升起，美丽的藏族姑娘就开始打制酥油茶，迎来新的一天。

第二道程序：宝瓶聚羽

将各种配料分别舀到三个碗中（雅茶、盐放一碗；酥油放一碗；将奶粉、鸡蛋、核桃仁、花生、芝麻放在另一只碗）。

藏族把孔雀羽毛视为圣洁之物，打酥油茶的八种配料都是藏民生活必需品，是圣洁的，配料聚于碗中，称宝瓶聚羽。

第三道程序：贡嘎泉水

将贡嘎泉水烧开。贡嘎山是至高无上、洁白无瑕的圣山。冰雪覆盖的贡嘎山流出的泉水是神水。用贡嘎泉水制作出的酥油茶，是供奉先贤、款待嘉宾的上乘礼品。

第四道程序：松文相会

把金砖茶和盐放入锅中熬茶。贡嘎泉水象征藏王松赞干布，雅茶是唐代文成公主带到西藏的，象征文成公主。雅茶、贡嘎泉水融合在一起，即藏王和公主相会，象征着汉藏民族的大团结。

第五道程序：卓玛祝福

用瓢不停地扬茶汤，搅拌。卓玛是藏族女神，美丽的藏族姑娘不停地扬茶汤，是女神在为尊贵的客人祈祷和祝福，祝福贵宾吉祥如意。

第六道程序：度姆甘露

将熬好的茶水缓缓倒入打浆桶。度姆，是藏民传说中的观音菩萨。将熬好的茶注入打浆桶，即熬出的茶是观音洒向人间的甘露，是非常珍贵的。

第七道程序：强巴卓玛

将酥油放入打浆桶。强巴，是藏区的男神，也指康巴汉子；美丽的藏族姑娘，是卓玛女神的化身。雅茶、酥油、盐汇于一起，水、茶、酥油交融，是神奇、美好的食品融为一体。

第八道程序：珠姆献艺

舒缓、优美，先由下而上，再由上而下地打茶。珠姆，是藏族历史上大英雄格萨尔王的妻子，她美丽能干，由她打制酥油茶，表示藏胞对客人的崇高敬意。

第九道程序：八宝吉祥

将奶粉、鸡蛋、核桃仁、花生仁、芝麻放入打浆桶，然后继续打茶。

酥油茶，由雅茶、酥油、盐、奶粉、鸡蛋、核桃仁、花生、芝麻八种配料融合而成，喝了这种茶，客人就会顺心、健康、吉祥如意。

第十道程序：金瓶迎露

将打好的酥油茶分别倒入两只金酥油茶壶中。经过打制并高度融合的酥油茶，就像甘露，香醇可口，清神益脑，滋神强身。把酥油茶倒进茶壶，称为金瓶迎露。

第十一道程序：天女沐露

将金壶的酥油茶分别倒入茶碗。天女，是藏族传说中的美丽的藏族姑娘，她不仅漂亮善良，而且长生不老。天女把精心打制的酥油茶献给宾客。喝了它，就会吉祥如意、健康长寿、幸福美满。

第十二道程序：金康三宝

由美丽的藏族姑娘揣着盛茶的托盘，缓缓走向宾客；其余姑娘分别送茶到客人面前，祝扎西德勒。

金，是指雅安市生产的民族团结牌"金尖"砖茶；康，是来自康定茶马古道。三宝，是指藏族尊崇的佛祖、观音、护法神，金康"三宝"，喻义用来自雅安、康定茶马古道的酥油茶给尊敬的来宾祝福，相当于藏语的扎西德勒！

第六节　傣族竹筒茶

一、茶具组合

傣族桌椅一套，火盆一个，竹筒五六根，傣族水盆两个，傣族茶托盘两个，傣族陶土提梁壶一个，傣族陶土水杯七个，傣族蔑编茶荷一个，白毛巾两块，傣族打水瓢一个。

二、基本程序

1. 装茶：将细嫩毛茶分层装在嫩香竹筒里。
2. 烤茶：将竹筒放在火塘边翻滚烘烤。待竹筒色泽由绿转黄时可停止烘烤。
3. 取茶：用刀劈开竹筒，取出清香扑鼻形似长筒的竹筒香茶。
4. 泡茶：分取适量竹筒香茶置于碗中，用刚沸腾的开水冲泡，经 3~5 分钟，即可饮用。
5. 喝茶：竹筒香茶喝起来，既有茶的高香，又有竹的清香。

三、解说词

尊敬的各位嘉宾，大家好。欢迎你们到茶学院来与我们欢聚一堂。接下来，请欣赏"傣族竹筒香茶"。我们的傣族姑娘将以象征着茶叶生长的轻盈舞步，为您奉上带着竹香的傣族特色的竹筒茶。希望远道而来的您能喜欢！

奔腾南流的澜沧江，孕育了茫茫苍苍的古茶园，这就是师祖茶的故乡——美丽神奇的七彩云南。

祖国西南边陲这片秀丽的山川，深厚的沃土，滋养了美丽的大叶种绿色精灵，同时也积淀和孕育了 26 个民族独特的历史和民族风情。云南少数民族将茶奉若神灵，用虔诚的心把那一片片聚天地灵气，百草精华，自然造化的灵动鲜活，利用得尽善尽美。传说 2000 多年前，云南少数民族的祖先濮人就已开始种茶、吃茶、饮茶，今天的傣族、佤族、布朗族、德昂族就是他们的后人。

傣族喜欢依山傍水而居，傣族姑娘通称小仆哨，她们如水柔美，心灵手巧，能歌善舞，傣族竹筒香茶就是傣家儿女从生活中发掘出来的一种饮茶方式。在早春时节，勤劳的小仆哨们精挑细采，用心揉制，在阳光下晾晒，制成香高味美的云南大叶种晒青毛茶，这是烤制竹筒茶的原料。

第一道程序：清泉净手，洗净凡尘

傣族姑娘用最圣洁的泉水洗净双手。

第二道程序：温洗器具

将洗净备用的陶制杯具再次温洗，以表示对客人的尊敬。

第三道程序：烤制香茶

烤制香茶是竹筒烤茶最重要的制备过程，将晒青毛茶装入新鲜的竹筒中，放在火塘上烘烤，待筒内茶叶软化后用木棒将茶冲压紧，再填茶烘烤，直至竹筒填满冲紧为止。为了使筒内茶叶受热均匀，通常每隔 4~5 分钟翻滚竹筒一次，直至竹筒色泽由绿转黄时，筒内的茶叶也就烤好烤香了。

第四道程序：沐浴香茗

圣泉浴茗尽显茶姿。

第五道程序：竹茶飘香

七分仙露，三分盛情，缕缕茶香，真情满怀。

第六道程序：敬奉香茶

思考题

1. 在本章中任选一套民俗茶艺并做到能熟练演示。
2. 创编民俗茶艺应注意哪些问题？
3. 介绍一套自己家乡的民俗茶艺。

第十一章

养生型茶艺

导读

健康长寿是人类永恒的追求。自古以来"医食同源",茶被我国的医学家誉为"万病之药",日本茶圣荣西和尚在《吃茶养生记》中也认为"茶乃养生之仙药,延龄之妙术"。到了近代,人们在深入研究了茶的医疗保健功能之后,开发了不少验方,同时也创编了一些以茶养生的茶艺。本章分为六节,不仅精选了一些祛病养生茶、时令保健茶、美容养颜茶、延年益寿茶的民间验方,并且详细介绍了慈禧太后养生茶艺和道家留春茶茶艺。本章重点导读《茶道养生》,林治著,世界图书出版西安公司,2006年版。

第一节 祛病健身茶

在我国古代民间茶疗验方很多，但是随着现代医学发达了，医疗条件好了，得了病最有效的办法当然还是去医院诊治。本节中的传统茶疗配方只能作为辅助疗法，切不可单纯依赖于茶疗，以免贻误了病情。

一、发热

人体正常体温为37℃左右，如高于37.5℃即可认为是发热。发热是人体对致病因素的全身性反应，是人体与疾病斗争的一种防卫方式。致病的原因很多，凡遇发热的患者，均应全面诊断，辨证诊治。

1. 风寒感冒发热

茶叶15克，核桃仁、葱白、生姜各25克，捣烂后用沙锅煎服。服后盖上棉被卧床休息，注意避风，使人发汗，即可痊愈。

2. 阴虚久咳发热

绿茶5克，银耳、冰糖各20克，茶叶泡后取汁，银耳洗净用沙锅炖熟后加入茶汁、冰糖，再炖一会儿即可服食，每日服食1~2次。

3. 泌尿系统感染发热

绿茶5克，生梨250克，将生梨削皮切片与绿茶炖服，日服1~2剂。

4. 上呼吸道感染发热

绿茶5克，淡竹叶30克，凤尾草10克，加水1000毫升煮沸5分钟后，倒出茶汁凉后饮用。一剂配方可煎2~3次。

5. 长期不规则性低热

苦瓜1只，去瓤，塞入茶叶后扎紧，挂于通风处阴干备用。每次切苦瓜干5~10克，与茶一同用沸水冲泡5分钟即可饮用。或用3克茶叶与10克青蒿（洗净）配制煎饮。

二、头痛

头痛是一种常见的症状，茶疗只能对以下几种类型的头痛有显著疗效。

1. 风寒性头痛

红茶5克，生姜数片，红糖适量，加水煎服。或熟附子2枚，川芎和生姜各

50 克，混合后研末，每次服 5 克，用温茶汤送服。

2. 风热外感头痛

茶叶 5 克，薄荷叶 5 克，以沸水冲泡后常服。或绿茶 3 克，贡菊 10 克，用沸水冲泡 5 分钟后倾出茶汤，待茶汤凉后，再加入适量蜂蜜常饮。

三、咳嗽

咳嗽是呼吸道疾病或内寒、内热、内湿等引起的症状，它是人体的一种保护性反射动作，其作用是将呼吸道内的分泌物强制性排出体外。咳嗽的原因有多种，所以茶疗的配方也有多种。

1. 干咳

茶叶、杭白菊各 2 克，用沸水泡饮、常服。

2. 气管炎咳嗽

茶叶和川贝母各 3 克，研成细末，用开水送服，每日 1~2 剂。或干橘皮、茶叶各 3 克，沸水冲泡 5 分钟后饮用，每日 1~3 剂。

3. 风热咳嗽

绿茶 3 克，桑叶 15 克，菊花 15 克，甘草 5 克，加水 500 毫升煮沸 5 分钟，分 3 剂饭后饮用。

四、厌食、消化不良

1. 厌食

白萝卜汁 60 毫升，浓茶 1 杯，蜂蜜 20 克，和匀温服。或绿茶 10 克，浮小麦 200 克，大枣 30 克，莲子 25 克，甘草 10 克，后四味加水 1500 毫升，煮至浮小麦、莲子熟后再加入绿茶即可，每次饮 100 毫升，日饮 3~4 次。

2. 消化不良

茶叶 3 克，山楂片 25 克，加水 400 毫升，煮沸 5 分钟后，分 3 次温饮，日服 1 剂。或乌龙茶 5 克，胡椒 10 粒（捣碎），食盐适量，沸水冲饮。

五、腹泻

凡大便稀薄，次数超过正常者均称为腹泻。

1. 寒性水泻

茶叶 3 克，焦山楂 5 克，石榴皮 5 克，混合后加水煎沸 5 分钟，温饮，每日 1 剂。或生姜 15 克，苏叶 10 克，绿茶 15 克，混合加水煎沸 5 分钟，温饮，每日 1 剂。

2. 肠炎性腹泻

红茶 10 克，米醋适量。用沸水冲泡红茶，倒出浓汁加入米醋，热饮，每日 2 剂。

3. 痢疾性腹泻

大蒜 1 头，绿茶 50 克，大蒜去皮捣烂成糊，与茶一起沸水冲泡 5 分钟，分 2~3 次热饮，连服 4~5 天。或马齿苋 50 克，红糖 50 克，茶叶 15 克，混合后加水煎沸 5 分钟，热饮，每日 1 剂，连煎 3 次。

六、便秘

便秘是指大肠蠕动功能障碍所致的大便不通的病症，中医认为便秘可分实秘和虚秘两种类型。治疗便秘可试用如下安全可靠的方剂。

茶叶 15 克，黑芝麻和大黄各 60 克，研成细末，每次用 10 克，温开水冲服。或浓茶水放凉后加适量蜂蜜，搅匀常饮。

七、高血压

高血压是由于中枢神经系统和内分泌调节功能紊乱引起的血压增高，特别是舒张压持续偏高，常可造成心、脑、肾等脏器的损害。对于高血压可用如下几种配方辅疗。

（1）绿茶、菊花和槐花各 3 克，用沸水冲泡 5 分钟后常饮。

（2）乌龙茶 3 克，杭菊花 10 克，用沸水冲泡 5 分钟后常饮。

（3）茶叶、菊花和山楂各 10 克，用沸水冲泡 5 分钟后常饮。

（4）绿茶和杜仲叶各 6 克，用沸水冲泡 5 分钟后常饮。本方最适宜高血压合并心脏病患者饮用。

（5）茶叶 5 克，玉米须 30 克，沸水冲泡 5 分钟后常饮。本方最宜于肾炎合并高血压患者饮用。

八、冠心病

本病是由于脂类物质代谢异常，引起冠状动脉内膜形成粥样斑块，从而影响血液循环，使心肌缺血、缺氧甚至坏死所造成的一系列严重症状，茶疗仅有辅助效果。

（1）茶叶 15 克，素馨花 6 克，茉莉花 1.5 克，川芎 6 克，红花 1 克（川芎、红花焙黄研末，用过滤纸袋包装），泡茶常年饮用，每日 1~2 次。

（2）茶叶 5 克，山楂和益母草各 10 克，用沸水冲泡，常年饮用。

（3）茶叶、山楂、菊花各 10 克，用沸水冲泡，常年饮用。

（4）绿茶 3 克，莲芯干 3 克，用沸水冲泡，常年饮用。

九、高脂血症

患者血浆中脂质浓度超过正常范围，是引起动脉粥样硬化的主要原因，还可能引起心脑血管疾病及胆石症，对人体健康的危害极大。防治高血脂效果最好的是普洱（熟茶）和黑茶，也可用以下几种茶疗配方常年防治。

（1）陈葫芦 15 克，茶叶 3 克，混合研成细末，用沸水冲泡 5 分钟后温饮。

（2）山楂 30 克，益母草 15 克，茶叶 5 克，用沸水冲泡 5 分钟后温饮。

（3）山楂（生炒）7 克，陈皮（生炒）9 克，红茶 3 克，用沸水冲泡 5 分钟后饮用。

（4）普洱茶 50 克，菊花 50 克，罗汉果 50 克，混合研末后，每 10 克用过滤纸袋包装好，用开水泡饮。

（5）何首乌 5 克，泽泻 5 克，丹参 5 克，茶叶 5 克，混合后加水煎沸 5 分钟后饮用。

十、贫血

贫血通常指人体血液在单位容积内血红蛋白和红细胞数量低于正常值。茶叶中含有叶酸，可防治脾肾亏虚性贫血，但茶叶中的茶多酚能与铁离子结合，影响人体对铁的吸收，因此，在治疗缺铁性贫血时宜少用茶叶。

（1）红枣 10 枚，红糖 10 克，枸杞 5 克，茶叶 5 克，红枣、枸杞用糖水煮至熟烂，冲入茶汁，拌匀后连汤食用。

（2）丹参 10 克，黄精 10 克，茶叶 5 克，混合研末，用沸水冲泡后 10 分钟饮用。

（3）桂圆肉 20 克，红糖 10 克，红茶 2 克，桂圆肉加红糖蒸煮后加入红茶汁，拌匀连汤服食。

（4）浮小麦 200 克，大枣 30 克，莲子 30 克，甘草 10 克，绿茶 3 克，除绿茶外加水煎煮至浮小麦熟，然后再趁沸加入绿茶，搅匀后服饮。

十一、肝炎

肝炎指肝脏发生炎性病变，多由肝炎病毒引起。茶可清热、杀菌、解毒，故对肝炎有良好的辅疗效果。

（1）板蓝根 30 克，大青叶 30 克，茶叶 30 克，混合后加水煎沸 5 分钟，每日分 2 次饮服，连服 2 周。

（2）白茅根 10 克，茶叶 5 克，混合后加水煎沸 10 分钟，每日分 2 次饮服，并且可常年代茶饮用。

（3）蒲公英 20 克，甘草 3 克，绿茶 3 克，蜂蜜 15 克，蒲公英与甘草加水煎沸 10 分钟，趁沸加入绿茶搅匀后，倾出茶汁，待温后调蜂蜜饮用。

（4）茵陈 30 克，生大黄 6 克，绿茶 3 克，混合后加水煎沸 10 分钟即可饮用。

十二、尿路感染

尿路感染的患者表现为尿频、尿痛、尿血、尿急等，有的还伴有恶性发热。茶可清热、杀菌、解毒，故用茶疗医治尿路感染，疗效较好。

（1）海金砂 60 克，茶叶 30 克，甘草、生姜适量，共研成细末，每次服 10 克，用甘草、生姜煎汁送服。本方用于急性尿路感染。

（2）通草 3 克，灯心草 3 克，绿茶 6 克，白茅根 30 克，用沸水冲泡 5 分钟后饮用，可清热、利尿、通淋。

第二节　时令保健茶

中国传统医学是以"天人合一"、"阴阳调和"为理论基础。中医学认为，人生活在大自然中，必须顺应大自然一年四季气候的变化规律才能健康长寿。《灵枢·本神》指出："智者之养生也，必须顺四时而适寒暑"。《素问·四气调神大论》也指出："夫四时阴阳者，万物之根本也，所以圣人春夏养阳，秋冬养阴，以从其根。"饮茶也应当顺四时，适寒暑，只有这样，茶的保健功效才能得到充分的发挥。其中配制保健茶时更应注意季节的变化。

一、春季养生茶

"春三月，此谓发陈，天地俱生，万物以荣"①。春天风和日暖，阳气升发，

---

① 《素问·四气调神大论》

草木复苏,万物生机盎然,人体通过一个冬天的调整休息之后,新陈代谢转为旺盛,"春气通肝",因此可适当饮用疏肝泄风、发散升提的茶饮。另外,春天北方干燥,南方阴湿,所以南北方的茶疗配方也应因地制宜。春天还易患感冒,宜配制一些防治感冒的药茶。

1. 肉桂生姜茶(适于南方)

肉桂10克,生姜6片,红茶5克,红糖15克,用沸水冲泡5分钟饮用。肉桂辛甘温,可解肌发表、温通经脉、通肝化气;生姜味辛,性温,可开胃、调中、去冷气。肉桂可反复冲泡直到味淡再丢弃。

2. 金银花山楂茶(适于北方)

金银花30克,山楂10克,绿茶10克,蜂蜜适量。将金银花、山楂加水煎沸5分钟后趁沸加入绿茶,再开一会儿即倒出茶汤,放至凉后调蜜饮用。金银花性味甘寒,可清热解毒;山楂味酸,性冷,可消食、补脾;蜂蜜味甘,性平,可益气补中润脏腑。本配方最宜在西北干燥地区春天时饮用。

二、夏季养生茶

"夏三月,此为蕃秀,天地气交,万物华实"[①]。夏天阳气旺盛,气候炎热,人体新陈代谢冗盛,且因暑热逼人,从而流汗过多,易耗身体真元。所谓"夏气通心",因此夏季宜饮用清心去暑、宜气生津类的茶饮。

1. 灵芝银耳茶

灵芝草6~9克切片,银耳15克,绿茶3克,冰糖适量。银耳洗净炖熟,灵芝片与绿茶用沸水冲泡后取茶汤与银耳混合均匀,加入冰糖再炖5分钟即可连汤服用。

2. 鱼腥草茶

鱼腥草5克,绿茶3克,用沸水冲泡后常饮,可清热、利尿、解毒。

3. 竹叶甘草茶

淡竹叶5克,甘草3克(切片),绿茶3克,用沸水冲泡后常饮,亦可加蜂蜜或冰糖,能清热、解毒、润喉。

4. 竹叶薄荷茶

淡竹叶20克,绿茶10克,薄荷10克,冰糖适量。将淡竹叶加足量水煮沸5分钟后,趁热加入绿茶,离火后再加入薄荷,加盖闷3分钟后,倒出茶汤加入冰糖,放凉后置入冰箱供冷饮,可解暑、清热、润喉。

---

① 《素问·四气调神大论》

三、秋季养生茶

"秋三月,此谓容平,天气以急,地气以明"。秋天气候由热转凉,万物渐趋凋谢,人体受秋燥的影响,常出现肺燥、阴津不足等症状。"秋气通肺",故宜补阴。

1. 竹荪银耳茶

干竹荪 10 克,银耳 10 克,乌龙茶 5 克,冰糖适量。将竹荪、银耳洗净,加冰糖炖烂,乌龙茶用沸水冲泡 3 分钟后取茶汤注入银耳、竹荪中,再炖一会儿即可连汤服食,可清心明目、滋阴润肺。

2. 双耳茶

银耳、黑木耳各 10 克,冰糖 30 克,乌龙茶 5 克。将银耳、黑木耳洗净,加冰糖炖烂,乌龙茶用沸水冲泡后将茶汤与炖烂的双耳混合服食,可滋阴、补肾、润肺。

3. 梨子茶

梨子 100 克,乌龙茶 5 克,冰糖适量,将梨子去皮切片,加入冰糖用乌龙茶汤炖服。

4. 枇杷竹叶茶

鲜枇杷叶 30 克,淡竹叶 15 克,绿茶 5 克。将枇杷叶刷去表面的绒毛,与淡竹叶一同洗净,切碎,加水煮沸 10 分钟,趁沸加入绿茶,加盖闷 3 分钟,倒出茶加适量冰糖饮用,可清肺、止咳、降火。

四、冬季养生茶

"冬三月,此谓闭藏,水冰地坼"。冬天阳气闭藏,阴气聚盛,寒气逼人,人体新陈代谢缓慢,精气内藏。"冬气通肾",在这个季节应注意温补助阳,补肾填精。

1. 枸杞桂圆茶

桂圆肉 10 克,红枣 10 枚,枸杞 3 克,莲子 20 克,红茶 5 克,红糖适量。将桂圆肉、红枣、枸杞、莲子加红糖用红茶汤炖服。桂圆干补血,莲子固精,红枣补血补气,枸杞补肾养肝。这几种食品配伍后可大补元气,益精壮阳。

2. 菟丝子茶

菟丝子 10 克,红茶 3 克,用沸水冲泡后热饮。菟丝子辛甘平,常服可补肝肾、益精髓。

3. 肉桂奶茶

肉桂 3 克（碾碎），红茶 3 克，用纱布包好加水煎沸 5 分钟后，再加入一杯鲜奶和适量白糖，再沸后即可饮用。

4. 肉桂良姜茶

肉桂 3 克（碾碎），高良姜 2 克（切片），当归 2 克，厚朴 2 克，人参 1 克，红茶 3 克，用沸水冲泡 5 分钟后饮用，可温中驱寒治冷气攻心。

5. 参桂茶

人参 2 克，肉桂 4 克，黄芪 3 克，甘草 3 克，红茶 3 克，用沸水冲泡 5 分钟后饮用，可益气温中，治气血两亏。

第三节 美容养颜茶

早在唐代，大文学家柳宗元就提出："茶可调六气而成美，挟万寿以效珍"①。诗仙李白在《答族侄僧中孚赠玉泉仙人掌茶序》中也写道："惟玉泉真公，常采而饮之，年八十余岁，颜色如桃李。"清代，坚持常年饮养颜茶的慈禧太后，到了古稀之年仍然面如桃花，肤若处女，可见常饮茶确实具有美容奇效。本节中分为养颜和瘦身两个部分来分别介绍一些美容验方。

一、养颜茶

1. 武则天女皇茶

配方：益母草 10 克，滑石 3 克，绿茶 3 克。

用法：用前二味药的水煎剂 350 毫升泡茶饮用，可加冰糖或蜂蜜。冲饮至味淡。

功效：润肤祛斑，消皱。

用途：用治面晦、肤燥、皱纹增多、黑斑。

资料来源：《茶饮保健顾问》

2. 元宫养颜茶

配方：何首乌 2 克，肉苁蓉 2 克，菟丝子 2 克，泽泻 2 克，枸杞 2 克，绿茶

---

① 《代武中丞谢新茶表》

5克。

用法：用前五味药的水煎液400毫升泡茶饮用。可加冰糖或蜂蜜。冲饮至味淡。

功效：美发养颜。

用途：用治面容无华、白发、脱发。

资料来源：《茶饮保健顾问》

3. 明宫容颜永润茶

配方：枸杞2克，天冬2克，生地2克，人参2克，茯苓2克，绿茶5克，蜂蜜10克。

用法：用前五味药的煎煮液450毫升泡茶加蜜饮用。冲饮至味淡。

功效：补气养阴，美肤强身。

用途：用治面色苍白、容颜衰减。

资料来源：《茶饮保健顾问》

4. 金宫香口茶

配方：黄连1克，升麻2克，藿香2克，木香1克，甘草3克，绿茶3克。

用法：用前五味药的煎液450毫升冲泡甘草和绿茶饮用。

功效：清胃热，洁牙，香口，固齿止痛。

用途：用治憔悴、面色晦暗。

资料来源：《茶饮保健顾问》

5. 宫廷美肤茶

配方：枸杞2克，龙眼肉2克，山楂2克，菊花2克，茶叶3克，青果2枚。

用法：用沸水冲泡后饮用，青果嚼食。

功效：生血养阴，润肤美容。

用途：用治面容枯瘦、肌肤无光泽。

资料来源：《传统药茶方》

6. 五福饮茶

配方：熟地9克，当归9克，人参6克，白术6克，炙甘草6克。

用法：将上述五味原料混合研末，分为12小包，每次一包另加3片生姜、3枚红枣、3克茶叶，用沸水冲泡5分钟后饮用。

功效：补气养血，美肤养颜。

用途：用治中老年面色萎黄无华、气血两亏、懒言善忘。

资料出处：《中国药茶谱》

7. 玉灵膏茶

配方：桂圆肉 30 克，西洋参 3 克，红茶 5 克，白糖适量。

用法：将桂圆肉、西洋参、白糖放入保暖杯中，用滚沸的红茶汤冲泡，闷盖 10 分钟后连汤服食。

功效：补血，益气，安神。

用途：用治面色萎黄、精神萎靡。

资料出处：《中国药茶谱》

8. 黑芝麻茶

配方：黑芝麻 250 克，茶叶 100 克。

用法：将黑芝麻炒熟后与茶叶混合研成末，放入瓷罐密封贮存。每次取 15 克用开水冲饮，可加蜂蜜或白糖。

功效：用于滋补益人，驻颜乌发。

用途：补肝肾，延缓衰老。

资料出处：《中华风味茶》

二、瘦身茶

1. 健身降脂茶

配方：绿茶 10 克，何首乌 15 克，泽泻 10 克，丹参 15 克。

用法：将首乌、泽泻、丹参混合研末，纳入热水瓶中，用沸水冲泡，盖闷 20 分钟后加入绿茶，轻摇后再盖闷 5 分钟即可饮用。

功效：活血利湿，降脂减肥。

用途：不分性别，不论老少，血脂偏高或体形肥胖者均可以此为保健饮料。胃溃疡者不宜饮用。

资料来源：《中国药茶谱》

2. 乌龙消脂茶

配方：乌龙茶 6 克，槐角 18 克，何首乌 30 克，冬瓜皮 18 克，山楂 15 克。

用法：将后四味药加水煎沸 10 分钟后，用沸汤冲泡乌龙茶，常饮。

功效：体形肥胖者均可常饮，有胃及十二指肠溃疡者不宜。

资料出处：《中国药茶谱》

3. 首乌降脂茶

配方：丹参 20 克，首乌、葛根、寄生、黄精各 10 克，甘草 6 克，乌龙茶

6克。

  用法：将前六种药材研为粗末，加水煎沸5分钟，用沸汤冲泡乌龙茶，常饮。

  功效：降脂通脉，活血祛淤，利尿降压。

  用途：高血脂肥胖者常饮，阳虚者忌用。

  资料出处：《奇效良方集成》

4. 三花减肥茶

  配方：玫瑰花、茉莉花、代代花各2克，川芎6克，荷叶7克，绿茶3克。

  用法：将各药用沸水冲泡5分钟后饮用。

  功效：芳香化浊，行气活血。

  用途：肥胖体形臃肿者最宜常饮，阴虚者不宜。

  资料出处：《中成药研究》

5. 山楂降脂茶

  配方：生山楂7克，炒山楂7克，炒陈皮9克，红茶适量。

  用法：用沸水冲泡10分钟后温饮。

  功效：消食，理气，降脂。

  用途：饮食过多油腻膏脂者或身体偏肥胖者宜常饮，胃酸过多者或有溃疡病者不宜。

  资料来源：《中医良药良方》

6. 仙女减肥茶

  配方：茯苓2克，泽泻2克，车前草2克，大腹皮2克，山楂5克，绿茶5克。

  用法：前五味加水煮沸5分钟后加入绿茶即可。

  功效：利尿除湿，降血压，降脂，减肥。

  用途：用治肥胖症、水肿、高脂血症、高血压。

  资料来源：《茶饮保健顾问》

第四节　延年益寿茶

  常年饮茶可延年益寿，这既是古今茶人的经验之谈，又是为现代医学研

究和医学统计所证明了的不争之事。世界上有五大著名的长寿之乡，巴基斯坦的世外桃源罕萨，格鲁吉亚、阿塞拜疆、厄瓜多尔的圣谷比尔卡邦巴，我国新疆的和田和广西的巴马县，这些长寿之乡虽然各有特点，但寿星们长期嗜茶却是共性。例如，我国新疆和田的居民每日早餐和中餐都是吃馕喝茶，有"宁可一日无粮，不可一日无茶"之说。广西巴马县仅20多万人口，百岁老人却多达81人，并且还在增长。这里群众的长寿秘诀就是"粗茶淡饭，饮茶不断"。在本节中，我们介绍一些延年益寿的茶疗验方，供茶友们选择试用。

一、抗衰老茶

1. 神仙延寿茶

配方：人参3克，牛膝2克，巴戟2克，杜仲2克，枸杞2克，红茶5克。

用法：用500毫升水煎煮前五味药，水沸10分钟即可用药汤冲泡红茶，加蜂蜜，冲饮至味淡。

功效：滋补气血，养精益脑。

用途：用于中老年体弱者。

资料来源：《茶饮保健顾问》

2. 龟鹤二仙茶

配方：鹿角2克，龟板2克，枸杞5克，人参3克，红茶5克。

用法：用350毫升水煎煮鹿角、龟板、人参，至水沸后10～15分钟用沸汤冲泡枸杞和红茶，饮时可加蜂蜜，冲饮至味淡。

功效：滋精补血，益气提神。

用途：用于中老年气血虚弱者。

资料来源：《仙传四十九方》

3. 真人茶

配方：茯苓2克，熟地2克，菊花2克，人参2克，柏子仁2克，红茶5克。

用法：用500毫升水煎煮前五味药，水沸后10～15分钟，以药汤冲泡红茶。

功效：补脏安神。

用途：用于中老年体虚烦躁者。

资料来源：《茶饮保健顾问》

4. 参芪薏苡茶

配方：党参10克，薏苡仁50克，黄芪20克，生姜12克，大枣10克，红茶10克。

用法：将前三味药炒黄研碎，生姜切片与大枣、红茶混匀后用沸水冲泡10分钟后饮用。

功效：补中益气，健脾除湿。

用途：适用于中老年体虚气弱、精神疲乏、饮食欠佳者。

资料来源：《实用食疗方精选》

5. 中老年强身茶

配方：制首乌300克，菟丝子400克，补骨脂25克，茶叶适量。

用法：将前三味药研细贮存于瓷罐中备用。每次取40~60克，加入适量茶叶，放进热水瓶中，用沸水冲泡后长期频饮。

功效：滋补肝肾，强身健体。

用途：中老年肝肾亏损者可常饮，阴虚、火旺、口苦、脘闷者不宜饮用。

资料来源：《中医良药良方》

6. 延年益寿不老茶

配方：何首乌240克，地骨皮、茯苓各150克，生地、熟地、天冬、麦冬、人参各90克。

用法：混合研成粗末，贮存于瓷罐中，每日用30~50克。可炼蜜成丸，用红茶汤吞服，亦可加茶叶，用沸水冲泡后频饮。

功效：填骨髓，长肌肉，生精血，补五脏，益寿延年。

用途：适用于中老年肾虚精亏、腰膝酸软者或未老先衰、阳痿、遗精、早泄者。

资料来源：《中国药茶谱》

7. 求真茶

配方：苍术2克，人参2克，鹿茸5克，淫羊藿2克，泽泻2克，红茶5克。

用法：前五味药用500毫升水煎煮至水沸10分钟，用于泡茶，饮时可加蜂蜜。冲饮至味淡。

功效：补阳壮体。

用途：适用于中老年肥胖，房事偏弱者。

资料来源：《传统药茶方》

8. 延龄茶

配方：菟丝子2克，肉苁蓉2克，枸杞2克，山茱萸2克，覆盆子2克，红

茶 10 克。

用法：用前五味药煎汤 500 毫升泡茶饮用，可加蜂蜜冲饮至味淡。

功效：滋补肝肾，延年增智。

用途：适用于中老年肝肾不足，房事渐衰者。

资料来源：《传统药茶方》

二、养生果茶

1. 鲜梨麦冬茶

配方：鲜梨 2 个，麦冬 5 克，绿茶 3 克，冰糖适量。

用法：鲜梨去皮切片或榨汁，麦冬、绿茶、冰糖用沸水冲泡 15 分钟后，将茶汤与梨汁混匀饮用。

功效：生津，清热，化痰。

2. 梨子生地茶

配方：鲜梨 1 个（洗净），生地 5 克，绿茶 3 克。

用法：将梨子削皮后切片，连皮一同与生地煎沸后，用汤泡茶，可适量加冰糖。

功效：养阴生津。

3. 苹果茶

配方：鲜苹果 1 个，酸枣仁 5 克，绿茶 3 克，冰糖 15 克。

用法：将苹果切成小块，然后与酸枣仁一同煎汤泡茶。

功效：补心益气，生津止渴。

4. 橘姜茶

配方：鲜橘 2 个，生姜 3 克，花茶 3 克。

用法：鲜橘去皮后捣碎，生姜切片，用花茶汤煎煮后饮服。

功效：开胃健脾。

5. 葡萄参茶

配方：鲜葡萄 50 克，人参 3 克，花茶 3 克，白糖 15 克。

用法：葡萄洗净捣碎，人参切片，花茶用纱片包好，加糖同煎后服用。

功效：补气血，健脾胃，益精神。

6. 枇杷茶

配方：鲜枇杷 5 枚，紫苏 3 克，绿茶 3 克，冰糖 15 克。

用法：鲜枇杷去皮、去核，紫苏与绿茶用纱布包好，煎沸 5 分钟后加入枇杷肉，再煮 3 分钟即可连汤服食。

功效：清肺止咳。

7. 菠萝玉竹茶

配方：鲜菠萝（去皮）50 克，玉竹 5 克，绿茶 3 克。

用法：玉竹与绿茶加水煎沸 5 分钟后，用茶汤煮食菠萝片，可加少许食盐。

功效：补脾益气，生津止渴。

8. 桑葚菊花茶

配方：桑葚 30 克，菊花 3 克，冰糖 10 克，绿茶 3 克。

用法：用桑葚煎汤泡菊花绿茶饮用。

功效：清肝明目，滋肾益阴。

第五节　慈禧养生茶

一、茶具组合

炭炉一个，陶水壶一把，优质普洱一饼，支架一个，宫廷茶具一套，脱胎漆器托盘一个，珍珠粉一瓶，插花一组。

二、基本程序

1. 月宫折桂　　　2. 玉泉初沸
3. 雨润瑞草　　　4. 乾坤交泰
5. 敬奉流霞　　　6. 采气调息
7. 静品玉露　　　8. 服食珠粉
9. 金液还丹

三、解说词

各位嘉宾，晚上好！

"春风杨柳万千条，六亿神州尽舜尧。"新中国成立之后，人民当家做了主人，过去只能由帝王后妃独享的一些宫廷养生秘方，如今每一个老百姓都可以尽情享受。今天我们为大家献上慈禧太后的养颜秘方——普洱珍珠养颜茶。

第一道程序：月宫折桂

配制太后美容养颜茶必须用上好的陈年普洱茶，今天我们选用的是普洱茶珍品"金达摩"。从圆圆的茶饼上取下适量的干茶称之为"月宫折桂"。

第二道程序：玉泉初沸

清代宫廷用的是玉泉山的泉水。这道程序即煮沸壶里的泉水。

第三道程序：雨润瑞草

古人称茶为瑞草魁。雨润瑞草即洗茶。在清代宫中，头二道普洱茶是不喝的。陈年普洱一般要洗两遍，意在"洗尽沧桑，调出陈韵"，以便用最精华的第三道茶汤来配制美容养颜茶。

第四道程序：乾坤交泰

第三次冲入开水后，要将杯盖盖好，闷茶3分钟左右。天为乾，地为坤，乾坤交泰，天地和合才能化育出普洱茶的精华。

第五道程序：敬奉流霞

优质陈年普洱茶汤红若宝石，灿若流霞。所以把敬奉茶汤称之为"敬奉流霞"。

第六道程序：采气调息

品饮一般的茶讲究品其色、香、味、韵，而品饮普洱茶重在感悟陈香滋气。采气调息即在品茶前细闻普洱茶的陈香。优质普洱茶的茶香有荷香、兰香、梅子香、生樟香、野樟香等不同的香型并富有变化。大口吸入香气，直达丹田，可延年益寿。

第七道程序：静品玉露

静心品饮普洱茶会感到"舌底鸣泉，满口生津"。甘津中带有真气，这时仍然要注意边品茶边调息，以达到滋养真气、美容延寿的功效。

第八道程序：服食珠粉

珍珠粉是名贵的中药材，具有清热、平肝潜阳、明目安神、收敛生肌等功效。服食珍珠粉时应将珠粉倒在舌面，然后用温和的普洱茶汤送下。

第九道程序：金液还丹

服食了珍珠粉后，再品几口普洱茶，您会更明显地感受到口有余甘，齿有余香，舌底鸣泉，满口生津。把津液咽下，道家称为金液还丹，具有养生功效。

慈禧太后美容养颜茶茶艺表演到此结束，谢谢大家！

第六节　道家留春茶

武夷山是道教名山，是道家三十六洞天中的第十六洞天，称为升真元化洞天。相传唐朝吕洞宾曾在武夷山修炼过，宋代道教南宗五祖之首白玉蟾在武夷山修炼了几十年，留下了碧霄洞、止止庵等遗迹，同时也为后人留下了延年益寿的《玉蟾神功》。

道教是我国土生土长的宗教，它有一个显著的特征，即非常重视生命的价值，强调贵生、乐生、养生，追求通过顺应自然的修炼达到长生久视。对于品茶，白玉蟾在《咏茶》一词中写得非常明白："汲新泉，烹活火，试将来。放下兔毫瓯子，滋味舌端回。唤醒青州从事，战退睡魔百万，梦不到阳台。两腋清风起，我欲上蓬莱。"从词中可见白玉蟾在品茗时怡然自得、飘然欲仙的酣畅神态。道家正是在品茗的享乐中追求超然出世，羽化升天。武夷留春茶茶艺是根据吕洞宾养生真诀，结合《玉蟾神功》，把道家玄奥的丹道之术与茶的保健功效相结合而创编的茶艺，这套茶艺共十八道程序。

一、茶具组合

每人炭火炉一个，小水壶一把，三才杯（盖碗）一副，品茗杯一个，圆形双层瓷茶盘一个，茶巾一条，乌龙茶一袋。

二、基本程序

1. 静心——抱元守一
2. 候汤——调和五行
3. 烫盏——烫杯温鼎
4. 投茶——瑞草入瓯
5. 摇茶——灵丹受热
6. 干闻——采气调息
7. 开汤——倾注玉液
8. 刮沫——风吹浮云
9. 洗茶——雨润仙草
10. 烫杯——仙子沐淋
11. 二冲——再注甘露
12. 闷茶——乾坤交泰
13. 闻香——餐霞服气
14. 斟茶——玉池水涨
15. 赏色——春色无边
16. 品茶——涤心洗髓
17. 回味——金液还丹
18. 谢茶——归根复命

三、解说词

第一道程序：抱元守一

茶须静品，性须静养。道教养生的基本要领便是"清静无为，清心寡欲"。老子认为："清其心源，静其气海，则道自来居。"抱元守一是道教静心养气之法，也称为抱元神，守真一。《百字碑》载有吕洞宾的口诀："缄舌静，抱神定。"抱元则气不散，守一则神不出。这道程序是品茗前的静功。

第二道程序：调和五行

这是指烧水候汤。古代茶人认为，火炉置于地上故从土；炉内有木炭，故从木；木炭燃烧故从火；炉上放着水壶，壶是金属所制，故从金；壶内有水，故从水。候汤就是等待水沸腾，这个过程是金、木、水、火、土五行相生相克，达到调和的过程，同时也是人体内五行调和的过程。

第三道程序：烫杯温鼎

道家无论修炼内丹还是外丹，都把炼器称为"鼎"。在泡茶之前，我们先烫洗三才杯（亦称茶瓯），使其提高温度，故称为烫杯温鼎。

第四道程序：瑞草入瓯

古人把茶称为瑞草魁，把茶叶放进杯中称之为瑞草入瓯。

第五道程序：灵丹受热

这道程序是在盖上杯盖后，将杯子用力上下摇动九下，使热杯中的干茶均匀升温，以利于香气的散发。

第六道程序：采气调息

即开杯闻干茶的茶香。闻的时候应深呼吸，并注意调理体内的气息。这在道教称之为"吐纳"。吐出体内的浊气，吸进茶的香气，如此反复三次，每次呼气后都咽下一口津液，这样可合肾气，养元气，长真气，久而久之必使人气色丰美，肌肤光润。

第七道程序：倾注玉液

即开汤泡茶。

第八道程序：风吹浮云

即用杯盖轻轻地刮去冲水时泛起的白色泡沫，使杯中的茶汤更加洁净。

第九道程序：雨润仙草

即洗茶。洗茶时动作要快，冲入开水后摇动盖杯三下，即可将头泡茶水用于洗品茗杯。切忌浸泡太久，使茶中的营养物质大量流失。

第十道程序：仙子沐淋

即用洗茶的汤水来烫洗品茗杯。

第十一道程序：再注甘露

即向三才杯中第二次冲入开水。

第十二道程序：乾坤交泰

即盖杯闷茶三分钟。本套茶艺所用的盖杯称为"三才杯"，杯盖代表天，杯托代表地，当中的杯子代表人。在道家学说中，天即乾，地即坤。盖上杯盖称之为乾坤交泰，这样才能化育出茶的精华。

第十三道程序：餐霞服气

即开杯闻茶香。揭盖时应将杯盖后沿下压，使前沿翘起，天地人三才不可分离。在杯身与杯盖之间掀开的缝隙中，水蒸气带着茶香氤氲上升，如云霞升腾。这一次闻香不仅可用鼻子深闻，亦可用口大口地吸入蒸汽和香气，这如同道家早晨练功时餐霞服气，以天地间精纯的真气来调养自身元气，达到练气合神，练神合道，强身健体。

第十四道程序：玉池水涨

即向品茗杯中斟茶，同时再三咽下口中的津液。在"餐霞服气"时，茶香会使人满口生津。道家养生理论认为，这是因为闻香调息时肾气与心气相合，故太极生液。这口中的甘津中有真气，真气中有真水，吞咽而下名曰交媾龙虎，经常吞服津液可以滋养真元，延年益寿。吕洞宾在《秘传正阳真人灵宝毕法》中授有口诀："一气初回元运，真阳欲到离宫。提取真龙真虎，玉池春水溶溶。"所以这道程序称之为"玉池水涨"。

第十五道程序：春色无边

即鉴赏汤色。文武之道，一张一弛。在餐霞服气和玉池水涨这两道须刻意调息的程序后，要完全放松一下自己。通过把玩茶杯，看杯中茶汤的霞光虹影，信马由缰，让思绪飞扬，进一步达到心闲意适的境界，以利于品出茶的真味。

第十六道程序：涤心洗髓

即品茶。道家品茶不是为了解渴，也不是为了娱乐，而是为了修身养性。品茶既可澡雪心灵，又可以涤净体内新陈代谢所产生的污物，所以称之为涤心洗髓。

第十七道程序：金液还丹

这道程序是巩固并加强品茶的功效。品过茶后口有余甘，齿有余香，舌下生津，神清气爽。这时仍应静坐不动，低头曲项，以舌尖抵上腭，自有清甘之

液源源而生,味若甘泉,上彻顶门,下通百脉,鼻中自会闻到一种真香,舌端亦生一股奇味,口中之津不漱而咽,下还丹田,道家名曰"金液还丹"。吕洞宾有诀曰:"识取五行根蒂,方知春夏秋冬,时饮琼浆数盏,醉归月殿遨游。"口诀的大意是说养生须知五行相生相克之理,做到四时有序。琼浆即口中甘津,月殿即丹田。"数盏"及"醉归"均为多吞咽之意。这套茶艺按照道教以液养气、以气养神、以神养精的原理,达到精、气、神俱旺,使人延缓衰老,青春常驻,故名为《留春茶》。

第十八道程序:归根复命

道家品茶无拘无束,随意随量,兴尽而止,止曰归根。归根复命即清洗茶具,结束茶事。

思考题

1. 茶叶中所含的营养保健物质可分为哪几类?简单介绍各类的主要内容。
2. 为什么说饮茶保健应当"顺四季,适寒暑"并因人而异?
3. 熟记道家留春茶茶艺的程序和解说词并勤加练习。

第十二章

时尚创新茶艺

导读

艺术的生命在于与时俱进,不断创新。中国茶艺既是一门古老的传统艺术,又是一门新兴的学科,在修习茶艺时特别要强调在传承历史的基础上,大胆融入时尚的元素,引进时尚的理念,不断开拓创新,使中国茶艺走出象牙塔,进入千家万户,成为当代群众乐于追求的一种健康的、时尚的、富有诗意的生活方式。在本章中,不仅概述了茶艺创新的基本理论,而且介绍了当代创新茶艺的一些成果。本章重点导读《创新的方法》,赵敏、胡钰编著,当代中国出版社,2008年版。

第一节 茶艺的创新

　　创新是个非常古老而又常讲常新的词,这个词的英文源于拉丁语,原本有三层含义。其一是思维推陈出新,其二是创造新的事物,其三是改变。其实我国古代经典《周易·乾·文言》提出的"终日乾乾,与时偕行"讲的就是要孜孜以求,与时俱进,不断创新。

　　人类社会的进步本身就是一部不断创新的历史。从大处讲,创新是一个民族进步的灵魂,是国家兴旺发达的不竭动力。从小处讲,创新是任何一门艺术的生命力之所在,要么创新发展,要么逐步消亡,茶艺也不例外。在我国,对茶的利用大体上经历了药用、鲜食羹饮、饮用、深加工综合利用等几个阶段。仅把茶作为日常生活饮料而言,人们品茶的主要方式也经历了唐代煮茶法、宋代点茶法、明代以后的泡茶法及近代多姿多彩的清饮法和调饮法的演变。随着时代的发展,现代人的消费越来越个性化,越来越多样化,这就要求茶艺要不断融入时尚元素,不断创新发展。那么现代茶艺如何创新呢?

一、茶艺的创新源于创意

　　茶艺的创新首先要有创造性思想,即首先要有创意。创意的英文为"Idea",意为凭借知识、经验,加上深刻的观察与敏捷的思维和联想,把握稍纵即逝的灵感,发挥自己的创造力,大胆突破旧观念,提出新想法、新观念、新计划。对于茶艺而言,即提出一个现代人乐于接受的品茶新方式。

　　茶艺的创意建立在以下四点的基础上。

　　其一,对生活的热情。黑格尔说:"要是没有热情,世界上任何伟大的事业都不会成功。"对生活缺乏激情的人,是很难有创意的。因此说,对生活的热情是点燃创意的火花。

　　其二,对茶艺的兴趣。孔子说:"知之者不如好之者,好之者不如乐知者。"爱因斯坦强调:"热爱,只有热爱才是最好的老师。"可见中外先贤无不认为兴趣对事业的成败至关重要。因为兴趣是感情的体现。一个人只有对茶艺感兴趣,才可能自觉地、主动地、竭尽全力地去思考它、研究它,才可能最大限度地努力发展它。因此说,对茶艺的兴趣是创意的动力。

其三，质疑是创意的起点。我国古代教育家早就指出："学从疑生，疑解则学进。""学贵为疑，小疑则小进，大疑则大进。"为学是这样，从事茶艺研究也是这样。我们要跳出惯性思维的模式，打破因循守旧的思想，在茶事活动中多向自己提几个问题。例如这种冲泡方法是否能最充分地展示茶的内质？有没有更适合、更有趣的冲泡方法？能否在科学泡茶的基础上添加艺术元素，使品茶更温馨、更浪漫等。只有质疑，才能开启创新思维的闸门，使人源源不断地产生创意。

其四，博学是创意成功的保障。创意的天限性在于物质世界的无限性以及人类非物质财富的无限性。茶艺的创意不仅在于对茶叶商品学和茶艺学的了解，还要求创意者有广博的相关知识，如历史、文学、民俗、音乐、舞蹈、绘画、书法、宗教、美学、插花、香道、养生等，只有把众多美的要素与茶整合，才可能创编出当代人喜闻乐见的茶艺。

二、创意产生的过程

创意的产生是一个复杂的过程，其中有必然性，也有偶然性。为了便于研究，有人把这个过程概略地归纳为五个步骤，并称之为"创意五部曲"。

1. 产生追求新目标的欲望

一个艺术家在产生"创意"的过程中，首先是因为对于现状的不满足，而产生追求新目标的欲望，这种欲望促使人去观察、思索、创造。追求新目标的欲望越强烈，创新的劲头和决心也就越大。

2. 激发"创意"的灵感

追求新目标的欲望通常能激发具有这种欲望者的内在潜力（如他长期积累的理论知识、实践经验、有关信息等），并激励着他去持续地、广泛地探索。这样，便有可能产生"灵感"。在这里特别要注意，有的人想单纯地凭偶然的机遇产生"创意"灵感，这是不现实的。茶艺"创意"的灵感，只能在具有比较丰富的茶艺理论知识，并且具有丰富茶艺实践经验的茶艺爱好者的头脑中产生。一个人相关知识和经验越丰富，越善于联系，就越容易产生灵感。

3. 全神贯注地去思索

"创意"的灵感不等于实用的创意。它可能像流星一样转瞬即逝，也可能像一颗火种，燃烧起熊熊的火焰。有人问牛顿为什么会有伟大的发现，牛顿说："我并没有什么方法，只是对一件事情很长时间热情地思索罢了。"可见，只有坚持不懈地长期思索，"灵感"才能发展成为完整的、有现实意义的创意。

4. 摆脱潜意识的错误观念及错误的传统观念的影响

意识是人类所特有的反映现实的高级形式，对人的活动起着特殊的调节作用，这种作用主要表现为人的活动具有的方向性及预见性。潜意识是心理学中的一个概念，它是指人们自身没有清晰地感觉到的一种意识反映。这种反映是积累长期生活经验以及依靠第二信号系统积累起来的感觉的结果。由于潜意识中常常具有错误的观念，这些观念可能成为"创意"的心理束缚，而且传统的旧观念也常常是"创意"的阻力，所以当有了一种"创意"之后，在思想上必须与自己的潜意识及外界的旧习惯势力作斗争，以便坚定对自己创意的信心，并发挥自己的"创意"。

5. 以经验与行动去努力完成创意

有了创意，又摆脱了潜意识的心理束缚及外界旧习惯势力的影响，这时人的"创意"变得无拘无束，充满活力。当我们使"创意"相对完善后，就应当凭借自己的知识、经验，并组织可以调动的一切力量去努力实践。否则，再好的"创意"也只是空想，只能徒劳无功。换句话说，也就是把茶艺创意，转化为茶艺实践，这是"创意"五个步骤的最高阶段。

三、产生创意的思考方法

"创意"的思考方法是多种多样的，下边介绍其中最主要的两种思考方法。

（一）水平思考法

水平思考法是由英国一位研究生态心理学的学者艾德华·戴勃诺博士首创的。戴勃诺博士指出，一般人平常只采用垂直思考法，这种思考方法像挖井一样，只是逐步地掘深或掘大挖掘点。即从一点开始思考，然后逐步拓深、拓宽。在这个"井"内拥有许多旧的经验、旧的观点，其中有不少是正确的、成功的，但也有不少是因循守旧的，甚至是错误的。过去，人们认为垂直思考法是最理想的思考方法，但是近来发现这个思考方法的思路自始至终都被自己头脑中故有经验所包围，受到个人传统观念所产生的偏执性的强烈影响。所以，人的思路很难突破旧观念的包围，"创意"也极难产生。

水平思考法是考虑问题时离开固定的思考点，到若干个不同的出发点去探试。即像挖井前先四处探测，看哪个地点可能有地下水，然后再动手去挖。这种思考方法力求摆脱旧观念的束缚，先海阔天空地去思考，捕捉新的见解。戴勃诺博士在东京召开的第21届国际广告会议上提出了这种思考方法，受到了广大学者的欢迎。

(二）集脑会商法

集脑会商法是美国十大广告公司之一"BBDO"广告公司负责人奥斯朋首创的。集脑会商思考法是集中企业中经验丰富、知识渊博并且善于创新的几名人员，然后由一个适当的人主持会议，集中大家的智慧进行创意。采取集脑会商法时，必须注意做到以下三点。

1. 集脑会商必须有一个正确的题目

集脑会商的题目应当正确、具体。过大的题目，因为范围太笼统，包括的内容太多，讨论起来海阔天空，漫无边际，所以，不是一次集脑会商所能解决的。例如，"怎样使我们的茶艺压倒一切竞争对手"。很明显，这样大的题目无法在集脑会商上得到具体的创意。如果把这个大题目分解成一些小题目，例如，我们的绿茶茶艺有什么特色？如何改进？红茶有哪些调饮方法？怎样艺术地调制鸡尾茶？如何改进普洱茶的茶具组合和茶席布置才能最吸引观众？因为分解后的小题目相当具体，只要集中大家的智慧，就容易通过集脑会商产生"创意"。

2. 集脑会商要有一个良好的环境

集脑会商应选择安静、幽雅的地点进行。在整个讨论过程中不应有干扰，否则人们无法专心致志地进行讨论，或者参加讨论者的思路易被外界的干扰打断。

3. 需要有一名掌握了集脑会商技巧的人主持会议

为了挖掘与会者头脑中的智商，必须有一名掌握集脑商会技巧的人主持会议。会议主持人要善于隐藏自己的主席身份，使大家感到与会者一律平等，大家好像平常品茗聊天一样无拘无束，但又紧扣题目地畅谈自己的见解，以期互相启迪。为了使集脑会商会议有别于其他会议，会议主持人言谈要幽默，尽量使会议的气氛轻松、活泼。主持人还要设法防止与会人员相互批评，以免压制了发言者的想象力。当与会者的发言离题时，主持人要巧妙地把握方向，通过三言两语把发言引导回主题上来。在冷场时，主持人还可抛出一些事先调查好的实例或有意用颠倒的观点去激发"创意"。当与会者的发言中有一些"灵感"时，主持人应抓住好的苗头加以引导。最后，当集脑会商有结果时，主持人应进行评价。

集脑会商不可急于求成，只要人选得当，主题明确，引导得法，一般来说，集众人的智慧必然会有一定的"创意"产生。一次会商的时间不可太长，一般2~3小时即应结束。

第二节　浪漫音乐红茶茶艺——《梁祝》

这是把古老的爱情故事、现代流行音乐与茶饮相结合，并融入了时尚生活元素的创新茶艺。

一、茶具组合

这套茶艺最好由两个茶艺师同台表演，亦可仅由一人主泡，茶具的选择要根据主泡人数确定。以单人主泡为例：电随手泡（或酒精烧水器具）一套，茶盘一个，紫砂壶（应完全相同）两把，玻璃公道杯两只，小玻璃茶杯六个，茶道具一套，木托盘一只，内装一小碟祁门红茶，一小碟相思梅，一小罐糖溺小金橘。

二、基本程序

1. 洗净凡尘
2. 喜遇知音
3. 十八相送
4. 相思血泪
5. 楼台相会
6. 红豆送喜
7. 英灵化蝶
8. 情满人间

三、解说词

各位嘉宾大家好，很高兴为大家献上一道浪漫音乐红茶茶艺——梁祝情深，在这道茶艺中我们借助祁门红茶、相思梅和小金橘来演绎梁山伯和祝英台的爱情故事。

第一道程序：洗净凡尘

爱是无私的奉献，爱是无悔的赤诚，爱是纯洁无瑕心灵的碰撞，所以在冲泡"梁祝情深"之前，我们要特别细心地洗净每一件茶具，使它们像相爱的心一样一尘不染。

第二道程序：喜遇知音

相传祝英台是一位好学不倦的女子，她摆脱了封建世俗的偏见和家庭的束缚，乔装成男子前往杭州求学，在途中她与梁山伯相遇，他们一见如故，义结

金兰，就好比茶人看到了好茶一样，一见钟情、一往情深。今天我们为大家冲泡的是产于安徽省的祁门红茶。祁门红茶和印度大吉岭红茶、阿萨姆红茶、斯里兰卡乌瓦红茶并称为世界四大高香名红茶，这种红茶风靡世界，在英国被称为"灵魂之饮"、"人权甜品"。

第三道程序：十八相送

十八相送讲的是梁祝分别时，十八里长亭，梁山伯送了祝英台一程又一程，两人难舍难分，恰似茶人投茶时的心情。

第四道程序：相思血泪

祁门红茶润茶后倾出的茶汤红亮艳丽，像是晶莹璀璨的红宝石，更像是梁山伯与祝英台的相思血泪，点点滴滴倾诉着古老而缠绵的爱情故事，点点滴滴打动着我们的心。

第五道程序：楼台相会

把红茶和相思梅放入同一个壶中冲泡，好比梁祝在楼台相会，他们两人心相印，情相融。红茶与相思梅在壶中相依偎，相融合，升华成为芬芳甘美，醇和沁心的琼浆玉液。

第六道程序：红豆送喜

小金橘与红豆相似。"红豆生南国，春来发几枝，愿君多采撷，此物最相思。"我们用小金橘代替红豆，把小金橘分到各个杯中，送上我们的祝福，祝天下有情人终成眷属，祝所有的家庭幸福、美满、和睦！

第七道程序：英灵化蝶

如果说闷茶时是爱的交融，那么出汤时则是茶性的涅槃，是灵魂的自由，是人性的解放。请看！倾泻而出的茶汤，像春泉飞瀑在吟唱，又像是激动的泪水在闪烁着喜悦的光芒。请听！这茶汤入杯时的声音如泣如诉，像是情人缠绵的耳语，又像是春燕在呢喃。

现在，我们用彩蝶双飞的手法，为大家再现了梁山伯与祝英台英灵化蝶、双飞双舞的动人景象。

碧草青青花盛开，彩蝶双双久徘徊。
梁祝真情化茶水，洒向人间都是爱。

第八道程序：情满人间

我们将冲泡好的"碧血丹心"敬奉给大家。梁祝虽千古，真情留人间，"洒不尽相思血泪抛红豆，咽不下金波玉液噎满喉。"那是贾宝玉对爱情的伤怀，而我们这个时代的人，自有我们这个时代的情和爱。在我们眼里，杯中艳红的茶汤,凝聚着梁祝的真情,而杯中两粒鲜红的小金橘如两颗赤诚的心在碰撞。

这杯茶是酸酸的、甜甜的、甜甜的、酸酸的,希望各位来宾都能从这杯"梁祝情深"中品悟出妙不可言的爱情滋味。

浪漫音乐红茶表演到此结束,谢谢!

第三节 六如禅茶

从理论上讲,当第一位禅师喝第一口茶时,我们这个世界便有了禅茶,但是过去千百年里,还没有人把佛典和禅宗公案编成茶艺程序,以使人们在品茶时,也可以聆听梵音和对禅宗公案的解说,不知不觉地参悟到"茶禅一味"的真谛。禅茶的表现形式可以不拘一格,"六如禅茶"告诉我们,对千古流传下来的"和尚家风"也可以大胆创新。

一、茶具组合

炭炉一个,陶水壶一只,紫砂壶一把,竹茶盘一个,茶道具一套,茶杯若干个,铜磬一个,木鱼一个,插花一组。

二、基本程序

1. 礼佛——焚香合掌
2. 调息——达摩面壁
3. 煮水——丹霞烧佛
4. 候汤——法海听潮
5. 洗杯——法轮常转
6. 烫壶——香汤浴佛
7. 赏茶——佛祖拈花
8. 投茶——菩萨入狱
9. 冲水——漫天法雨
10. 洗茶——万流归宗
11. 泡茶——涵盖乾坤
12. 分茶——偃溪水声
13. 敬茶——普度众生
14. 闻香——止语调息
15. 观色——曹溪观水
16. 品茶——随波逐浪
17. 回味——圆通妙觉
18. 谢茶——再吃茶去

三、解说词

禅茶茶艺属于宗教茶艺。自古有"茶禅一味"之说,六如禅茶的每道程序

都源自佛典，昭示佛理，最适合用于修身养性，强身健体。希望大家能放下世俗烦恼，暂忘荣辱得失，以平和虚静之心，来领略"茶禅一味"的真谛。

1. 礼佛——焚香合掌

请听，这庄严平和的佛乐声，像一只温柔的手，她会把我们的心牵引到虚无缥缈的境界。焚香合掌是僧家表示敬礼的一种方式。《坛经》云："若遇大乘顿教法，虔诚合掌至心求。"

2. 调息——达摩面壁

"达摩面壁"是禅宗初祖菩提达摩在嵩山少林寺面壁坐禅的典故。他不说话，不持律，只在明心见性上下工夫，面壁九年，最终破壁。"面壁"后来成了佛教用语，意为"内守自性，反观本明"。这道程序是通过调心调息，进一步营造祥和肃穆的气氛。

3. 煮水——丹霞烧佛

丹霞烧佛典出于《祖堂集》。据记载丹霞天然禅师于惠林寺遇到天寒，就把佛像劈了烧火取暖。寺中主人讥讽他，禅师说："我焚佛尸寻求舍利子（即佛骨）。"主人说："这是木头的，哪有什么舍利子。"禅师说："既然是这样，我烧的是木头，为什么还责怪我呢？"于是寺主无言以对。

"丹霞烧佛"时要注意凝神观察火相，从燃烧的火焰中去感悟人生的短暂以及生命的辉煌。

4. 候汤——法海听潮

佛教认为"一粒粟中藏世界，半升铛内煮山川"。从小中可以见大。煮水候汤时，从水初沸声到鼎沸声的微妙变化中，我们可能会有"法海潮音，随机普应"的感悟。

5. 洗杯——法轮常转

法轮喻指佛法，佛陀说法称之为"转法轮"。佛法就在日常平凡的生活琐事之中。洗杯时眼前转的是杯子，心中动的是佛法。洗杯的目的是使茶杯洁净无尘；礼佛修身的目的是使心中洁净无尘。在洗杯时或许会因杯转而心动悟道。

6. 烫壶——香汤浴佛

四月初八是佛祖诞辰，在佛诞日要举行"浴佛法会"，僧侣及信徒们要用香汤沐浴太子像。我们用开水烫洗茶壶称之为"香汤浴佛"，表示佛无处不在，亦表明"即心即佛"。

7. 赏茶——佛祖拈花

佛祖拈花微笑典出于《五灯会元》。据载：世尊在灵山法会上拈花示众，是时众皆默然，惟迦叶尊者破颜微笑。我们借助"佛祖拈花"这道程序，向客人展示茶叶，不知各位看到了什么？想到了什么？

8. 投茶——菩萨入狱

地藏王是佛教四大菩萨之一。据佛典记载：为了救度众生，地藏王菩萨表示："我不下地狱，谁下地狱？"投茶入壶，正如菩萨入狱，赴汤蹈火。泡出的茶水可振万民精神，正如菩萨救度一切众生。

9. 冲水——漫天法雨

佛法无边，润泽众生。泡茶冲水如漫天法雨普降，使人"醍醐灌顶"，由迷达悟。

10. 洗茶——万流归宗

五台山著名的金阁寺有一副对联：

一尘不染清净地，

万善同归般若门。

茶本洁净仍然要洗，追求的是一尘不染。洗茶的水终要入海，这是万流归宗。

11. 泡茶——涵盖乾坤

涵盖乾坤典出于《五灯会元》，涵盖乾坤意谓佛性包容一切，万事万物无不是真如妙体，在小小的茶壶中也蕴藏着博大精深的佛理和禅机。

12. 分茶——偃溪水声

"偃溪水声"典出于《景德传灯录》。据载，有人问师备禅师："学人初入禅林，请大师指点门径。"师备禅师说："你听到偃溪流水声了吗？"来人答："听到。"师备便告诉他："这就是你悟道的入门途径。"斟茶时的水声亦如偃溪水声，可启人心智，警醒心性，助人悟道。

13. 敬茶——普度众生

禅宗六祖慧能有偈云："佛法在世间，不离世间觉，离世求菩提，恰似觅兔角。"菩萨的全称为菩提萨埵，菩提是觉悟，萨埵是有情。所以菩萨上求大悟大觉——成佛，下求大慈大悲——普度众生。

14. 闻香——止语调息

这道程序是闻香。在完成了以上泡茶程序后，可能已心浮气躁，这时应静下心来闻香品茗。闻香时请做深呼吸，尽量多吸入茶的香气，并使茶香直达颅门，反复数次，这样有益于健康。

15. 观色——曹溪观水

曹溪是地名，六祖慧能曾住持曹溪宝林寺。"曹溪水"喻指禅机佛法，我

们把观赏茶汤色泽称之为"曹溪观水",暗喻要从禅宗的角度去理解"色不异空,空不异色。色即是空,空即是色"。同时也提示:"曹溪一滴,源远流长。"

16. 品茶——随波逐浪

"随波逐浪"是云门宗教引导学人的一个原则,即随缘接物,应病与药。品茶也是这样,随缘接物,自由自在地品茶,才能心性闲适,旷达洒脱,才能从茶水中品悟出禅机佛理。

17. 回味——圆通妙觉

圆通妙觉即大悟大彻。品了茶后,对前边的 16 道程序再细细回味,便会"有感即通,千杯茶映千杯月;圆通妙觉,万里云托万里天。"通过回味我们能体悟到佛法佛理就在日常最平凡的生活琐事之中。

18. 谢茶——再吃茶去

饮罢了茶要谢茶,谢茶是为了相约再品茶,"茶禅一味"嘛。茶要常饮,禅要长参,性要常养。中国佛教协会会长赵朴初先生讲得最好:"七碗受至味,一壶得真趣,空持百千偈,不如吃茶去!"走!茶友们,让我们相约再吃茶去。

第四节　异国风情茶艺

茶与爱情故事结合可以创新,茶与音乐结合可以创新,茶与宗教结合可以创新,其实引进国外的茶艺并根据国情加以改造,也是一种创新,"他山之石,可以攻玉。"本节介绍的是经过改造的 10 款外国茶艺。

一、英式奶茶

当窗外的小鸟把你从梦中唤醒,拉开窗帘,无论迎接你的是春天明媚的朝阳,还是打在窗前树叶上的秋雨,总之新的一天开始了。每天都应当从享受罗曼蒂克的时光开始,漱洗完毕,最美妙的莫过于听着自己喜爱的音乐,享受一杯香喷喷、热腾腾的英式奶茶。以按 2 人配方为例。

【原料】红茶 7.5 克,全脂鲜奶 250 毫升,巧克力酱或巧克力 10 克,方糖、肉桂粉、柠檬片适量。

【操作】(1) 把 200 毫升纯净水在锅中用旺火煮开,倒入 7.5 克红茶继续加热 1~2 分钟 (2) 转小火，放进鲜奶、巧克力、方糖煮 2 分钟。熄火滤出茶汤，分别倒进两个杯中。(3) 英式奶茶强调有浓强的茶香和鲜奶味，所以必须煮饮，并且要边煮边搅拌，从而使茶味和鲜奶味充分融合，同时要注意防止巧克力粘锅。(4) 根据各人的口味添加入肉桂粉、柠檬片。

二、英式下午茶

"下午，当时钟敲响四下时，世界上的一切瞬间为茶而停。"这是一句英国民谣。

在缺少阳光的英国，人们每天下午却总能度过一段如沐艳阳的时光，这便是享受下午茶的时光。下午茶会把人带回英国辉煌的维多利亚时代（1837 年 6 月 20 日至 1901 年 1 月 22 日）。维多利亚时代前承乔治时代，后启爱德华时代，是英国号称"日不落帝国"的全盛时期，也是英国科学发明浪涛汹涌，文化艺术百花似锦的时期。这个时期文化运动出现了古典主义、新古典主义、浪漫主义、印象派、后印象派，同时涌现出许多伟大的作家、诗人、音乐家。夏洛特·勃朗特、查尔斯·狄更斯等如璀璨的群星，闪烁在历史的天空。从维多利亚时代正式兴起的英式下午茶，反映了那个时代极有品位的生活艺术。英式下午茶所表现出来的精致而华贵的茶风，周到而优雅的礼仪，男士的绅士风度，女士的淑女风采，不仅体现了英国人对美好生活的执著追求，而且为整个人类的文明生活方式增光添彩。现在就让我们也来享受享受英国下午茶的美味和温馨。下午茶按 4 人配方：

【原料】上等红茶 15 克。

【器皿】有蕾丝边的亚麻台布一块、亚麻茶盘垫、精美的茶具一套（包括茶壶、茶杯、杯托、茶匙、滤匙、小蝶、糖罐、糖钳、奶盅、茶叶罐、茶刀、切饼刀、叉子、保温罩、银质点心架和点心盘等）。

【辅料】方糖、鲜奶、奶油、精巧的西点、水果、鲜花。

【操作】(1) 艺术地布置茶席。(2) 千万要注意精心选播音乐。(3) 冲泡好清红茶为客人奉上，是否调饮及如何调饮可由客人自便。(4) 注意及时添茶。

三、皇家奶茶

如今这个时代，从政治上讲，当"总统"人人有机会；从物质生活的角度讲，人人都可以很方便地享受到皇家的饮食。总之正可谓是"旧时王谢堂前燕，飞入寻常百姓家"。皇家奶茶按 2 人配方：

【原料】红茶 7.5 克，鲜奶 250 克，奶油 10 克，奶粉 10 克，蜂蜜 15 毫升。

【操作】（1）在锅中倒入 250 毫升纯净水，烧开后加入鲜奶、奶粉、奶油以旺火煮沸。（2）投入红茶改用小火煮 2 分钟。（3）把奶茶滤到杯中，加蜂蜜调匀即可饮用。

四、欧式肉桂奶茶

肉桂是樟科木本植物肉桂树的树皮。供食用的肉桂分条形和粉状两种，调制奶茶宜选用肉桂粉。肉桂粉具有浓烈而独特的芳香，其中含有桂皮醛、丁香酚、醛酸桂皮酯、桂儿萜醇等物质，可活血暖胃，温经通脉，有消除疲劳、强身健体等功效，深受欧洲人的欢迎。按 2 人配方：

【原料】红茶 7.5 克，鲜牛奶 250 毫升，肉桂粉 3 克，方糖少许。

【操作】（1）把 250 毫升纯净水倒入单柄锅，用旺火烧开，轻轻加入肉桂粉，继续煮 2 分钟。（2）加入红茶，轻轻搅拌 1 分钟，再倒入牛奶，沸腾后即熄火。（3）把奶茶滤进茶杯，喜爱甜茶者可加入一块方糖。

一杯肉桂奶茶下肚，可让你血脉舒张，五体通泰，疲劳全消。

欧洲人调制奶茶喜欢加香料，与红茶相适宜的香料有小豆蔻、肉豆蔻、丁香、肉桂、姜、黑胡椒、白胡椒。得空时，你可放手一试，多试几种，一定能调制出令自己兴奋不已的可口奶茶。

五、美式柠檬冰茶

冰茶的饮用源于 1940 年，在圣路易斯召开的世界贸易博览会上，为了推广印度红茶，印度生产商在一位英国专家查德·布勒钦登的指导下，布置了一个茶展览馆，他们准备了一杯杯热气腾腾的红茶招待来宾。但是，当时天气炎热，美国人对热红茶没兴趣，而是到处去买冷饮消暑。布勒钦登突发奇想，决定大胆尝试。他把碎冰块先放进玻璃杯，然后倒进热红茶使其急速冷却，结果这种冷饮风靡了整个展会，来宾们争相排队购买，冰红茶就此应运而生了。到了 1992 年，美国冰红茶的消费量达到 16 亿~18 亿杯，几乎 80% 的美国人爱喝冰红茶。可口可乐公司在开发茶饮料时，打出的广告主题词便是："让你一次爽个透！"现在咱们就来爽个透。按 4 人配方：

【原料】红茶 10 克，鲜姜 4 片，柠檬 4 个榨汁，鲜薄荷 8 枝，方糖适量，冰糖橘 8 瓣。

【操作】（1）把红茶和生姜放入单柄锅，加入 1000 毫升水煮沸 3~5 分钟，然后加糖调匀晾凉。（2）把 4 枝薄荷压碎与柠檬汁一起匀入带把的玻璃杯，然后放入半杯碎冰块。（3）把茶汤滤进玻璃杯，其上用鲜薄荷叶和橘瓣点缀。

六、法式薄荷茶

法国人也爱红茶，他们认为茶是最温馨、最浪漫、最富有诗意的饮料，品茶时应当超凡脱俗，忘记红尘中的一切，让茶香带着自己的思想飞向自由王国。法国人喜爱喝花草茶，并且喜爱选一处幽静的，能看到自然美景的场所，最好微风中还飘着巴赫、莫扎特的乐曲，这样他们的心便沉浸在了花香、茶韵和音乐美妙的旋律之中。按2人配方：

【原料】红茶7.5克，欧薄荷5克。

【辅料】鲜牛奶、方糖。

【操作】（1）把红茶与欧薄荷放进烫热后的壶中，冲入500毫升沸水，盖上壶盖闷3分钟。（2）用茶匙轻轻逆时针搅拌。（3）加不加奶和方糖由各人根据喜好自便。

和法式红茶相适宜的花草很多，如玫瑰花、玫瑰果、菩提叶、柠檬草、百里香草、青锦葵、迷迭香、薰衣草等。您不妨多试一试，可以单方也可以复方，在经过无数次精心组合、尝试后，您可能会忍不住惊叹：世界多姿多彩的美，原来可以这样随意创造！

七、俄罗斯茶酒

俄罗斯的冬天，天寒地冻，长夜漫漫，所以俄罗斯人酷爱能让人身温暖的烈酒和红茶。在俄罗斯，几乎家家户户都置有做工精美的茶炊，茶炊中常常热着浓浓的红茶。他们调制茶酒时先把滚烫的浓红茶倒入茶杯，约倒至茶杯容量的1/4，然后冲入热开水把茶稀释到自己喜爱的浓度，最后加入朗姆酒或白兰地，有的人还喜欢加入柠檬片、果酱或方糖。在没有茶炊情况下可以用茶壶煮好浓红茶调制。按2人配方：

【原料】红茶7.5克，白兰地20～40毫升。

【辅料】果酱一碟，精美糕点一盒，柠檬两片，方糖少许。

【操作】（1）在茶壶或单柄锅中注入400毫升纯净水，用旺火烧开后投进茶叶和适量方糖煮沸3分钟。（2）把茶滤进茶杯，每杯调入10～20毫升白兰地（酒量好的人亦可多调入）。（3）边品茶酒，边吃糕点，果酱可调入茶酒吃，或夹在面包中吃。

和红茶相适宜的酒类有白兰地、威士忌、伏特加、青梅酒、朗姆酒、葡萄酒等。

八、热带椰香奶茶

活在世上,谁不燃烧着去远方的渴望?谁不编织着看世界的梦想?在儿时的梦中,梦到在热带海滨椰树的浓阴下,喝着椰香奶茶,望着蓝蓝的天、蓝蓝的海,继续做着蓝色的梦。椰香、奶香、茶香伴着海风,带着我的心,在热带海洋的上空自由翱翔。按2人配方:

【原料】红茶7.5克,椰汁100毫升,奶粉15克,方糖2块。

【操作】(1)把红茶放入单柄锅加入400毫升纯净水煮沸,加入方糖再沸1~2分钟。(2)把滚烫的甜红茶滤进2只茶杯,分别加入椰汁和奶粉,调匀后加冰饮用。

九、夏威夷花果茶

夏威夷群岛是风光明媚的旅游胜地,132个岛屿像132块绿宝石,镶嵌在蔚蓝色的太平洋上。"夏威夷"一词源于波利尼西亚语,意为"原始之家"。直到目前,这里仍保留着草裙舞、火山女神舞等原始艺术。令人惊奇的是,在这里,这些原生态的艺术竟然和现代文明完美地结合,东方文化和西方文化也在这里相互融汇,这使夏威夷群岛成了旅游者的天堂。如果你尚未去过夏威夷,那么建议你买一张宣传夏威夷风光的光碟,调制几杯夏威夷花果茶,和朋友一起坐在电视机前,一边欣赏着迷人的热带海滨风光,一边看着挂着花环的美丽姑娘热情奔放地跳着草裙舞,一边品饮着花果茶。那如诗的画面,如画的情调,如梦的气氛,一定会让你身临其境。另外,夏威夷的市花是芙蓉,若能在茶几上插一枝芙蓉花,那就再美不过了。夏威夷花果茶的品种很多,以2人份量的菠萝果茶为例。

【原料】红茶7.5克,菠萝(去皮)50克,雪梨肉30克,冰块足量,蜂蜜适量。

【操作】(1)把菠萝、雪梨切成小块和冰一起放进2个玻璃杯中。(2)把红茶熬成300毫升浓茶汤,微凉后滤进玻璃杯,加入蜂蜜调匀。(3)此茶调匀后,面上如果再加一粒香草冰淇淋,色、香、味更佳。

草莓、橘子、西柚、柳橙、脐橙、皇帝柑、葡萄、香蕉、桃、甜瓜、西瓜、哈密瓜、苹果等也都适合调制果茶。选择时以"香气宜人"为主要标准,应尽量选尚未熟透的水果,因为过熟的水果果肉变软且松散,易溶在茶中影响汤色。

十、俄式果酱红茶

在红茶中加些果酱,这是俄罗斯人喜爱的喝法,用来调制果酱红茶的最佳选择是武夷山正山小种红茶,因为这种红茶本身带有桂圆香和蜜香,适宜和多种果酱调制。以玫瑰花果酱茶 2 人份为例。

【原料】正山小种红茶 7.5 克,玫瑰花干 4 朵,玫瑰花果酱两小碟(或用鸡尾酒酒杯装)。

【操作】(1)把红茶放进热壶中,冲入 500 毫升纯净水烧沸,加保温罩闷 2~3 分钟。(2)开盖轻轻逆时针搅拌几下,把茶汤滤进茶杯中,然后放进玫瑰花干(可先从花干上取下几瓣花瓣点缀在茶面上)。(3)根据各人口味调入玫瑰花果酱饮用。

当您品饮这俄式果酱红茶时,可能会想起俄罗斯功勋诗人马雅可夫斯基的诗:

一切东方人,
心里乐开花,
骆驼驮来了——武夷茶!

第五节　四季茶苑

一、茶具组合

白瓷茶壶、白瓷品杯、滤网和玻璃公道杯一套,紫砂壶、品杯滤网和玻璃公道杯一套;青花瓷盖碗、青花瓷品杯、滤网和公道杯两套;茶道组四套,茶巾四块,木制奉茶盘四个,木雕杯托十二个,茶荷四个。

二、基本程序

1. 净手
2. 温杯洁具,此起彼伏
3. 各显茶姿,意蕴悠远
4. 芬芳四季,名茶荟萃

5. 敬奉佳茗，香飘万里

三、解说词

各位嘉宾，大家好！现在由云南农业大学普洱茶学院茶艺队，为您带来茶艺表演。（表演者行礼）

茶，香飘几千年，缕缕茶香飘逸在故园幽幽的梦境里，浸透了华夏璀璨的历史。中国不仅是茶的故乡，还创造了博大精深的茶文化。云南是茶的发源地，在这块孕育南方嘉木的红色热土上，生长着品质卓越的云南大叶种。一方水土一方茶，天时、地利、人和造就了风华绝代的云南茶品。（净手）

名茶荟萃的云南，好茶不胜枚举，云南茶产业已经形成了以普洱茶为主，绿茶红茶并举的基本格局。说起名茶，我们会不约而同地想起云南茉莉花茶、昆明十里香茶、滇红工夫茶和普洱茶。

茉莉花茶是云南茶叶中的云茶云花结合的典范，一朵小小的茉莉花，一片云南大叶茶，成就了云南茉莉花茶的芬芳，茶吸花香，花助茶气，相得益彰。

昆明十里香茶原料采自云南农业大学试验茶园，经精心制作而成，干茶翠绿油润，香气清幽，堪与龙井相媲美，素有"十里飘香"的美誉。

滇红外形金毫显露，香气优雅奇特，滋味浓强鲜爽，是中国红茶的代表，畅销于世界各国，曾作为外事的礼茶赠予英国伊丽莎白女王。

普洱茶是云南茶叶的瑰宝，是云南人民勤劳的见证，灵感的结晶，是天人合一的宠儿。普洱茶以陈香为寄托，融入时间的滋味，在等待中执著，在渐进中升华，引人爱怜、向往、追求。（行礼）

古语有言曰：春华秋实。春种、夏长、秋收、冬藏是自然之理。人为万物之灵，茶为瑞草之魁。人要想健康长寿应顺四时之运，得四季名茶之养。

在云南，岁岁年年花相似，春夏秋冬茶不同。茶是大自然的宠儿，更是云南的骄傲。如果用茶来说四季的话，花茶好像春天的万物复苏，春意盎然；绿茶颇似夏季酷暑难耐中的一泓泉水；红茶犹如秋日的枫叶，秋意深浓；普洱茶仿佛冬季的一轮红日，暖人心扉。四季岁月更替，寒来暑往，缤纷茶饮，四季飘香。（赏茶）

春天，在万物复苏、华灯初上的夜晚，品一杯茉莉花茶，茶清心，花宜人，沉醉在茉莉花的清香中，享受着春天的气息，享受着浪漫的品茶时光。

炎炎夏日，骄阳当午，品一杯昆明十里香茶，香气清幽的茶使烦躁的心得以平静，任滋味清爽的香茶驱走身边的酷暑，换回身心的些许清凉。

金秋时节，红叶满地，秋思萦绕，一杯滇红工夫茶，从而把自己的感觉交付给这金圈突显、红艳明亮的茶汤，让人们随着滇红的馥郁茶香，去享受收获的快乐，成功的喜悦！（洗杯）

寒冷的冬日，邀三五好友，聚于一室，冲一壶暖暖的陈年普洱茶。屋外雪花飘飘，梅花飞舞，屋内畅所欲言，谈笑风生，友情在品茗中越泡越浓，陈香陈韵的灵气活跃着友人们的心，奇思妙想不断，妙语连珠不绝。风味独特的云南普洱茶给人的是和谐、是融洽，让人们的心结在普洱茶汤的浸润下，消失在陈香古韵之中。（赏茶汤）

品饮四季茶，使我们情不自禁地想到花中四君子。春兰、夏竹、秋菊、冬梅，它们在四季演绎着各自的风采。

春兰是花中的君子，其品行的高洁堪比明月秋风，这好似茉莉花茶，香花真茶，相映成趣，内含真性真趣，不失茶之本性。

夏竹境界山高水长，其性情为世人所追捧，酷似昆明的十里香茶，清新淡雅，不落俗流。

秋菊馨香一片，怒放于晚秋时节，使人们的生活平添了几分温馨，这恰似滇红香茗，以它暖暖的红艳茶汤，滋养着人的肠胃，令人欣慰和鼓舞。

冬梅傲霜斗雪，独自开放，有不屈的灵魂，正如云南普洱茶，穿越漫长的岁月，孤独前行，始终保持着生命的尊严和高贵，在新世纪重现辉煌，名震天下。

春有花茶伴春雨，夏产绿茶解暑气。秋来滇红暖凉意，冬藏普洱聚福气。

春夏秋冬，四季轮回，云茶云花，比翼双飞。云南四季有花香，四季云南茶香浓。愿我们的四季茶苑给您带来温馨与祝福，祝大家事业生活，四季丰收。

第六节　红楼十二金钗茶艺

一部《红楼梦》，满纸茶叶香，中国古典名著《红楼梦》中描写茶文化的篇幅广博，其钟鸣鼎食、诗礼簪缨之家的幽雅茶事，细致精微，蕴意深远。

天下香茗，源出巴蜀。芳茶冠六清，溢味播九区。这块神奇的土地所产之茶犹如《红楼梦》中贾宝玉颈项上系着的一块晶莹剔透的通灵宝玉，是中华茶文化的命脉所系。

一盏清茶，滋润出了红楼梦中的金陵十二钗：诗心幽情的黛玉，好高过洁的妙玉，醉卧花丛的湘云，持重冷香的宝钗……红楼女儿千红一窟，万艳同杯，宝鼎茶闲烟尚绿，幽窗棋罢指犹凉。她们都是品茶的高手，事茶的精英。她们是茶中的花女郎，她们是花中的茶仙子。且让各位在这古巴蜀的茶之圣地，钟灵毓秀的永川，伴随她们的歌声，探访她们的茶事，感慨她们的命运，品味她们的茗香。

不同的花席，不同的茶香，不同的器皿，同样的女儿心肠。

黛玉的越窑青瓷：纯洁高贵，"质本洁来还洁去"；

妙玉的龙泉粉青：色泽清冷，孤傲禅心；

宝钗的汝窑茶具：正旦青衣，含蓄沉静；

湘云的彩瓷琳琅：纯洁轻柔，亮丽芬芳；

凤姐的洒金釉壶：华丽绚烂，机心张扬；

李纨的紫砂茶壶：最显得性情恬静温柔，质朴善良；

巧姐的青花瓷：方显得洗净铅华，耕织农庄；

可卿的粉彩瓷：花色绮丽，迷人沉香。

"元迎探惜"四姐妹，一色玻璃，明净透彻，可叹可赏；

不同的花席，不同的茶香，不同的器皿，同样的女儿心肠。

十二位金钗，十二袭茶服，量身定制；

十二位金钗，十二朵鲜花，与茶相配。

黛玉芙蓉花，洞庭碧螺春；

宝钗牡丹花，西湖龙井茶；

妙玉梅花隐，峨眉竹叶青；

湘云海棠花，安溪铁观音；

元春石榴花，云南普洱茶；

探春玫瑰花，武夷大红袍；

凤姐凤凰花，凤凰单丛茶；

迎春菱花小，福鼎白牡丹；

惜春莲花净，蒙顶甘露茶；

李纨幽兰花，君山银针茶；

巧姐稻米花，祁门红香螺；

可卿香桂花，东方美人茶。

开辟鸿濛，谁为情种，都只为茶缘情浓。趁着这艳阳天，采茶日，弦歌时，

第十二章　时尚创新茶艺

试谴愉衷。因此，捧上这千红一窟的红楼茶，请各位品尝，享用……

第七节　十二星座茶艺

如今，星座学已成为都市青年之间的热门话题。无论是用于娱乐，还是真的相信星座学能解析性格，预测命运，总之探讨神秘的星座已蔚为一些年轻人的时尚。如今，在每一个晴朗的晚上，总会有一些人对着深邃的夜空去寻找属于自己的星座，期盼着太空远处的那个神秘星座能赐福给自己。我不知道你对她许下了什么愿，更不知道你的梦想能否实现，但是，我可以为你调制一杯属于你的星座茶，让你活在当下，脚踏实地地享受星座茶带来的生活的温馨，还有那令人心醉的生命的芬芳。

一、"初春艳阳"——白羊座之茶

出生于3月21日至4月20日之间的人属于白羊座。白羊座占了"早春"这个生机勃勃，令人奋发向上的季节。白羊座的人天生热情，充满活力，做事积极，敢拼敢闯，勇于接受新观念，也勇于面对挑战。其不足是过分以自我为中心，性格急躁，缺乏耐性，有时做事太冲动，只有"三分钟热度"，并且不懂得照顾自己。

关于白羊座的起源有一个美丽的传说：传说在一个遥远而古老的国度里，国王和皇后因性格不合而离婚。离婚后，国王又娶了一个美丽的皇后，可惜，这位新皇后虽然貌美如花，但是心毒如蝎并且天性善妒。她看到国王对前妻留下的一对儿女百般疼爱，觉得自己受到冷落，于是决定除掉王子和公主，以便独占国王全部的爱。

这个消息传到了王子和公主生母的耳中，她便向宙斯求救。宙斯派出一只长着金色长毛的公羊飞到皇宫，驮上王子和公主，腾云驾雾飞天而去。宙斯为了奖励公羊，让它变成一个美丽的星座悬挂在夜空，这就是白羊座。白羊座的守护星是火星，象征能量与精力。

为白羊座朋友献上的"初春艳阳"是一道安神甜茶。以2人饮用配方为例。
【原料】迎春花干3克，菩提叶3克，熏衣草3克，红茶7.5克，冰糖适量。
【辅料】上等枸杞18粒，小雏菊2朵。

【做法】(1) 把各种原料放置入壶或锅中,加水500毫升煮沸5分钟。(2) 白羊座的幸运数字是9,因此在每个小茶杯中放入9粒枸杞子,用过滤器把滚烫的红茶汤滤进杯中。(3) 白羊座的幸运花卉是小雏菊,因此在每个杯托上装饰1朵幸运花。雏菊代表清白、纯真。

【建议曲目】奉茶时最好能播放班得瑞交响乐团新世纪专辑(13)《旭日之丘》中的《四月之春》或《维也纳森林情境》中的《春日》。

二、"一往情深"——金牛座之茶

出生于4月21日至5月20日的人属金牛座。金牛座是一个慢条斯理的星座,凡事总是谋定而后动,但是一旦做了决定,无论是对人还是对事,都有超越其他星座的稳定性,对爱情更是一往情深。金牛座的人有艺术天赋,有脚踏实地的精神,工作有计划,生活有规律,值得信赖。但是占有欲太强,且爱嫉妒,工作缺乏创新求变的勇气,生活缺乏幽默感。金牛座的守护星是金星,象征爱与美的结合。

关于金牛座的美丽传说:在古希腊,国王阿革诺耳有一个比天仙更美的女儿,叫欧罗巴。欧罗巴和所有的少女一样,都有自己的青春美梦。在梦中,她常常梦见一位女神对她说:"美丽的姑娘,幸运的姑娘,我带你去见众神之王宙斯吧,因为命运注定了你要做他的情人。"

欧罗巴梦中的女神就是命运女神。因为当时宙斯与妻子感情不和,终日郁郁寡欢,所以命运女神想帮助宙斯找到他的幸福。当宙斯在命运女神的引导下暗中窥探欧罗巴时,立刻被欧罗巴的清纯、天真、活泼、美丽深深吸引。这位众神之王不可自拔地爱上了人间美女欧罗巴。于是在一天清晨,正当欧罗巴和同伴们一起在芳草如茵的花园里嬉戏时,宙斯变成了一只高贵雄壮的金牛来到花园,引诱欧罗巴骑上牛背后,金牛腾云驾雾飞上蓝天,飞过大海,飞到一个神秘的孤岛。落地后,金牛变成了一个英俊神武的天神,说他是这个岛的主人,如果欧罗巴答应嫁给他,将有享不尽的荣华富贵,如不顺从,就把她遗弃在这荒无人烟的孤岛。

欧罗巴想起梦中女神的话,深信自己应当是宙斯的情人,因此宁死不屈,拒绝了神牛的求爱。于是金牛弃她而去。

欧罗巴孤单单地留在荒岛上,她向着太阳愤怒地高声大叫:"欧罗巴,你难道愿意嫁给一个野兽君王吗?复仇女神啊!请你让那头金牛回到我面前,让我折断它的角吧!"

喊声刚停,欧罗巴听到身后传来熟悉的笑声,回头一看,正是梦中的女神。女神告诉她,带她来这孤岛的金牛正是宙斯变成的,并且说:"你通过了考验,现在已是宙斯的情人了。宙斯托我把这片土地封给你,就叫欧罗巴洲吧!"于是在这个世界上有了欧洲。

宙斯为了炫耀他的爱情,把金牛永远留在天空,这就是美丽的金牛座。金牛座象征执著的爱情,为金牛座朋友献的茶——"一往情深"。以2人份配方为例。

【原料】玫瑰花干6朵,红茶7.5克,蜂蜜适量。

【辅料】含苞待放的红玫瑰或黄玫瑰2朵。

【操作】(1)金牛座的幸运数字是6,把6朵玫瑰花干放置入壶中,加水600毫升煮沸6分钟。(2)把茶汤滤进茶杯,滴入少许蜂蜜,用小汤匙轻轻搅匀。(3)金牛座的幸运花是玫瑰,在每个杯托上点缀1朵红玫瑰或黄玫瑰。

玫瑰是花中女王。玫瑰花不仅美丽,而且她的香味与红茶非常匹配。用代表爱情的红玫瑰与红茶配伍,代表着金牛座对爱情的一往情深。加上蜂蜜,代表爱情甜甜蜜蜜。用黄玫瑰则代表友情。

【建议曲目】选播家喻户晓的萨克斯王子肯尼基演奏的《泰坦尼克号》和《永浴爱河》。神话故事离我们很远很远,但是,肯尼基音乐的旋律极其贴近生活,离我们的心灵很近很近,这两首乐曲如泣如诉、如痴如醉的旋律能安抚任何一颗烦躁的心,能召唤我们的心灵安祥地回归爱的家园。

三、"花好月圆"——双子座之茶

出生于5月21日至6月21日的人属双子座。双子座的人生观是:一面努力工作,一面尽情享乐。他们个性敏锐,有强烈的好奇心和上进心,并且多才多艺,足智多谋,风趣幽默,睿智而包容,是所有星座中最能保持青春活力的星座。但是,双子座的人做事缺乏耐性和原则,有时"见人说人话,见鬼说鬼话",过于圆滑。双子座的守护星是水星,象征着艺术和智慧。

双子座的美丽传说:在希腊古国,美丽温柔的王妃丽达有一对英俊神武的儿子,兄弟俩相亲相爱,感情特别深厚,好像双胞胎一样。其实他们是同母异父兄弟,哥哥是王妃丽达与天神宙斯的私生子,他拥有永恒的生命,在人间没人能够伤害他,对此弟弟毫不知情。不幸的是在一次混战时,有人拿着长矛猛然刺向没有防备的哥哥,弟弟情急之下舍身扑了过去,挡在哥哥身前,结果弟弟被杀死了。

哥哥痛不欲生，于是去求父亲宙斯，求他让弟弟起死回生。宙斯为难地说："唯一能救你弟弟的办法，是你把自己的生命力分一半给他。这样，你弟弟虽然可以复活，但是你将变成凡人，随时都会死去。"哥哥毫不犹豫地回答说："身为凡人的弟弟会毫不犹豫地为我而死，身为神人的我，为什么不能为救弟弟而甘愿变成凡人呢？"宙斯听了非常感动，于是救活了弟弟，并用他们兄弟的名义创造了一个星座，这就是"双子座"。肝胆相照、生死与共的友谊是美好的，结局是圆满的。为双子座朋友献上一道茶——"花好月圆"。以2人份配方为例。

【原料】百合花干10克，红茶7.5克，糖桂花10克。

【辅料】百合花5朵，玫瑰花2朵，柠檬横切（圆形）2片。

【操作】（1）把百合花干与红茶放置入壶中，加水500毫升煮沸5分钟。（2）把糖桂花分别放入茶杯，每杯5克。（3）把煮好的茶滤进茶杯，用小汤匙轻轻搅匀，在茶杯边缘卡上柠檬片像圆圆的月亮，在杯边点缀1朵玫瑰花，象征花好月圆。（4）双子座的幸运花是百合花，幸运数字是5。用5朵百合花搭配其他花做成小花篮，摆在茶几中央，供两人共同欣赏。百合花代表百年好合。

【建议曲目】萨克斯王子肯尼基的《沉醉在月光下》或《多么美好的世界》。有了真情，这个世界自然显得很美好，再加上鲜花和音乐，这个世界就会更美好。在国际乐坛，萨克斯被誉为"无与伦比的风流乐器"，让它用轻柔、深沉、缠绵而略带忧伤的曲调陪伴着您沉醉在茶香中，沉醉在月光下，沉醉在这美好的世界里。

四、"仲夏迷情"——巨蟹座之茶

出生于6月22日至7月22日的人属于巨蟹座。夏天太阳无私地奉献着光和热，万物蓬勃生长，欣欣向荣，这造就了巨蟹座的人天生精力旺盛，热情如火，想象力丰富，同时生性慷慨，为人真诚，做事情既有耐心又有毅力，但是容易跟着情绪走。巨蟹座的人情绪常常受月亮的影响，随着月圆月缺起伏变化。在感情上常常提不起，放不下，容易沉溺于往事，特别是女子，往往会为逝去的爱情而深陷忧郁，不能自拔。巨蟹座的守护星是月亮。

关于巨蟹座的传说：古希腊有一位英雄叫赫拉克勒斯，他受宙斯之命去除掉残害人兽的九头水蛇，在激烈的搏斗中，水蛇的朋友巨蟹来助战，它帮助蛇妖夹住了赫拉克勒斯的脚踝，赫拉克勒斯用大棒把蟹壳击碎，巨蟹死了。但是宙斯的妻子赫拉因为憎恨赫拉克勒斯，所以把被他打死的巨蟹挂在天空，化成了星座，便是巨蟹座。

献给巨蟹座朋友的茶——"仲夏迷情"。以2人份配方为例。

【原料】合欢花3克,茉莉花3克,红茶7.5克。

【辅料】糖樱桃4粒,夜来香少许。

【操作】(1)把原料投入壶中,冲入500毫升沸水闷5分钟。(2)巨蟹座的幸运数字是2,每杯放入2颗鲜红的糖樱桃,冲入红茶后像两颗碰撞的心。(3)把茶汤过滤后注入茶杯。巨蟹座的幸运花是夜来香,每个茶杯旁边点缀几朵夜来香,或将夜来香花干少许撒入杯中。若无夜来香可用百合代替。

【建议曲目】班得瑞交响乐第5辑,新世纪专辑《迷雾森林》。这辑的第一首曲子即用晚风中飘来的黑管和横笛交叠出梦幻般的空间,间或传来清脆的风铃声,像夏日夜晚的流萤一样神秘。隐约朦胧的弦乐像是给夏夜拉起了一层淡淡的薄雾,让你感到清凉,让你感到温馨,让你沉醉于仲夏的迷情。

五、"江山美人"——狮子座之茶

7月23日至8月22日出生的人属于狮子座。狮子座的人正如动画故事中的狮子王一样,威严、高傲、宽容,有组织领导能力,有激励人心的气质,有自信乐观的风度。但是有莫名的优越感,喜爱接受奉承,喜欢指挥别人,缺乏节俭的美德,能伸不能屈,有时刚愎自用,有时因为失恋,内心会感到孤独寂寞。狮子座的守护星是太阳,象征热情和活力。

关于狮子座的传说:传说神通广大的海格列斯是宙斯的私生子,他刚刚出生,就遭到忌妒心极强的天后赫拉的诅咒,诅咒他一生要面临12种极危险的考验。第一项考验就是要他和一只凶猛无比、刀枪不入的狮子搏斗。经过生死较量,英勇的海格列斯最终打死了狮子。宙斯为自己的儿子自豪,他把狮子挂在天空,向世人与众神炫耀海格列斯的非凡战绩。因此,我们今天仍可在星空中看到狮子座。

献给狮子座朋友的茶——"江山美人"。以2人份配方为例。

【原料】月季花10克,熟地3克,红茶7.5克。

【辅料】小向日葵花1朵,剥好的葵花子仁少许,蜂蜜少许。

【操作】(1)把月季花、熟地和红茶投入壶中,冲入500毫升沸水闷5分钟。(2)狮子座的幸运数字是1,幸运花是向日葵,把向日葵插在花瓶,放置在茶几中央。(3)在杯中投入少许葵花子仁,加入适量蜂蜜,把热红茶滤进杯中,稍加搅拌即可饮用。

月季花又名月月红、长春花,有红、粉、黄、橙、白、紫等不同颜色,每

月都开,美丽动人,喻为美人;熟地代表江山,故土难离。有王者风范的人爱江山,也爱美人,故此茶名为"江山美人"。

【建议曲目】《狮子王》主题曲或贝多芬交响曲《命运》第四乐章。

六、"芳洁情怀"——处女座之茶

出生于8月23日至9月22日之间的人属于处女座。处女座的人打心眼里认定智慧是人生幸福的钥匙,对学识渊博的人,他们不以衣冠相貌取人,通常会怀着崇敬的心情与之亲近。他们做事追求完美,为人谦虚守信,处世小心谨慎,对爱情坚贞忠诚。不过,处女座的人太过吹毛求疵,爱为琐事唠叨,缺乏接受批评的雅量,并且在生活中缺乏浪漫情调。处女座的守护星是瓦肯星,象征着勇敢和自信。

关于处女座的传说:根据罗马神话,处女座又名雅斯德莱,是宙斯与正义女神的女儿,她既爱这个美丽的世界,又厌恶人间的丑陋,所以变为星座,在高高的天空俯视着人间。

另一传说,纯洁的春天女神泊瑟芬是大地之母谷神狄蜜特的独生女,只要她走过的地方,大地山河都会开满娇艳芬芳的花朵。但是,这位美丽的女神却爱上了把她劫进地狱的冥王海地士。泊瑟芬被宙斯救回后,每年还要去冥府探望被宙斯施了咒、昏睡不醒的海地士。当她去时,大地山河的花草树木就都枯萎了,世界进入了冬天。当泊瑟芬从地府回来时,鲜花随着她的脚步一路开放,明媚的春天就回到了人间。宙斯被她的真情感动,将天上的一个星座封为处女座。

为处女座朋友献上的茶——"芬洁情杯"。以2人份配方为例。

【原料】梅花干3克,桂花干2克,茉莉花2克,紫罗兰2克,红茶7.5克。

【辅料】杭白菊每人5朵,大波斯菊1朵,满天星1束。

【操作】(1)把5种原料放置到壶中,加入500毫升水煮沸5分钟。(2)把杭白菊放入茶杯,每杯5朵,斟入冲泡好的五花茶。(3)在精巧的小花瓶中插一朵大波斯菊,周围点缀一些满天星,摆放在茶几适当的位置。

处女座的幸运数字是5,所以用春夏秋冬四季开放的5种花来泡茶,象征泊瑟芬女神带着春天归来,一路上鲜花次第开放。同时梅花象征高洁的情怀,茉莉象征清白,桂花象征学识渊博,紫罗兰象征忠贞、思念,菊花象征欢愉、真爱,这些都是泊瑟芬的美德。

处女座的幸运花是大波斯菊或风信子。波斯菊象征纯情,在幸运花的周围点缀满天星,代表无限想念和关怀。

【建议曲目】 班德瑞交响乐第 2 楫《维也纳森林情境》中的《春日》和《爱之歌》。《春日》用唯美纯真的旋律诉说着春天带来的暖暖的心情,音符中似乎飘散着纯洁的花香;在《爱之歌》里,雨声拌和着吉他,用柔情和谐的曲调诠释着爱的真谛。在这样的乐曲声中品饮"芳洁情怀",你一定会感受到真诚无伪的爱。

七、"梦醒时分"——天秤座之茶

出生于 9 月 23 日至 10 月 22 日之间的人属于天秤座。天秤座是理性而又浪漫的星座。天秤座的人温柔、娴雅、正直,追求忠贞不渝的友谊和爱情,是浪漫的恋爱高手,有美感和艺术鉴赏力,能屈能伸,适应性强,但是优柔寡断,意志不坚定,容易受他人影响,并且因为过分追求公平,吃不得亏,现实一旦粉碎了他一厢情愿的梦想,就会造成精神上的痛苦。天秤座的人还常不经意"乱放电",惹来感情纠葛,给自己和他人带来不必要的麻烦。

关于天秤座的传说:据说在很久很久以前,人类与神一起居住在大地上,过着和平快乐的生活。日久生情,在长期共同生活中,海神波塞冬和正义女神产生了感情,他们相互深深爱上了对方。但是,后来人类染上了种种恶习,欺骗、掠夺、贪婪、懒惰甚至相互残杀,战争和罪恶像瘟疫一样四处蔓延。众神都失望了,纷纷回到天庭去生活。波塞冬也无法忍受这一切,于是劝正义女神和他一起走。但是,正义女神坚信人类终会有觉醒的一天,她反过来劝波塞冬陪她留下。海神不肯,于是两人争吵了起来。他们互不相让,都要对方向自己道歉,结果越吵越激烈,惊动了宙斯。宙斯提议让他们比赛,看谁有办法让人类觉醒谁就是胜利者,输的一方要赔礼道歉。

比赛在天庭广场举行,众神都来观看。海神先出场,他打算用天上纯洁的泉水洗净人间的丑恶。只见他用手中的三叉戟轻轻一指,天庭广场上裂开了一个泉眼,清凉甘美晶莹剔透的泉水从泉眼潺潺流出。泉水流到了人间,看到生命的乳汁,人间一片欢腾。但是从人们贪婪的眼神中可以看出,他们并未觉醒。这时候正义女神飞到人间,在泉水边变成一棵橄榄树,亭亭玉立的树杆,碧绿苍翠的树叶,还有那金色的橄榄果,让人一看就感到爱与和平是如此美好。人类终于觉醒了!回想过去,好像做了一场噩梦。

为了庆贺人类从噩梦中觉醒,并且时时提醒人类不要忘记公平,宙斯把随身带的秤挂在天空,这就是天秤座。天秤座的守护星是金星,象征着爱与美的和谐。

献给天秤座朋友的茶——"紫色的梦"。以 2 人份配方为例。

【原料】紫罗兰 3 克，熏衣草花 3 克，紫色槿 3 克，红茶 7.5 克。

【辅料】兰花 1 盆，杏仁 12 粒，蜂蜜少许。

【操作】（1）把原料置入壶中加 500 毫升水煮沸 5 分钟，亦可冲入 500 毫升沸水闷 5 分钟。（2）天秤座的幸运数字是 6，最有益的食品是杏仁。在每个杯中放入 6 粒杏仁，然后把茶汤滤到杯中，加蜜调匀。天秤座的幸运花是紫罗兰，可在茶杯边点缀几朵紫罗兰。（3）把一盆兰花供在茶桌的中央，兰花象征天秤座的高洁情怀。

【建议曲目】肯尼基萨克斯独奏《昨夜梦醒》、《摇篮曲》。

八、"女神之泪"——天蝎座之茶

出生于 10 月 23 日至 11 月 21 日之间的人属于天蝎座。天蝎座的人特别喜爱秋天的爽朗、秋天的成熟和秋天的宁静，他们轻视名利，但却有成名得利的天赋。他们感觉敏锐，恩怨分明，不畏挫折，对朋友讲义气，对爱人讲情意，天生有性感魅力，但是太好强，太自负，爱吃醋，常常感情用事，得理不饶人，并且对得罪过自己的人有很强的报复心理。

关于天蝎座有一个凄婉的传说：传说太阳神阿波罗的儿子法厄同天生英俊神武，但是多疑而自负。法厄同的妹妹赫莉一直暗恋着他，而法厄同与水泉女神娜伊相爱，对自己的亲妹妹自然没有非分之想。为了让哥哥也爱上自己，赫莉欺骗他，说他不是太阳神的亲儿子，于是他跑到父亲那里追问究竟。阿波罗百般解释他都不信，最后，阿波罗无奈地指着冥河发誓：为了证明法厄同是自己的亲生儿子，无论他要什么都会满足他的要求。

万万没想到，法厄同竟然要了专供太阳神出巡的太阳车。以法厄同的法力绝对无法掌控太阳车，但是他坚持不听阿波罗的苦苦相劝，跳上烈焰熊熊的太阳车，冲上天空，到处横冲直撞。结果草原干枯了，庄稼烧毁了，森林起火了，人间一片惨状。万神都阻挡不住太阳车，赫莉眼看法厄同因为听信自己的谎言而闯了大祸，只好狠心地放出所养的毒蝎。毒蝎咬住了法厄同的脚踝，太阳车失控，法厄同与燃烧的太阳车一起坠入了冥河。法厄同的恋人，水泉女神娜伊闻讯赶来，痛哭着埋葬了他。从此之后娜伊每天晚上都哭。她的泪水洒向人间，落在忍冬树上，开出了金色的思念之花和白色的悼亡之花，这就是金银花。据说喝了用水泉女神泪水之花泡的茶，能够永不相信谎言。

赫莉也哭了。因为她的谎言害死了自己心爱的哥哥，她痛哭了四个月，最后被自己的泪水淹没，变成一株白莲花，荷叶上的露珠是她悔恨的眼泪。据说喝了用赫莉泪水泡的茶，能从此不再自负。

宙斯为了警示人类轻信自负的弱点，把那只立了大功的蝎子挂在天空，并命名为天蝎座。天蝎座的守护星是冥王星，象征着转变。

献给天蝎座朋友的茶——"女神之泪"。以2人份配方为例。

【原料】金银花9克，红茶7.5克。

【辅料】核桃仁4粒，萱草1盆。

【操作】（1）把原料投入壶中，冲入500毫升沸水泡5分钟。（2）在每个杯中放2粒核桃仁，把泡好的茶滤进杯中。（3）茶桌上点缀一小盆萱草，或插一枝萱草花表示忘忧。

天蝎座的幸运数字是9，幸运花是金银花，所以用9克金银花泡茶，金银花是水泉女神的泪水凝成的，泡茶喝了之后能永不相信谎言。对天蝎座的人最有益的食品是核桃，所以辅以核桃仁。

【建议曲目】班得瑞交响乐第2缉《维也纳森林情境》中的《漫漫孤夜》。雨声滴滴答答，那是女神在流泪，雨声拌和着排箫吹奏出一个凄凉寂寞的长夜。在这漫漫长夜里，你沉思，你惆怅，但是你并不孤单，因为你的手中有一杯女神赐给你的茶。

九、"真情无悔"——射手座之茶

出生于11月22日至12月21日之间的人属于射手座。随着冬天的降临，人类学会了冷静地思考，喜好哲学的思辨。射手座的人天生乐观，自由豪放，正直坦率，待人友善，有自己的处世哲学，有救人救世的热情，但心直口快，粗心大意，做事冲动，缺乏耐性，过度理想主义且喜怒太形于色，容易得罪人。

射手座的起源有个美丽的传说：在遥远的古代希腊大草原上驰骋着一个半人半马凶猛的部落。"半人半马"代表着理性与非理性并存，人性与兽性之间的矛盾与挣扎。部落里唯一例外的是出了一位生性善良，待人真挚，谦和有礼的射手奇伦。有一次，奇伦为了化解族人与力大无比的勇士赫王力的争斗，奋不顾身挡住了赫王力射出的神箭，并拼尽最后的力气说："再锋利的箭也会被软弱的心包容，再疯狂的兽性也不会泯灭人性。"奇伦的话警醒了赫王力和族人，他用自己的生命化解了双方的矛盾。

说完奇伦倒下了，他的身体碎成了无数颗星星飞上了天空，聚集在一起，好像半人半马的模样,赫王力的箭至今还插在他的心窝。为了唤醒所有人的人性,宙斯把奇伦化成的半人半马星座称为射手座。

献给射手座朋友的茶——"真情无悔"。以2人份配方为例。

【原料】熏衣草3克,茉莉花3克,红茶7.5克。

【辅料】康乃馨1束,圣女果(小西红柿)10颗,蜂蜜少许。

【操作】(1)把原料投入壶中,冲入沸水500毫升,闷3~5分钟。(2)把茶汤滤到杯中,加蜜调匀,在面上装饰几朵洁白的茉莉花,表示对奇伦的缅怀。(3)把康乃馨剪好,插在小果盆的中间,周边点缀10颗圣女果。因为射手座的幸运花是康乃馨,最有益的食物之一是圣女果,幸运数字是10。

【建议曲目】班得瑞交响乐《日光海岸》中的《风的呢喃》。让弦乐勾幻成古希腊草原上的和风,为我们讲述射手座的故事;让乐曲中的短笛、黑管间歇地呼唤着奇伦的名字;也让呢喃的风唤醒我们的人性,驱除隐藏在心底的兽性。

十、"秋湖丽影"——摩羯座之茶

出生于12月22日至1月19日的人属于摩羯座。摩羯座的人常用外表的冷漠来掩饰内心的渴望,他们做事脚踏实地,意志坚强,不容易受外界的影响,有克服困难的毅力,有舍己为人的勇气,有很强的家庭观念。但是固执保守,太过现实,缺乏浪漫情趣,缺乏对他人的关爱和热情,不善于与人沟通和随机应变。

关于摩羯座有一个动人的传说:牧神潘恩相貌很丑,他日日夜夜精心照看着宙斯的牛羊,因为人丑位卑,他不敢与众神一起豪饮狂歌。潘恩一直暗恋着竖琴仙子,却不敢向她表白,只好独自一人躲在天河尽头的湖边,吹着自己心爱的排箫,抒发内心的苦恋。他排箫吹得极棒,可以声遏行云,可以感动流水,但是却没有人听得到。因为这湖水是被诅咒过的,无论是人是神还是兽,只要踏进湖水一步就会变成鱼,所以没有人敢靠近。

有一次正当众神欢宴,听竖琴仙子弹奏乐曲时,黑森林里的一只百眼兽冲进了大厅。百眼兽凶狠无比,众神纷纷逃避,而竖琴仙子吓得呆立不动。眼看百眼兽要伤害到仙子,潘思不顾自身安危,抱起仙子向外逃去,怪兽紧追不舍。为了逃避怪兽保护自己的心上人,潘恩把仙子高高举过头顶,义无反顾地踏进了天湖。怪兽怕变成鱼所以不敢下水,无奈地走了。潘恩把竖琴仙子放回到岸上,但是他的下半身已经变成了鱼。为了褒奖潘恩为心上人舍生忘死的精神,宙斯以他的形象创造了摩羯座。摩羯座的守护星是土星,象征着狂热和力量。

献给摩羯座朋友的茶——"秋湖丽影"。以2人份配方为例。

【原料】红茶7.5克,冰糖少许。

【辅料】柠檬2片,玫瑰花2朵,雏菊8朵,紫色郁金香1朵。

【操作】(1)把原料投入壶中,冲入500毫升沸水闷5分钟后搅匀。(2)在茶杯中放入一片柠檬,滤进甜红茶,在茶托盘上各点缀一朵玫瑰花。(3)把紫色郁金香和8朵雏菊插在小花瓶中,供在茶几的中央。

对摩羯座的朋友最有益的食品之一是柠檬,所以为你冲泡一杯酸酸甜甜的柠檬红茶。你是觉得酸,还是觉得甜,个中滋味请用心品。

摩羯座的幸运花卉是雏菊,幸运数字是8,所以用8朵雏菊来布置茶席。

【建议曲目】班得瑞交响乐《日光海岸》中的《卡布里湖的月光》。此曲缠绵的弦乐,会带着我们的心穿越尘封的历史,去邂逅古老神话中的主角。曲中的竖琴声从云端传来,像是竖琴仙子在感恩,而排箫应和着,像是潘恩在用箫声倾吐深藏在心中的爱恋。竖琴声和排箫声都透露出超越天地时空之大美。品一口"秋湖丽影",周围的一切仿佛都消失在音乐中,心中只剩下天湖湖面闪动的月光,只剩下月光在述说着纯洁的爱情。

十一、"水晶之恋"——水瓶座之茶

出生于1月20日至2月18日之间的人属于水瓶座。这个季节,寒凝大地,千里冰封,万里雪飘。因为行动受限制,所以生活在冬季里的人更加渴望和崇尚自由。水瓶座的人有理想,兴趣广泛,珍爱生命,创意十足,拥有理性的智慧,会巧妙地运用权力以适应社会,喜欢追求新的事物和现代生活方式,在朋友中常出尽风头。但是,他们对生活太过理智,对朋友难以推心置腹,很难深交,并且容易自我膨胀,易激动,爱争辩,女性古灵精怪,男性过于自信,有时不好相处。

关于水瓶座有一个凄婉感人的传说:传说水瓶座是特洛伊城俊美不凡的王子伊的化身。王子伊不爱人间美女,却深深爱上了万神之王宙斯的倒水侍女海伦,因为有一天夜晚,海伦用无比曼妙的歌声捕获了王子伊的心。

宙斯也深爱着海伦。为了惩罚王子伊与海伦的私情,宙斯变成一只老鹰把伊抓回神殿,罚伊代替海伦为他倒水。没想到伊的无比俊美和风度令宙斯着迷。宙斯竟然爱上了伊。宙斯之妻赫拉是个嫉妒成性的女神,她看在眼里,怒从心生,设下借刀杀人的毒计,鼓动伊和海伦私奔到下界。伊和海伦自然无法逃出宙斯的掌控,不久就被捉回了天庭。宙斯大怒,决定处死伊。然而,当射手奇

伦射出致命一箭的刹那，海伦奋不顾身地扑了过去，挡在了伊的胸前，伊得救了，海伦却殉情了。赫拉借刀杀人的奸计没能完全得呈，她恼羞成怒，把伊变成一只透明的水瓶挂在天上，让伊永生永世为宙斯倒水，而宙斯却看不到伊的容貌。然而，从这只水瓶中倒出的不是水，而是伊流不尽的泪。众神都为之动容，宙斯也很后悔，于是他把伊化成的星座封为水瓶座。从此伊被挂在天空，他永远睁着忧伤的泪眼，寻找为他牺牲的海伦。

献给水瓶座朋友的茶——"水晶之恋"。以2人份配方为例。

【原料】迷迭香3克，熏衣草3克，红茶7.5克。

【辅料】两只晶莹的水晶玻璃杯，1盆水仙花，蜂蜜少许，紫葡萄4粒，草莓1小碟。

【操作】（1）把原料投入壶中，冲入500毫升沸水，闷茶5分钟。（2）在每个水晶玻璃杯中放入2粒紫葡萄代表两颗酸楚的心，然后滤进茶汤，调入少许蜂蜜，代表爱情总是有苦有甜的。（3）水瓶座的幸运花卉是水仙花，最有益的食物之一是草莓，所以把这两样物品艺术地摆放在茶桌上。

【建议曲目】班得瑞交响乐《梦花园》中的《执子之手》。爱情是美妙的，为爱牺牲是幸福的，听着这轻盈欢悦的旋律，好像人与神牵手在天国花园中翩翩起舞。长笛与钢琴协奏的主旋律超凡脱俗，而双簧管的加入使乐曲在欢快中平添了几分缠绵。执子之手，与子偕老，夫复何求？祝愿水瓶座的朋友们不再为爱流泪。

十二、"爱神之花"——双鱼座之茶

出生于2月19日至3月20日之间的人属于双鱼座。双鱼座是柔情似水、春心荡漾的星座，她宣告着四季轮回告一段落，宣告着又一个春天的开始。双鱼座的人感情丰富，心地善良，善解人意，懂得包容。他们不自私，不多疑，容易信赖别人，并且温柔体贴，生活富有情趣，是十二星座中最多情的一个星座。但是，他们不够实际，充满幻想，多愁善感，缺乏面对现实的勇气，在理想化爱情得不到实现或对生活现实失望时，容易陷入沮丧而不能自拔。

关于双鱼座也有一个动人的传说：爱神丘比特是美神维纳斯和古罗马最英俊神武的美男子大卫的爱情结晶。丘比特是一个长着双翼的可爱男孩，有一把玲珑的角弓，凡是被丘比特神箭射中的人都会真诚相爱，并且永远幸福。但是很遗憾，同样渴望爱情的丘比特却不能使自己得到爱情，因为他永远无法用箭射中自己。后来丘比特爱上了预言家所罗门的女儿血石。

有一次,血石与凶猛的百眼怪兽搏斗,丘比特万分担心血石的安全,竟然在慌乱中忘记了自己的箭不能杀生,只会给中箭者带去爱情。他想帮助血石战胜怪兽,于是稀里糊涂地向怪兽射出一箭,不幸的是这支箭不仅射中了怪兽,也射中了血石。于是匪夷所思的怪事出现了,血石和怪兽竟然产生了爱情,他们携手离去,消失在茫茫的宇宙中。丘比特悲痛欲绝,倒地不起。这时维纳斯找到了自己心爱的儿子,她抱起丘比特跳入天河,变成了两条鱼。从此,天空上多了一个星座,这就是双鱼座。

　　献给双鱼座朋友的茶——"爱神之花"。以2人份配方为例。

　　【原料】红茶7.5克,迷迭香3克。

　　【辅料】红玫瑰花2朵,杏仁去膜14颗,蜂蜜少许,水百合花或莲花1朵。

　　【操作】(1)把红茶和迷迭香投入壶中,冲入500毫升沸水,闷5分钟。(2)在每个杯中各放入7粒杏仁,把茶滤进杯中,倒入少许蜂蜜调匀,在杯托上点缀一朵红玫瑰。(3)把双鱼座的幸运花水百合或莲花艺术地摆放在茶席上。

　　双鱼座的幸运数字是7,最有益的食物之一是杏仁,所以每杯放进7个杏仁。双鱼座的幸运花卉是水百合或是莲花,所以用此花点缀茶席。

　　【建议曲目】班得瑞交响乐曲《寂静山林》中的《如果你现在离开我》和《春野》。让我们先从《如果你现在离开我》凄美的旋律中,去体会丘比特看到心爱的姑娘跟随怪兽而去时的悲伤,然后从《春野》中聆听大自然的虫鸣鸟语,去感受大自然的生机活力。无论过去如何,过去的就让它过去,你正在迎接的毕竟是一个鸟语花香的春天!

思考题

1. 茶艺创新的创意是建立在什么基础上的?
2. 创意产生的过程一般可归纳于哪几个环节?

附录：《国家职业标准·茶艺师》

《国家职业标准·茶艺师》工作要求（初级）

职业功能	工作内容	技能要求	相关知识
接待	礼仪	1. 能做到仪容仪表整洁大方 2. 能够正确使用礼貌服务用语	1. 仪容、仪表、仪态常识 2. 语言应用基础常识
	接待	1. 能够做好营业环境准备 2. 能够做好营业用具准备 3. 能够做好茶艺人员准备 4. 能够主动、热情地接待客人	1. 环境美常识 2. 营业用具准备注意事项 3. 茶艺人员准备的基本要求 4. 接待程序基本常识
准备与演示	茶艺准备	1. 能够识别主要茶叶品类，并根据泡茶要求准备茶叶品种 2. 能够完成泡茶用具的准备工作 3. 能够完成泡茶用水的准备工作 4. 能够完成冲泡用茶相关用品的准备工作	1. 茶叶分类、品种、名称知识 2. 茶具的种类和特征 3. 泡茶用水的知识 4. 茶叶、茶具和水质鉴定知识
	茶艺演示	1. 能够在茶叶冲泡时选择合适的水质、质、水量、水温和冲泡器具 2. 能够正确演示并解说绿茶、红茶、乌龙茶、白茶、黑茶和花茶的茶艺过程 3. 能够介绍茶汤的品饮方法	1. 茶艺器具应用知识 2. 茶艺演示要求及注意事项
服务与销售	茶事服务	1. 能够根据顾客状况和季节不同推荐相应的茶饮 2. 能够适时介绍茶的典故、艺文，激发顾客品茗的兴趣	1. 人际交流基本技巧 2. 有关茶的典故和艺文
	销售	1. 能够揣摩顾客心理，适时推介茶叶与茶具 2. 能够正确使用茶单 3. 能够熟练完成茶叶、茶具的包装 4. 能够熟练完成茶艺馆的结账工作 5. 能够指导顾客储蓄和保管茶叶 6. 能够指导顾客进行茶具的养护	1. 茶叶、茶具包装知识 2. 结账基本程序 3. 茶具养护知识

《国家职业标准·茶艺师》工作要求（中级）

职业功能	工作内容	技能要求	相关知识
接待	礼仪	1. 能保持良好的仪容仪表 2. 能有效地与顾客沟通	1. 服务礼仪中的语言表达艺术 2. 服务礼仪中的接待艺术
	接待	能够根据顾客特点，进行针对性的接待服务	
准备与演示	茶艺准备	1. 能够识别主要茶叶品级 2. 能够识别常用茶具的质量 3. 能够正确配置茶艺的质量，布置表演台	1. 茶叶质量分级知识 2. 茶具质量知识 3. 茶艺茶具配备基本知识
	茶艺演示	1. 能够按照不同茶艺要求，选择和配置相应音乐、服饰、插花、薰香、茶挂 2. 能够担任3种茶以上茶艺表演的主泡	1. 茶艺表演场所布置知识 2. 茶艺表演基本知识
服务与销售	茶事服务	1. 能够介绍清饮和调饮法的不同特点 2. 能够向顾客介绍中国各地名茶、名泉 3. 能够解答顾客提出的有关茶艺的问题	1. 茶艺品茗知识 2. 茶的清饮和调饮法知识
	销售	能够根据茶叶、茶具销售情况，提出货品调配建议	货品调配知识

《国家职业标准·茶艺师》工作要求（高级）

职业功能	工作内容	技能要求	相关知识
接待	礼仪	能保持形象自然、得体、高雅，并能正确运用国际礼仪	1. 人体美学基本知识及交际原则
	接待	能够用外语说出主要茶叶、茶具品种的名称，并能用外语对外宾进行简单的问候	2. 外宾接待注意事项 3. 茶艺专用外语基本知识
准备与演示	茶艺准备	1. 能够介绍主要名优茶产地及品质特征 2. 能够介绍主要瓷器茶具的款式及特点 3. 能够介绍紫砂壶主要制作名家及其特色 4. 能够正确选用少数民族茶饮的器具、服饰 5. 能够准备调饮茶的器物	1. 叶品质知识 2. 叶产地知识
	茶艺演示	1. 能够掌握各地风味茶饮和少数民族茶饮的操作（3种以上） 2. 能够独立组织茶艺表演，并介绍其文化内涵 3. 能够配制调饮（3种以上）	1. 茶艺表演美学特征知识 2. 地方风味茶饮和少数民族茶饮基本知识

续表

职业功能	工作内容	技能要求	相关知识
服务与销售	茶事服务	1. 能够掌握茶艺消费者的需求特点，适时营造和谐的经营气氛 2. 能够掌握茶艺消费者的消费心理，正确引导顾客消费 3. 能够介绍茶文化旅游事项	1. 顾客消费心理学基本知识 2. 茶文化旅游基本知识
	销售	1. 能够根据季节变化、节假日等特点，制定茶艺馆消费品调配计划 2. 能够按照茶艺馆要求，参与或初步设计茶事展销活动	茶事展示活动常识

《国家职业标准·茶艺师》工作要求（技师）

职业功能	工作内容	技能要求	相关知识
茶艺馆布局设计	茶艺馆设计要求	1. 能够提出茶艺馆选址的基本要求 2. 能够提出茶艺馆的设计建议 3. 能够提出茶艺馆装饰的不同特色	1. 茶艺馆选址基本知识 2. 茶艺馆设计基本知识
	茶艺馆布置	1. 能够根据茶艺馆的风格，布置陈列柜和服务台 2. 能够主持茶艺馆的主题设计，布置不同风格的品茗室	1. 茶艺馆布置风格基本知识 2. 茶艺馆氛围营造基本知识
茶艺表演与茶会组织	茶艺表演	1. 能够担任仿古茶艺表演的主题 2. 能够掌握一种外国茶艺的表演 3. 能够熟练运用一门外语介绍茶艺 4. 能够策划组织茶艺表演活动	1. 茶艺表演美学特征基本知识 2. 茶艺表演器具配套基本知识 3. 茶艺表演动作内涵基本知识 4. 茶艺专用外语知识
	茶会组织	能够设计、组织各类中、小型茶会	茶会基本知识
管理与培训	服务管理	1. 能够编制茶艺服务程序 2. 能够制定茶艺服务项目 3. 能够组织实施茶艺服务 4. 能够对茶艺师的服务工作进行检查 5. 能够对茶艺馆的茶叶、茶具进行质量检查	茶艺服务管理知识
	茶艺培训	能够制定并实施茶艺人员的培训计划	培训计划和教案的编制方法

参考文献

[1] 陈彬藩. 中国茶文化经典 [M] 北京：光明日报出版社，1999

[2] 陈宗懋. 中国茶经 [M]. 上海：上海文化出版社，1992

[3] 王镇恒，王广智 [M]. 中国名茶志. 北京：中国农业出版社，2008

[4] 王泽农. 中国农业百科全书·茶叶卷 [M]. 北京：中国农业出版社，1988

[5] 阮浩耕，沈冬梅，于良子. 中国古代茶业全书 [M]. 杭州：浙江摄影出版社，1999

[6] 林治. 中国茶道 [M]. 西安：世界图书出版公司，2009

[7] 林治. 中国茶艺 [M]. 北京：中华工商联合出版社，2000

[8] 林治. 中国茶艺集锦 [M]. 北京：中国人口出版社，2004

[9] 陈宗懋. 品茶图鉴 [M]. 北京：中国友谊出版公司，2006

[10] 施海根. 中国名茶图谱 [M]. 上海：上海文化出版社，1997

[11] 鲁成银. 茶叶审评与检验技术 [M]. 北京：中央广播电视大学出版社，2009

[12] 杨亚军. 评茶员培训教材 [M]. 北京：金盾出版社，2009

[13] 陆松侯，施兆鹏 [M]. 茶业审评与检验 [M]. 北京：中国农业出版社，2000

[14] 江用文，童启庆. 茶艺师培训教材 [M]. 北京：金盾出版社，2008

[15] 王玲. 中国茶文化 [M]. 北京：九州出版社，2009

[16] 吴言生. 禅宗思想渊源 [M]. 北京：中华书局，2001

[17] 吴言生. 禅宗哲学象征 [M]. 北京：中华书局，2001

[18] 吴言生. 快乐密码：禅的智慧与心灵修炼 [M]. 北京：中华书局，2009

[19] 张莉颖. 茶艺基础 [M]. 上海：上海文化出版社，2009

[20] 冯友兰. 中国哲学史 [M]. 北京：商务印书馆，1976

[21] 方立天. 佛教哲学 [M]. 北京：商务印书馆，2007

[22] 吴觉农. 茶经述评 [M]. 北京：中国农业出版社，2005
[23] 刘勤晋. 茶文化学 [M]. 北京：中国农业出版社，2007
[24] 丁以寿. 中华茶道 [M]. 合肥：安徽教育出版社，2007
[25] 夏涛. 中华茶史 [M]. 合肥：安徽教育出版社，2008
[26] 腾军. 日本茶道文化概论 [M]. 北京：东方出版社，1992
[27] 腾军. 中日茶文化交流史 [M]. 北京：人民出版社，2004
[28] 蔡镇楚，施兆鹏 [M]. 中国名家茶诗. 北京：中国农业出版社，2003
[29] 蔡镇楚. 中国品茶诗话 [M]. 长沙：湖南师范大学出版社，2004
[30] 李莫森. 咏茶诗词典赋鉴赏 [M]. 上海：上海社会科学出版社，2006
[31] 庄昭. 茶诗三百首 [M]. 广州：南方日报出报社，2003
[32] 冯学成. 明月藏鹭 [M]. 成都：四川文艺出版社，1996
[33] 高文，曾广开. 禅诗鉴赏辞典 [M]. 郑州：河南人民出版社，1995
[34] 王树海. 禅魄诗魂 [M]. 北京：知识出版社，2000
[35] 宋词鉴赏辞典 [M]. 上海：商务印书馆，2005
[36] 马明博. 中华名人茶缘 [M]. 北京：中国农业出版社，2007
[37] 庄晚芳. 中国茶史散论 [M]. 北京：科学出版社，1988
[38] 李叔同. 李叔同讲佛 [M]. 西安：陕西师范大学出版社，2004
[39] 舒曼. 缘起茶香 [M]. 北京：中国戏剧出版社，2008
[40] 施兆鹏、刘仲华. 湖南十大名茶 [M]. 北京：中国农业出版社，2007
[41] 刘仲华，曹文成. 中华茶祖神农文化论文集 [M]. 长沙：湖南师范大学出版社，2008
[42] 曹文成. 魅力湘茶 [M]. 长沙：湖南科学技术出版社，2007
[43] 周武忠. 花与中国文化 [M]. 北京：中国农业出版社，1999
[44] 宗白华. 美学散步 [M]. 上海：上海人民出版社，1999
[45] 邱紫华. 东方美学史 [M]. 北京：商务印书馆，2003
[46] 李泽原. 美学三书 [M]. 合肥：安徽文艺出版社，1999
[47] 叶朗. 中国美学史大纲 [M]. 上海：上海人民出版社，1985
[48] 刘纲纪，范明华. 易学与美学 [M]. 沈阳：沈阳出版社，1997
[49] 觉醒. 佛教美学观 [M]. 北京：宗教文化出版社，2003

[50] 张节末. 禅宗美学 [M]. 杭州：浙江人民出版社，1999
[51] 潘立勇. 朱子理学美学 [M]. 北京：东方出版社，1999
[52] 成复旺. 中国古代的人学与美学 [M]. 北京：中国人民大学出版社，1992
[53] 张讯捷. 维生素全书 [M]. 北京：中国民航出版社，2005
[54] 周崇棠，谢英彪. 来自微量元素的报告 [M]. 北京：人民军医出版社，2005
[55] 余振东. 中国香道 [M]. 兰州：甘肃文化出版社，2008
[56] 董建文. 中国茶医学 [M]. 天津：天津科学出版社，2002
[57] 林瑞萱. 中日韩英四国茶道 [M]. 北京：中华书局 2008
[58] 江静，吴玲. 茶道 [M]. 杭州：杭州出版社，2003
[59] 韩运哲. 下午茶 [M]. 北京：中国轻工业出版社，2006
[60] 张堂恒. 中国茶学辞典 [M]. 上海：上海科学技术出版社，1995
[61] 梁子. 中国唐宋茶道 [M]. 西安：陕西人民出版社，1994
[62] 朱自振. 茶史初探 [M]. 北京：中国农业出版社，1996
[63] 黄志根. 中华茶文化 [M]. 杭州：浙江大学出版社，1999
[64] 余悦. 中国茶韵 [M]. 北京：中央民族大学出版社，2002
[65] 蔡荣章. 茶道基础篇 [M]. 台北：天下远见出版股份有限公司，2002
[66] 林瑞萱. 韩国茶道九讲 [M]. 台北：武陵出版社，2002
[67] 周文棠. 茶道 [M]. 杭州：浙江大学出版社，2003
[68] 姚国坤. 茶文化概论 [M]. 杭州：浙江摄影出版社，2004